부모가 바뀌면
자식이산다

부모가 바뀌면 자식이 산다

유순하 지음

문이당

이런 책을 심심풀이로 손에 드는 경우는 드물 것 같습니다. 그러므로 이 책을 펼친 당신은 당신 자식에 대해 어떤 형태로든 근심하는 상태일 듯합니다. 그렇다면 우선 자가 진단이 필요하겠지요. 당신 자식은 어떤 상태인가요?

◈ 공부를 하지 않는다.
◈ 말을 잘 듣지 않는다.
◈ 장래가 불안하다.
◈ 불손하다.
◈ 도무지 입을 떼지 않는다.
◈ 버릇이 나쁘다.
◈ 거짓말을 한다.
◈ 주의가 산만하다.
◈ 자기 부모를 발톱 사이의 때만큼도 여기지 않는다.

이런 정도인가요?
아, 알겠습니다.
그렇다면 당신 자식은 지극히 정상입니다.
Let it be.
잠자코 바라보고 계십시오.
이 제언이 몹시 당돌해 보이겠지만, 사실입니다.
이제부터 당신도 동감할 수밖에 없을 저의 체험을 고백하겠습니다.

나는 자식 농사에 실패했다. 나의 집 사정을 대충이나마 알고 있는 사람이라면 나의 이런 진술을 과욕이나 허영 또는 괜한 내숭쯤으로 여길 수도 있다. 그런 판단의 근거는 내 아이들 셋 모두가 이른바 명문 대학에 들어갔다는 것이다. 그러나 대학이 자식 양육의 성패를 결정하는 가늠자가 될 수는 없다. 여러 면모에서 나는 분명히 실패했다.

이 세상 모든 부모가 그런 것처럼, 나도 초짜였지만, 새로운 상황에 부딪칠 때마다 최선을 다해 머리를 짜내가며 가능한 모든 수고를 다 바쳤던 것 같은데, 뒷날 잘했다 싶은 경우보다는 후회되는 일이 훨씬 더 많았다. 그래서 내 사식들을 바라볼 때면 한없이 미안하고, 한없이 부끄럽다. 당연히 되돌릴 수 없는 것이기에 더욱더 미안하고, 더욱더 부끄럽다. 비단 나만은 아닐 것이다. 같은 나라에서 살고 있는 거의 모든 부모들이 마찬가지일 것이다. 그래서 만들어진 무서운 결과 하나는 '불행한 우리 아이들'이다.

2014년 한국 어린이와 청소년의 '주관적 행복' 지수가 경제협력 개발기구(OECD) 회원국 가운데 꼴찌로 나타났다. 2009년 조사를 시작한 이래 어린이·청소년의 주관적 행복 지수는 6년 내리 최하위를 벗어나지 못했다.　　　　　　　 ─한겨레신문, 2014년 5월 30일

한국보다 경제 발전이 뒤처진 네팔과 에티오피아 같은 국가의 아동보다 한국 아동이 행복을 덜 느낀다는 조사 결과가 나왔다. 국제 구호 단체 세이브더칠드런과 서울대 사회복지연구소는 '아동의 행복감 국제 비교 연구' 결과 한국 아동의 '주관적 행복감'이 조사 대상인 12개국 아동 가운데 가장 낮은 것으로 나타났다고 18일 밝혔다.　　　　　　　　　　 ─연합뉴스, 2015년 5월 18일

이들 인용문은 '불행한 우리 아이들'이 아니라 '불행한 우리 가정'으로 읽어야 한다. 아이들이 불행한데, 가정이 행복할 순 없을 것이기 때문이다. 그러므로 아이들의 행복 지수 최하위는 곧 평균적인 우리 가정의 행복 지수 최하위를 뜻하고, 그것은 곧 우리 국가의 행복 지수 최하위를 뜻하는 것이 될 수밖에 없다. 그래서 우리 아이들의 행복 지수 최하위가 안고 있는 의미는 더 무겁고, 더 무섭다.

자식 양육에 모든 것을 바치지 않는 부모는 없을 텐데, 어찌하여 대개의 부모들은 이렇게 실패하고, 실패할 수밖에 없는 것일까? 더구나 우리나라는 '교육열 세계 최고'를 자랑하고 있지 않은가? 종족 보존 본능을 거부할 수 없는 명색 인간으로서 절대적인 것일 이 의문에 대한 답 하나를 시도해 보는 이 책은 교육론이 아니라 육아론이고, 이 책의 중심 주제는 부모 자식 사이의 행복한 관계이고, 이 관계는 한 인간이 현세에서 누릴 수 있는 행복의 절대적 전제다.

자라는 아이들에게 공부를 제쳐 둘 수는 없으므로 공부에 대한 이야기도 물론 있다. 심지어 '명문 대학에 들어가는 비결', 그런 네까시 용기를 내 보았다. 내 아이들 경우를 통하여 수학적으로 증명된 비결이니까, 꼭 그런 쪽 관심 때문에 이 책을 손에 든 독자라면, 그 대목만 따로 떼어 읽으셔도 좋다. 그러나 그것마저 어떻게 하면 부모와 자식이 함께 행복해질 수 있는가 하는 관점에서 읽어 주시기를 바라는 이 책은 특히 아직 자식을 키우고 있는 부모님들에게 참고가 되겠지만, 자식들을 다 키워 낸 부모님들에게도 도움이 되리라 믿는다. 자식 양육에 확실하게 성공했다 믿고 있지 않으시다면 말이다. 왜냐하면 죽도록 애를 쓰기는 썼는데, 어쩌다 보니 실패하여 참혹하게 손상된 자식들과의 관계를 수리하는 데 도움이 될 만한 방법들을 나의 참 겸연쩍은 체험치인 이 책으로부터 귀띔받을 수 있을 것이기 때문이다.

요약해 보면 우리 모두가 무겁게 동감하고 있는 그대로, 우리 교육은 자식과 부모를 함께 불행하게 만드는 제도적 장치와 같다. 이런 현실 극복을 겨냥하는 이 책에서는 자식과 부모가 함께 행복해질 수 있는 체험적 방안이 매우 구체적이고 실증적으로 제시된다. 그것은 곧 '너도 살고 나도 사는 길'이 된다. 그러므로 "좋은 대학에 보내는 것이 자식 양육의 궁극적 목표처럼 되어 있는 한국적 현실에서 세 아이 모두 이른바 명문 대학에 들어갔는데도(보낸 게 아니라) 어찌하여 자식 농사에 실패했다고 생각하는 것일까?" 이런 의문을 간직한 채, 당신 자신이나 당신 이웃의 경우와 하나하나 비교해 가며, 그럴 수만 있다면 분석적이고 비판적으로, 이 책을 아주 천천히 읽어 보시기 바란다. 그러면 아마도 틀림없이 얻는 게 있으리라 믿는다. 그 믿음이 나로 하여금 거북하기 짝이 없는 이 고백을 기어코 끝내게 만들었다. 나로서 가능한 모든 헌신에도 불구하고 내가 범할 수밖에 없었던 허다한 시행착오들. 당신의 자식 농사에 밑거름이 되기를 간곡하게 바란다.

2015년 7월

유 순 하

차례

프롤로그
- 부모가 통 모르고 있는 자식

1999년 5월 22일, 아침나절이었다. 그날은 석가 탄신일로 휴일이었고, 아버지 생신이었기에 가족들이 모두 모여 있었다. 나는 두 누이동생과 함께 거실에서 이야기를 하고 있었는데, 셋째인 막내가 제 방에서 사촌들과 함께 피아노를 둥당거리며 노래를 부르고 있다가 갑자기 거실에 나타나서 나와 제 고모들을 향해 노래를 부르기 시작했다. 처음에는 「봄처녀」였고, 이어 몇 곡을 더 불렀다. 제대로 발성 훈련이 된 목소리였고, 아주 진지하고 매우 열심이었다. 그때 나는 깜짝 놀라고 있는 내 마음을 드러내지 않으려고 애써야 했다.

나는 아이가 나를 닮아 노래를 잘 부르지 못하는 것으로, 그래서 조금쯤은 미안하게 생각해 왔고, 대학에 입학한 뒤 노래 동아리에 들었다 했을 때, 아마 자신이 노래를 잘하지 못하니까 그렇게라도 좀 익혀 보려는 것인가 보다 짐작했고, 이과 전공이니까 예술 쪽

활동을 하는 것도 좋겠지 하는 생각뿐, 그토록 노래를 잘 부르고 좋아한다는 것은 몰랐다. 더구나 그 또래들에게 익숙한 팝송류가 아닌 우리 가곡류를 즐겨 부른다는 것은 짐작도 해 보지 못했다.

그런데 나의 놀라움은 그것 때문만은 아니었다. 과묵한 편인 아이는 좀처럼 남 앞에 나서려 들지 않았다. 적어도 나의 이해로는 그럴 수밖에 없었다. 2월 하순, 학교 기숙사로 잠자리를 옮기기 전까지, 아이는 집에선 말이 거의 없어서, 일부러 말을 걸어 봐도 우리 부부가 듣게 되는 것은 네, 아니요 뿐이었기 때문이다. 심지어는 그 말도 아낀 채, 고갯짓만으로 자기 의사를 표현하는 경우도 흔했다. 한데 그토록 활짝 밝은 얼굴이라니? 아이의 유년기 이후 거의 처음인 듯 싶었다. 그리고 보면 아이가 집에서, 더구나 내 앞에서 자발적으로 노래를 부르는 것을 본 것도 역시 마찬가지였다.

18년 10개월과 2개월 남짓

다음 날 아이가 떠난 뒤, 나는 신기하기 짝이 없는 그 변화에 대해 어쩔 수 없이 곰곰 생각해 보게 되었다. 2월 하순, 집을 떠나기 전까지 우리 부부에 의해 운영되는 이 집에서 아이가 머문 기간은 18년 10개월이고, 그 뒤 다른 도시에 있는 학교 기숙사에 머문 기간은 불과 2개월 남짓이었다. 18년 10개월이 2개월 남짓에 아예 박살 난 듯했다. 그때쯤에야 되새겨졌다. 셋째는 고등학교 담임의 강권 투에도 불구하고 서울대가 아닌 카이스트나 포항공대에 가겠다고 했다. 담임 선생님의 전화를 두 차례나 받았지만, 나는 아이들이 아예 어린 시절부터 간섭하지 않는 쪽이어서, 첫째나 둘째의 대학 선택도 바라보기만 했다. 내가 그런 이야기를 했을 때, 담임 선생님은 몹시 난감해했지만, 나로서는 어쩔 수 없었다.

그때 아이가 표현했던 이유는 단순했다. 자기 학교 어느 선생님이 "서울대는 천재를 데려다가 둔재를 만드는 학교다. 그러므로 한국 사회에서 출세하려면 서울대에 가고, 정말 공부가 하고 싶다면 카이스트나 포항공대에 가서 몇 년 푹 썩어라" 했다면서, 만일 두 곳 다 떨어져서 서울대에 갈 수밖에 없는 형편이 된다면 재수하겠다는 거였다. 서울대에 갈 수밖에 없는 형편이 된다면 재수하겠다고? '서울대의 나라' 대한민국에서 이토록 희떠운 발언을 하다니! 어쨌든 아이의 선택이었기에 그런가 보다 하고 있었는데, 그게 아닌 듯했다. 아이는 사실은 부모 되는 우리 부부의 그늘로부터 벗어나고 싶어 했던 거였고, 그 소망이 이루어지고 보니 그토록 얼굴 표정까지 단박에 바뀌어 버린 것 같았다.

실로 놀라웠다. 자식들 표정 하나에도 무심할 수 없는 부모로서 아이들이 언제나 밝고 활기차게 생활하도록 하기 위해 가능한 모든 수고를 바쳤건만 결국은 그 아이들의 얼굴에서 오히려 웃음을 빼앗고나 있었다는 느낌은 겸연쩍음을 훨씬 더 넘어서는 것일 수밖에 없었다.

좋은 아버지는 좋은 교사여야 한다.

"교육은 인생을 위한 준비가 아니다. 교육은 인생 그 자체다"라는 주장을 편 미국의 교육 운동가 존 듀이(1859~1952)의 이 말이 언제

어떤 경로를 거쳐 나의 인식 기제에 들어왔는지, 그리고 언제부터 아버지로서의 내 생각에 끼어들게 되었는지 잘 모르겠는데, 나는 내 아이들의 훈도에 대해 궁리하며 자주 이 말을 되뇌었다. 이 말의 본디 뜻이 어떤 것인지 잘 모르겠지만, 나는 이 말을, 아버지로서의 맹목적 사랑을 경계한 것으로 이해해 왔다. 곧 자식의 품성과 자질을 함양하고 계발하는 데에는 교사로서의 객관적 시각과 배려가 필요하다는, 그런 게 될 듯하다.

나는 자주, 가능한 한 자상하고 따뜻한, 그러면서도 필요한 만큼 엄격한 교사의 눈이 되려 했고, 나의 그런 시도는 다소나마 성과가 있었던 것으로 헤아려 왔다. 그러나 그것은 형편없는 착각이었다. 아이가 떠난 뒤에 되짚어 생각해 볼수록 나의 겸연쩍음은 더 극명해졌다. 비단 셋째에 대해서만은 아니었다. 결국 첫째와 둘째도 마찬가지 아니었겠는가. 면박이라도 당한 것처럼 조금은 참혹한 느낌이 들기까지 했다. 그것은 어쩌면 부모로서 나의 실패를 구체적으로 확인한 첫 번째 경우였을는지도 모른다.

몹시 주저되는 것

나의 이런 심경을, 그리고 그동안 내가 시도해 본 이런저런 궁리와 결국은 실패로 이어진 그 과정에 대해 타인에게 이야기하고 싶은, 그리고 내 아이들 자신을 위해서라도 적어 두고 싶은 충동을 느낀 것은 그때쯤부터였다. 내가 아프게 경험하는 아쉬움이나 자책감이 나만의 것은 아니라 생각했고, 그것은 또한 대를 물려 가며 되풀이되고 있는 우리 사회의 구조적 문제라고 생각했기 때문이다. 그래서 더러 메모도 해 가며 자료와 생각들을 모아 나갔다.

　그러나 선뜻 시작하게 되지는 않았다. 다른 무엇보다도 그런 글을 쓰기 위해서는 내 아이들 이야기를 해야 하는데, 설령 자식들을 익명화하면서 그들의 노출을 최소화하는 노력을 기울인다 해도 주저될 수밖에 없었다. 괜히 자식들에게 혼날 짓을 하게 되는지 모른다는 주저도 있었다. 그렇게 차일피일 미루고 있는 사이에 많은 시간이 흘러갔다. 자식들은 더 이상 아이가 아니게 되었고, 내 인생에는 어느덧 석양빛이 드리워지기 시작했다. 주저하고 있을 시간이 많지 않아 보였다.

　그런데도 주저나 되풀이하고 있던 어느 날(2014년 4월 16일), 세월호 침몰이라는 충격적 참사가 일어났다. 앞서 출간한 『사자, 포효하다』(문이당, 2015)에서도 이미 누누이 이야기했지만, 그 사고는 우리가 당면하고 있는 제반 사회, 문화적 폐해의 총화였다. 나는 며칠 동안 아무 생각도 할 수 없었다. 그리고 자식을 잃은 그 부모들의 울음소리와, 애끓는 것일 수밖에 없는 그 울음소리를 죽이려는 세력들의 움직임이 겨우 나의 감각을 건드리기 시작했을 때, 나는 마침내 만성 나태에서 벗어나 〈유순하의 생각〉 프로젝트를 궁리하기 시작했다.

　보수니 진보니, 좌니 우니 하는 참 신물 나는 편 가르기에 관계없이, 대한민국에서 살고 있는 사람이라면 누구나 "어떻게 된 게 도무지 성한 구석이 없고, 이놈이나 저놈이나 글러 먹은 놈밖에 없다. 도대체 이게 나라냐!"라는 탄식을 머금고 있어야 하는 것이, 부정하기 어려운 우리 현실이다.

그리고 그런 현실에 대한 책임은 당연한 것처럼 정치의 몫이 되었다. 모든 화살이 정치 쪽을 향해 날아갔다. 바로 그 대목에 우리의 매우 중요한 착각이 있다. 과연 정치만일까? 그렇지 않다. 정치는 성한 구석이 없는 우리 사회의 한 부분일 뿐이다. 정답은 사실상 '성한 구석이 없다'이다. 그 하나하나가 심각하다. 지나치게 단정적이어서 송구스럽지만, 혹시라도 '성한 구석'을 알고 계시다면 제게도 귀띔해 주시기 바란다. 물론 '성한 개인'은 있다. 존경할 만한 개인도 내 주변에만 여럿이다. 그러나 도무지 '성한 구석'이 없는 현실에서 개인의 힘은 극히 미약하다. 기껏 해 봐야 아무 소용도 없는 안간힘일 뿐이다.

아이들 교육도 마찬가지다. 물론 훌륭한 부모, 위대한 교육자는 계시지만, 전체적으로 볼 때 대한민국에서 자라고 있는 아이들은 제도적, 조직적으로 망가지고 있다. 이래서는 정말 안 된다 하면서도, 우리는 정말 안 된다 하는 그 길을 죽어라 가고 있다.

그래서 이룬 것이 육아 환경 세계 최악이고, 세계에서 가장 '불행한 우리 아이들'이다. 태어날 때 천진무구했던 그 아이들은 자라서, '글러 먹은 놈'밖에 없는 현실의 일부가 된다. '될 성부른 나무는 떡잎부터 알아본다'는 속담이 있다. 이 속담이 틀린 게 아니라면, 그리고 '될 성부른 나무'를 바란다면 '떡잎'부터 보아야 한다. 분명히 글러 먹었는데도 글러 먹은 그쪽으로만 죽어라 나간다. 그게 우리 현실이다. 그래서는 개인도, 국가도 희망을 보기 어렵다. 그러므로 우리 모두가 아프게 동감하고 있는 우리 사회 현실 극복을 위해서는 우선 육아 환경부터 넘어서야 한다. 이것이 내가 이 글을 '성한 구석이 없는' 현실의 구석구석을 겨냥하는 〈유순하의 생각〉 프로젝트에 포함시킨 이유다. 나는 마침내 어느 날, 식탁에 마주 앉게 된 둘째에게 지나가는 투로 물었다.

"육아나 교육, 그런 쪽으로 장편 에세이를 하나 써 볼 궁리를 해 보고 있고, 그런 글을 쓰려면 설령 익명 상태라 할지라도 너희들 이야기를 할 수밖에 없을 듯싶은데, 어떻게 생각하니?"

뜻밖에도 둘째는 선뜻 고개를 끄덕여 주었다.

"괜찮아. 써. 옛날에 아빠가 『대학신문』에 무슨 글 쓴 거 있잖아. 그때는 참 싫었는데 지금은 상관없어. 써."

둘째는 첫째나 셋째도 같은 생각일 거라며 나를 격려해 주었다. 『대학신문』에 무슨 글'은 흔히 '휴가촌(Vacation Camp)'으로 불리는 우리 대학에 대한 나의 비판이었다. 이 비판은 최근에 출간한 『사자, 포효하다』의 뿌리였는데, 그것이 어느 일간지 주말판에 사회면 머리 기사로 다뤄지기까지 하는 등 사회적 반향이 컸다. 그 글은 익명 기고였지만, 내가 늘 하는 소리였기에 둘째는 그것이 나의 글이라는 것을 알아차리고 나를 째려본 다음, 여러 날 동안 침묵 시위를 벌인 적이 있었다. 하지만 내가 이 글에서 다뤄 보려 하는 것은 그 글과는 다르다. 그 글은 1996년 당시 둘째 또래 대학생들에 대한 비판이었지만, 내가 지금 구상하고 있는 이 글에서는 다른 생명의 아버지로서 나 자신에 대한 비판밖에 없는 것부터 그렇다.

그런데 둘째가 그 경우에 대한 사면을 내린 데다 첫째와 셋째의 짐작되는 의견까지 얹어 선뜻 동의해 주었으니까 자식들 양해는 얻은 셈이 되었기에 이 주제를 〈유순하의 생각〉 프로젝트에 포함시켰다. (첫째나 셋째에게 묻는 절차는 밟지 않았다. 둘째에게 그랬던 것처럼 이야기를 꺼낼 만한 자연스러운 기회가 없었기 때문이다. 해량 바란다.)

둘째와 그런 이야기를 나눈 여러 달 뒤, 나는 결국 그동안의 메모 파일을 불러내 훑어본 다음, 이 글을 시작할 수밖에 없게 되었는데, 당연히 험난할 이 여정을 어떻게 소화해 낼 것인가? 길 떠나는 자에게 불안감이 없을 수 없다. 그러나 '천 리 길도 한 걸음부터'라고 했다. 그동안의 궁리와 메모를 바탕으로 이제부터 차근차근 적어 나가 보겠는데, 미리 양해를 구해 두어야 할 게 있다.

하이네는 이렇게 말했다

그동안 짧지 않은 세월이 지나갔는지라, 일부러 메모해 둔 것이나 고증이 가능한 게 아니라, 단지 기억에 의지할 경우, 사실에 혼란을 느끼는 부분도 있을 듯하다. 그러나 설령 그것을 틀리게 적게 된다 할지라도, 내가 하려는 이야기의 큰 흐름에는 큰 차이가 없으리라 믿는다. 그런데 그보다 훨씬 더 중요한 게 있다.

이것이 본질적인 것일 듯한데, 도스토옙스키의 「지하 생활자의 수기」에 보면 "인간은 자기 자신에 대해서는 반드시 거짓말을 한다. 고백록을 쓴 루소도 허영심에서 의도적으로 거짓말을 늘어놓았다"는 하이네(1797~1856)의 말이 인용되어 있다.

나는 경험적으로 이 말이 옳다고 믿고 있다. 다른 사람은 제쳐 두고, 나 자신의 경우만 본다 할지라도, 그렇게 하지 않으려고 일부러 애를 쓰고 있는데도 나는 나 자신에 대해 거짓말을 하게 된다. 물론 그러지 않으려고 노력하겠지만, 미안함이나 부끄러움이 아예 전제

되어 있는 이 글에서는 더욱더 그럴 수밖에 없을 듯하다. 그런데 거짓말은 대개 표가 난다. 거짓말의 숙명이다. 그런데도 거짓말을 한다. 인간이기 때문이다. 그런 점을 감안해 가며 읽으시기 바란다. 그러면 읽는 재미에 보탬이 될 듯싶다.

자식을 완전하게 만들려 하지 말고, 자식과의 관계를 완전하게 유지하십시오.

Stop trying to perfect your child, but keep to perfect your relationship with him.

—Dr. Henker

첫째 가름

아버지들의 눈물

아버지들의 눈물

.

모든 생명체에게 종족 보존 본능은 실로 치열하다. 자신을 닮은 새끼를 낳으려 하고 어떻게든 더 강하게 키워 내려 한다. 그런 본능의 실천을 위해 목숨을 바치는 것조차 마다하지 않는다. 인간도 마찬가지다. 다른 사람을 위해서는 눈길 한 번 주지 않는 사람도 자기 자식을 위해서만은 모든 수고와 모든 희생을 다 바친다. 그런데도 부모와 자식의 행복한 관계, 그런 쪽에서 볼 때, 대개의 부모들은 자식 양육에 실패한다. 부모의 모든 수고, 모든 희생에도 불구하고 왜 이렇게 되는 것일까? 우선 실패의 현장 몇을 간략하게 점묘點描하며 살펴보는 것으로부터 이 질문에 대한 답을 찾아보기로 하겠다.

「죽은 시인의 사회」와 「샤인」의 세계
피터 위어 감독이 연출하고 로빈 윌리엄스가 주연한 「죽은 시인의 사회(Dead Poets Society)」는 이 세상 모든 교사와 부모들이 꼭 보아야 할 교훈과 감동과 재미와 비장미를 담고 있는데, 이 영화에서 연기자가 되고 싶은 열일곱 살 소년 닐 페리는 하버드 대학을 나와 의사가 되기를 바라는 아버지의 폭력적 간섭에 좌절한 나머지 자살한다.

스콧 힉스 감독이 연출하고 제프리 러시가 주연한 「샤인(Shine)」에는 자식에 대한 관심의 가장 잘못된 예가 나온다. 피아노 연주에 천재성을 타고난 아들 데이비드 헬프갓에게 아버지 피터 헬프갓은 절대자로서의 권력을 행사했지만, 결국 아들은 떠났다. 그것이 그들 부자, 양편 모두에게 불행의 시작이었다. 아들은 미쳐 버렸고 아버지는 쓸쓸하게 죽었다.

이 두 영화는 주연인 두 배우가 모두 아카데미 남우 주연상을 받았다는 것 외에 몇 가지 공통점이 있다. 그 아버지들의 납 인형처럼 굳은 얼굴이 우선 그렇다. 영화가 끝날 때까지 그 아버지들 얼굴에는 단 한 번도 웃음기가 떠오르지 않는다. 자애, 그런 것은 그림자조차 찾아볼 수 없다. 언제나 오로지 냉엄하다. 실로 섬뜩하다.

또 하나의 공통점은, 자식에 대한 소유권을 확고히 주장하는 양편 아버지 모두 그 아들을 향해, 자신이 그 아들을 위해 얼마나 큰 희생을 바치고 있는가, 자신이 그 아들을 얼마나 끔찍하게 사랑하고 있는가를 되풀이하여 말하고 있다는 것이다. 그런데도 그 아들은 그 희생, 그 사랑을 폭력으로밖에 받아들이지 않는다. 공통점 하나를 더 적어 보면 양편 모두에서 그 아버지와 아들뿐만 아니라 온 가족이 불행해졌다는 것을 제쳐 둘 수 없을 것 같다.

그리고 「아버지라는 이름의 약자」

2000년 5월 7일 KBS 2TV에서 방영된 '아버지라는 이름의 약자'라는 제목의 추적 60분 프로그램에는 아버지들의 눈물이 아예 흥건하다.

"제 아버지는 제게 오로지 무섭기만 했습니다. 그래서 저는 결혼하면 그런 아버지가 되지 않겠다는 맹세를 했습니다. 그런데 저는 결국 무서운 아버지가 되어 아이들로부터 경원당했습니다. 제 의식에는 이미 가부장제적 권위 의식이 깊이 심어져 있었고, 그것은 저의 의도적 노력만으로는 어쩔 수 없는 것이었습니다."

이런 유의 회오가 육성으로 절절히 고백되고 있는 이 프로그램에는 아버지에 대한 자식들의 불신이 적나라하게 표현되고 있어서 마침내는 "아버지가 집에 없었으면 좋겠다"는 고백까지 나온다. 어느 아버지의 이런 고백도 있다. "사회적으로는 성공했지만 아버지 노릇에서만은 실패했습니다."

아버지 학교

대개 「아버지라는 이름의 약자」를 함께 보는 것으로 시작하는 아버지 학교는 후회하는 아버지들의 재생 과정인데, 아버지 학교 분위기의 큰 줄기는 회오와 눈물이다. 멀쩡한 남자 어른들이 자기 고백을 하며 눈물을 줄줄 흘리고, 그 고백을 듣고 그 눈물을 보며 또 다른 남자 어른들이 역시 눈물을 줄줄 흘린다. 흐느끼는 사람도 드물지 않은 그 풍경, 실로 절박하다.

그들 대부분은 교육을 받을 만큼 받았고, 사회적으로는 남에게 빠지지 않을 만큼 성공한 사람들이고, 바쁜 생활에도 불구하고 회비를 내야 하는 그런 모임에 나올 마음을 먹을 만큼 각성되어 있다는 면에서, 그들이 보여 주는 절박감은 더 무겁다. 이토록 각박한 현실에서 성공할 정도로 능력 있는 그 사람들이 어쩌다 자식과의 관계에서는 그토록 회오의 눈물을 흘려야 하는 지경에 이를 정도로 참혹한 실패를 할 수밖에 없었을까.

그들은 적어도 그 재생 과정을 거치는 동안은 크게 깨달아 새로 태어난다. 수료식 때는 가족들까지 함께 모여 또 비슷한 눈물을 흘린다. 더러는 자식들 발을 씻어 주는 의식이 곁들여지는데, 아버지도 자식도 함께 운다. 그리고 함께 웃는다. 자, 이제 서로 안아 주세요 하는 주최 측 인도에 따른 것이지만, 포옹도 한다. 아버지와 자식, 양편 모두 그런 포옹은 생전 처음이라는 경우가 많다.

그 장면만으로 보자면, 그야말로 재생에 성공한 것 같다. 그런데 그 학교를 운영하는 사람으로부터 들은 바인데, 그들 가운데 적어도 대부분은 그다지 오래지 않아, 바로 그 장면 이전 상태로 돌아간다. 그럴 수밖에 없다. 인간의 마음에 도사린 응어리가 어디 그토록 쉽게 풀어지는가. 인간은 그토록 간단명료하지 않다. 그리고 한번 몸에 밴 사람의 버릇은 결코 쉽사리 고쳐지지 않는다.

폐농한 농부의 심정

농촌에서 농사를 망친 것을 폐농廢農이라고 한다. 폐농한 농부의 심정을 짐작해 보실 수 있는가? 죽도록 지은 1년 농사를 망쳤을 때 농부는 낙담한다. 요즘은 달라진 듯하지만, '보릿고개'라는 표현이 있던 옛날이라면 가족들 식량 걱정부터, 아예 참혹하다.

위에서 예로 든 두 영화나, 아버지 학교의 아버지들은 모두 자식 농사를 망친 사람들이다. 그런데 비단 그들만은 아니다. 이 세상 대개의 아버지들이 자식 농사에 실패한다. 이를테면 이런 경우가 눈에 띄는 게 드문 일이 아닌 것부터 그렇다.

그런 이 씨에게 얼마 전부터 영문 모를 흉통과 안면 홍조증이 찾아왔다. 가슴이 턱턱 막히면서 답답할 때도 많다. 가끔씩 억울한 감정에 소리를 꽥 지르기도 한다.

그는 지난해 겨울 작은아들과 크게 다투고 난 이후 심해졌다고 했다. 이 씨는 "아들놈이 '아빠라는 존재 자체가 부끄럽다'면서 '이젠 제발 꺼져라'라고 말하더라"며 "세상 부끄러운 일이라서 말도 못하고 참다가 이젠 죽을 것 같다"고 털어놨다. "병원에서도 가슴 통증의 원인을 모르더라"는 말과 함께.

—동아일보, 2014년 2월 28일

아빠: 아빠가…….
아들: 말 똑바로 해. 아빠 아니라고.
아빠: 뭐? (애써 참으며) 6월 달부터 네가 한 행동을 스스로 생각해 봐.
아들: 네가 한 행동을 스스로 생각해 봐.
아빠: 내가 한 행동?
아들: 누구 때문에, 내가 어떤 사람이 됐는지.

—『부모 vs 학부모』(위즈덤하우스, 2014)

앞 인용의 아들은 대학을 나온 20대이고, 뒤 인용의 아들은 중학교 3학년인데, 그저 읽어 보는 것만으로도 섬뜩하다. 다른 사람도 아닌 자기 자식으로부터 이런 폭언을 듣게 되다니. 무섭다. 아프다. 남의 일이지만, 어쩌다 이 지경이 되었을까! 탄식이 저절로 나온다.

이토록 섬뜩한 자식 농사 실패가 더 고약한 것은, 논밭 농사 경우에는 대개 가뭄이나 홍수를 예견할 수 있으나, 자식 농사 경우에는 어느 날 문득, 갑자기 깨닫게 되기 때문이다. 그 순간까지는 자신의 남다른 수고 덕분에 나름대로 작황이 꽤 좋다는 환상을 간직하고 있었는데, 어느 날 문득 자신을 향해 두 눈 부릅뜨는 자식을 목도한 순간, 자신이 잘못된 환상에 사로잡혀 있었다는 것을 느닷없이 알아차리게 된다. 그래서 자식 농사를 망친 것은 논밭 농사 망친 것에는 견줘 볼 수도 없을 만큼 훨씬 더 참담하다. 또 있다.

논밭 농사 망친 것은 대개 가뭄이나 홍수처럼 불가항력적인 이유 때문이지만, 자식 농사 망친 것은 거의 대부분 자기 자신의 불찰인 탓에 핑계를 댈 데도, 원망을 해 볼 수도 없다. 그뿐만이 아니다. 논밭 농사 망친 것은 그해 겨울만 굶주리면 다음 해 봄, 새로운 희망을 경작할 수 있지만, 자식 농사를 망친 경우에는 다르다. 만회가 불가능하다. 자식 농사는 평생에 단 한 번뿐이기 때문이다.

비단 부모 자식 관계만이 아니다. 인간과 인간 사이, 모든 관계는 한번 망가지면 수리가 불가능하다. 적어도 쉽지 않다. 망가진 인간관계로 말미암아 고통받아 본 적이 있으신가? 가까운 관계일수록 그 고통은 더 심하다. 부모 자식보다 더 가까운 관계는 없다. 사랑하지 않을 수 없는 것이 자식 아닌가. 때문에 망가진 인간관계로 말미암은 고통은 부모 자식 관계에서 절정을 이루게 된다. 게다가 수리가 불가능해서, 그 고통은 평생 간다. 아예 대를 물릴 수도 있다.

시혜 의식과 수혜 의식

인간관계에서는 접촉 면적이 넓고 접촉 기회가 많을수록 관계가 더 돈독해질 수도 있지만, 사실은 갈등이 더 많아지는 경우가 대부분이다. 인류사에 있었던 수많은 전쟁은 국경을 맞대고 있는 이웃 나라끼리였고, 시골에서 봇도랑 싸움이 잦았던 것도 논둑을 서로 맞대고 있는 이웃끼리였으며, 대개의 금전 분쟁은 사적으로 친한 사람 사이에서 일어난다. 사업을 하다 망한 사람이 진 빚의 대부분은 근친이나 친구였다. 그런데 모든 인간관계 가운데 접촉 면적이 가장 넓고 접촉 기회가 가장 많은 관계 중 하나가 부모와 자식이다. 양편 모두 상처 하나 없이 멀쩡하기는 쉽지 않다. 그 이유부터 적어 보겠다. 모든 인간관계의 성패는 시혜施惠 의식과 수혜受惠 의식의 균형에 의해 결정된다. 시혜는 준 것이고, 수혜는 받은 것이다.

1) 서로 받은 것이 더 많다고 생각하면 그 관계는 더할 나위 없이 좋다.
2) 비슷하다고 생각해도 좋은 관계가 유지될 수 있다.
3) 한쪽은 준 게 많다 생각하고, 다른 쪽은 받은 게 많다고 생각할 경우, 준 게 많다고 생각하는 쪽의 인내가 전제된다.
4) 서로 준 게 많고 받은 것은 없다고 생각할 경우, 양쪽 모두의 인내가 긴요하다. 깨지기 쉽다.

우리 사회 전체적으로 볼 때 4)가 압도적으로 많다. 불굴의 이기심과 자만심 때문인데, 우리 사회가 조각조각 갈라져 있는 이유다. 부모 자식 간에는 어떨까? 비단 앞에서 조금 점묘해 본 경우만은 아니다. 역시 4)가 압도적이다. 당신은 어쩌면 당신 자식으로부터 이런 소리를 듣고 가슴이 아팠을지도 모른다. "아무개는 지네 아빠한테 받은 게 많아." 그 말은, 자신은 '아빠'한테 받은 게 아무것도 없다는 것을 뜻한다.

자기 자식에게 모든 것을 바치지 않는 부모가 어디 있으랴. 그러나 이런 소리를 듣게 되든, 안 듣게 되든, 자식들 마음에서는 아무것도 받은 것이 없는 게 된다. 어느 특정한 가정의 자식만은 아니다. 대개의 자식들이 그렇다. 재벌가의 자식들. 받은 게 적어서 그 부모와 자식 사이에 그토록 살벌한 전쟁이 벌어지는가? 아니다.

인간의 욕망은 끝이 없다. 부모가 온갖 희생을 다 바친다 해도 자식의 성을 채워 줄 수는 없다. 더구나 캥거루 새끼 노릇을 당연하게 여기는 세태가 아닌가. 4)가 압도적으로 많을 수밖에 없다. 이 상황은 이것으로 끝나지 않는다. 그런 자식을 보고 부모는 탄식한다. 죽도록 키워 놔 봐야 말짱 소용없다! 그래서 서로가 서로를 향해 으르렁거리게 된다. 바로 이런 장면을 나 자신, 여러 경우에 목도했다.

자식과의 관계가 망가졌다면 그 책임은 부모의 것

인간관계는 상호적이어서 그 관계가 망가졌다면 쌍방 모두의 잘못이 될 수밖에 없다. 어느 한쪽이라도 잘했다면 그 관계가 아예 망가지는 데까지 나아가지는 않았을 것이기 때문이다. 그러나 부모와 자식 관계는 다르다. 부모와 자식 관계가 망가졌을 경우, 그 책임은 온전히 부모 몫이 될 수밖에 없다. 왜냐하면 타인의 보살핌 없이는 생명을 유지해 나갈 수도 없는 젖먹이 시절부터 독립된 생명체로 성장하기까지 매 순간 자식은 부모의 절대적 영향 아래 있고, 또 관계의 주도권은 언제나 부모 쪽이 쥐고 있기 때문이다.

우리 사회의 이른바 '갑질'에 대한 논란이 분분하지만, 부모는 자식의 갑이다. 자식에 대한 소유권을 주장하는 것부터가 그렇다. 그래서 사사건건 간섭하려 한다. 결코 어느 누구의 소유일 수도 없는 개인으로서 자식의 반발은 당연하다. 갈등이 생길 수밖에 없고, 자식의 머리가 굵어질수록 갈등은 더 가팔라진다. 그 결과가 폐농이다. 참담할 수밖에 없다. 어느 하나만은 아니다. 대개의 부모들이 사실은 비슷하다.

그러므로 대를 물려 가며 자식 농사 실패하지 않으려면 부모 자식 사이의 갑을 관계 자체를 바꿔야 한다. 어떻게 바꿀 것인가? 이제부터 이야기해 보겠다. 물론 자식의 성장 과정에서 접하게 되는 가정 밖, 여러 가지 불량 조건들의 영향도 결코 무시할 수 없겠지만, 그런 영향으로 말미암은 부모와 자식 사이의 균열 책임도 결국은 부모 몫이 될 수밖에 없다. 나의 이런 소견에 동감하지 않는 분들도 있으실 것 같다. 이제 이야기를 해 나가다 보면 동감과 이견이 더 분명해질 듯하다. 동감도, 이견도 대화를 위한 여백이 될 수 있다.

모든 부모는 자녀를 망가뜨린다. 할 수 없다. 청소년은 깨끗한 유리처럼 다루는 사람의 손바닥 자국을 흡수한다. 부모의 일부는 손때를 남기거나 유리에 금을 가게 하지만 몇몇은 자기 자식의 어린 시절을 수리할 수도 없을 만큼 산산조각을 내 버린다.

All parents damage their children. It can not be helped. Youth, like pristine glass, absorbs the prints of its handlers. Some parents smudge, others crack, a few shatter childhoods completely into jagged little pieces, beyond repair.

—Mitch Albom

둘째 가름

세 가지 독

∘

∘

세 가지 독

지난 7월 초순 서울 강남의 한 고등학교 3학년생 민석(가명·18)군이 마포대교에서 한강으로 뛰어내려 스스로 목숨을 끊었다. 흔한 청소년 자살 사례 중 하나였지만 지인들 사이에선 민석이 부모가 서울의 명문대를 나온 '고학력 엘리트 가정'이란 점에서 충격이 컸다. 민석이는 그날 목숨을 끊기 전 엄마에게 '엄마와는 할 말이 없다'는 마지막 카카오톡 메시지를 남겼다.

대구의 한 중학교 2학년생 상호(가명·14)의 어머니 B 씨(41)는 지난해 학교 상담 교사로부터 상호가 정서 행동 특성 검사 결과 '자살 고위험군群' 판정을 받았다는 연락을 받았다. 초등학교 때 우등생이었던 상호의 중학교 첫 학기 성적은 최하위권이었다. 그동안 상호를 위해 한 과목에 수십만 원 하는 학원 과외에 돈을 쏟아부었다는 B 씨는 아들에게 "너한테 들인 돈이 아깝다"는 등 '악담'

을 퍼붓기 시작했다. B 씨는 그로부터 얼마 뒤 상호가 노트에 '엄마를 죽이고 싶다'라고 쓴 글귀를 발견했다.

아이들의 불행과 일탈 배경에는 부모의 영향이 적지 않다고 전문가들은 말한다. 특히 고학력 부모들이 자기 욕심대로 아이들을 길들이면서 오히려 자녀 인생에 독이 되는 '독친毒親(toxic parents)'의 늪에 빠져 있다는 것이다. ─조선일보, 2014년 11월 20일

'우등생 또 자살', 이런 기사가 더러 눈에 띈다. 역시 전교 석차를 다투던 우등생이 자기 어머니를 죽인 사건도 있었다. 통계적으로 1년에 300명 정도의 청소년이 자살한다. 이를 두고 OECD 국가 가운데 최고니 아니니 하는 논쟁이 있었는데, 주목해야 할 것은 순위가 아니라 그 이유다. 2012년 통계청 자료에 의하면, 우리 청소년 자살 이유 첫째는 성적成績 고민이다(39.2퍼센트). 반면에 우리보다 청소년 자살률이 높은 서양 여러 나라의 이유는 게이 등 성적性的 정체성에 대한 고민이 첫째다. 외국의 경우, 아무리 찾아보아도 성적成績 고민이 자살의 주된 원인인 경우는 눈에 띄지 않았다.

그렇다면 자살하는 그들만일까? 아니다. '정상'이라면 거의 모든 아이들이 갈등한다. 그러는 사이에 인간성, 야성, 적극성, 창의성, 진취성, 능동성, 심미감, 정의감 등 한 생명체로서 지녀야 할 고귀한 것들이 모두 사정없이 망가질 만큼 제도적으로 갈등하고 고민할 수밖에 없다. 그 극단極端 하나가 자살이다. 청소년 자살은 죽어 가고 있는 청소년들의 상징이다. 그들은 그렇게 시대에 경종을 울린다. 그러나 그 종소리에 귀를 기울이는 사람은 사실상 없다. 그리고 또

극단을 향해 무작정 치달린다. 공부, 공부, 하여튼 공부…….

부모와 성장기 자식 간의 갈등은 학습 쪽이 이유인 경우가 많기는 하지만, 그러나 결코 학습 관계 때문만은 아니다. 여러 가지 이유로 수많은 갈등이 일고, 그리고 어떤 형태의 것이든 최악의 국면으로 치닫는 경우가 흔하다. 부모들의 모든 수고, 모든 희생에도 불구하고 왜 이토록 참혹한 실패를 겪는 것일까? 앞 가름에서 예로 든 두 영화에서 분명하게 드러나고 있지만, 한 인간으로서 가장 참혹한 것일 그 모든 불행은 대개 세 가지 독 때문이다. 이 독은 부모와 자식 관계를 사정없이 박살 내면서 부모와 자식, 양편 모두의 인생을 망가뜨린다. 그 위력은 실로 치명적이다.

「아버지라는 이름의 약자」에 나오는 아버지처럼, 그 자신이 잘 알고 있기에, 자신만은 그렇게 하지 않으려고 안간힘 쓴다. 맹세까지 되풀이한다. 그런데도 사람들은 마치 무슨 습관이나 숙명처럼 대를 물려 가며 똑같은 고통을 당한다. 마치 불치병 같다. 한국 현실로 볼 때, 거의 모든 부모들이 그렇다. 그래서 이 독은 더 무섭다. 다음에 인용하는 어머니의 아픈 탄식. 돌이키기에는 이미 너무 늦었다.

> "그날로 돌아간다면 아들의 죽음을 막을 수 있을까요. 다 내 책임이에요"라며 힘없이 말했다. A 씨는 "그날 학교에 안 가겠다는 민석이를 나무라긴 했지만, 그런 일이 생길 줄은 꿈에도 몰랐다"며 "사고 후 아들이 남긴 흔적들을 찾아보니 내 아이를 그동안 너무 몰랐다"고 했다. ─조선일보, 2014년 11월 20일

이것이 민석이 어머니만의 탄식이어서는 안 된다. 그런 갈등은 민석이 경우만이 아니다. 모든 아이들이 사실은 비슷한 갈등을 언제나 멍에처럼 짊어지고 있다. 그러므로 민석이 어머니의 탄식은 이 하늘 아래 모든 어머니의 탄식이어야 한다. 그렇게 될 때 아이도 살고, 어머니도 살고, 나라도 산다. 우리는 지금 모두가 살 수 있는 길을 애써 피하고 있다. 그리고 모두가 죽을 수밖에 없는 길을 열심히 가고 있다. 그래서 우리가 함께 이룩해 내고 있는 것은, 세계에서 아이들이 가장 불행한 나라이다.

첫 번째 독 - 라보호

2007년 5월 16일 밤 11시 30분, KBS 1TV '수요기획'에서는 「캥거루 아이와 헬리콥터 부모」를 방영했다. 예고 프로그램을 보고 일부러 시간 맞춰 텔레비전 앞에 앉아 있는 한 시간 동안 나는 내내 전율했다. 용어를 제쳐 두고 본다면 결코 새로운 내용이 아니었는데도 그랬다.

캥거루족
성인이 되어서도 부모에게 경제적으로 사회적으로 종속되어 있는 자식

헬리콥터족
항상 자식의 곁을 빙빙 맴돌면서 간섭을 멈추지 않는 부모

이런 설명인데, 내게는 그런 표현이 현실의 정확한 함축이나 비유 같지 않았고, 설명도 그다지 적절해 보이지 않았지만, 그 내용만은 대목대목이 실로 끔찍했다. 서른 가까운 아들에게 용돈을 쥐여 주는 엄마와, 대학생 딸이 입고 나갈 옷을 찾아 주는 아빠의 모습부터 시작되는 이 프로그램에는 서울대학교 심리학과 곽금주 교수 팀의 '유아 엄마 상호 작용 연구'가 소개된다.

미국과 한국의 어린 자식들이 놀이와 학습에서 엄마와 어떤 유대 관계를 맺으며, 그것이 어떤 행동 양식으로 발현되고, 성장과 심리 발달에 어떤 영향을 미치는지 알아보는 것인데, 이제 겨우 걸음마를 떼거나, 한창 말을 배울 나이에 불과한 아이들 모습이 너무나도 달랐다.

미국 아이들은 아무런 거리낌 없이 장난감을 가지고 놀거나 그림을 그리는 반면, 한국 아이들은 장난감을 선택하는 것도, 도화지에 선 하나 그리는 것마저 엄마와 함께, 엄마가 시키는 대로만 하고 있다. 그만큼 한국의 엄마들은 아주 어렸을 때부터 아이의 모든 것에 간섭하고 있다. 그러니까 아이들의 그 시절 이전에 우리 아이들은 이미 망가지고 있는 것이다. 이 프로그램은 그런 아이들이 자란 다음 모습을 보여 준다.

캥거루족과 헬리콥터족

아침에 깨우는 것부터 밥 챙겨 먹이는 것, 옷 입히고 신발 찾아 주는 것, 하루 일과를 빈틈없이 짜서 거기에 맞춰 움직이도록 하는 것까지 모두 엄마 몫이다. 청소는 물론 하다못해 자식이 벗어 놓은 양말짝까지 엄마가 치운다. 왜냐하면 어린 시절에는 어리니까, 그리고 중고등학교에 다닐 때는 공부하느라 바쁘니까. 인터뷰에 응한 교수는 반문한다. "바쁘니까라고요?" 그리고 대답한다. "양말짝 하나 치우는 데 10초도 안 걸립니다." 그러나 엄마의 자식 시중은 결코 포기되지 않는다. 그래서 일본청소년문제연구소 2007년도 조사 결과를 보면, 우리 청소년들은 한·미·일·중, 이 네 나라 청소년들 가운데 자립심이 최하가 된다.

그다음에는 아침밥을 준비해 놓고 대학에 다니는 딸을 깨우는 아버지, 취업 박람회장에 따라온 어머니, 취직 시험장에 따라다니는 아버지, 논산 훈련소에 입소하는 아들을 바라보며 우는 어머니들, 대학에 다니는 딸의 귀가를 초조하게 기다리는 아버지 모습, 그런 그림들이 이어지는 이 프로그램에서 이제 벗어나기로 한다. 우리네 관습으로 볼 때 그다지 새로울 것도 없으니까.

"아직 아이 같아서……." 40대 아들 집 청소해 주는 70대 부모.
—12세인데 소변 못 가리는 아이.
엄마가 매일 아이 데리고 자……. 옷 입혀 주고 응석 다 받아 줘.
—회사 적응 못하고 그만둔 청년.
"우리 아이 잘 부탁드린다"며 아빠가 수습 때 회사에 꽃 보내.
과잉 보호 익숙해진 부모들……. 자녀 자립 막고 있는 셈.
—조선일보, 2014년 11월 21일

우리 부모들에게 자식은 어린 시절에는 물론 성인이 된 뒤에도 '물가에 내놓은 어린아이'다. 자식의 자립, 자율 능력을 믿지 못한다. 자신이 보호하지 않으면 틀림없이 뭔가가 잘못될 것 같다. 그래서 부모들은 불면 날아갈세라, 쥐면 깨질세라, 겨울이면 추울세라, 여름이면 더울세라 노심초사한다. 자신이 보호하지 않으면 그 자식들이 제 꼴을 갖춰 낼 수 없다는 강박 관념이라도 느끼고 있는 것 같다.

그래서 부모들은 자기 자식들을 먹이려 하고, 입히려 하고, 재우려 하고, 깨우려 하고, 가르치려 하고, 좋은 학교에 보내려 하고, 어떻게든 군대 보내지 않으려 하고, 좋은 직장에 취직시키려 하고, 좋은 배필과 짝지어 주려 하고, 좋은 집에 살게 해 주려 하고, 김치며 밑반찬 만들어 주려 하고, 아이 키워 주려 하고……. 이렇게 끝도 없이 이어지는 공정에서 자식이 잃는 것은 자립, 자율 능력만이 아니다. 능동성, 사회성, 공정성, 적극성 그리고 창의력이나 인내심, 이타심 등 독립된 생명체로서 이 세상을 살아가는 데 필요한 모든 능력들을 잃는다. 캥거루족이 될 수밖에 없다. 즉 캥거루족은 헬리콥터 부모의 과보호에 의해 생산된다.

우리 부모들의 이런 노력은 이웃 일본 부모들의 경우와 견줘 보면 더 끔찍하다. '남에게 폐를 끼쳐서는 안 된다'를 절대적 교육 지침으로 삼고 있는 일본 부모들은 어린 자식들에게 '시쓰케(躾)'를 쉴 새 없이 강조한다. '시쓰케'는 사전에 '예의범절을 가르침'으로 나오지만, 실제 뜻은 훨씬 더 광범위하여 일상의 모든 버릇 같은 것까지 포함된다.

이런 강조는 '한 사람 몫의 독립된 인간이 되어야 한다'는 뜻인 '一人前の人間'으로 이어져, 자식이 남한테 의지하지 않고 독립된 인간

으로 설 수 있도록 줄기차게 독려하여, 자식들이 중고등학생쯤 되면 자립 체제로 유도하고, 대학에 들어간 다음이면 아예 손을 떼고, 학교를 끝낸 뒤에도 집에 남아 있으면 나중에 유산으로 도로 돌려주게 될지라도 방세와 밥값까지 받는다. 왜냐하면 독립된 인간으로 대접하지 않으면 독립된 인간이 될 수 없기 때문이다. 부정하기 어려운 일본의 강점은 자기 자식에 대한 부모들의 바로 이런 태도로부터 비롯된 것일 수도 있다.

그렇기에 당연한 결과일 듯한데, 일본에서도 젊은이들이 그 부모에게 기대는 경우는 이른바 '오타쿠'족 같은 병적 상태가 아니라면 재일 교포 자녀들뿐이어서, 일본 젊은이들이 재일 교포 젊은이들을 자못 부러워한다는 이야기를 들은 적이 있다. 우리 부모들의 헬리콥터 체질은 다른 땅에 가서도 바뀌지 않는 듯하다. 기뻐할 소식은 아닌 것 같다.

언제였던가, '단군 이래 최대의 도적'으로 일컬어지는 전두환 일가의 축재蓄財 가계도라는 기막힌 그림이 신문에 실린 적이 있었는데, 그 당시 다섯 살이 채 되지 않은 손녀들까지도 수억 재산가였다. 그 결과는 어떤가? 그 자녀들은 하나같이 죄인처럼 숨죽이고 살아야 하게 되지 않는가. 더구나 도둑질한 돈으로 기껏 제 새끼들로 하여금 평생 그늘에 숨어 살 수밖에 없도록 만든, 이런 짓을 과연 왜 해야 하는가. '정의가 강물처럼 흐르는' 세상을 만들겠다면서 자기가 만든 정당에까지 '민주정의당'이라는 이름을 붙였던 그 인간이 겨우 그런 짓이나 하고 있었다는 것을 생각하면 어쩔 수 없이 피가 역류한다.

그러나 가라앉히자. 그런 경우가 사실 예외적인 건 아니다. 흔하다 해도 과언이 아니다. 2014년 12월부터, 갑자기다 싶게 대한민국을 뒤흔든 대한항공 자녀들의 갑질. 사람들은 깜짝 놀란 표정을 짓고 있지만, 그게 과연 대한항공 자녀들만인가? 그렇게 보는 한, 대한민국의 그런 현실은 영원할 수밖에 없다. 조현아는 우리 자신이다.

마마보이 문화

"연애할 때, 마마보이를 꼭 피하라. 그것은 페스트 같은 법정 전염병과 같다. 심지어는 섹스를 할 때도, '엄마, 나, 해도 돼?'" 하고 묻는다. 딴지그룹 총수로 유명한 털북숭이 김어준은 젊은 여자들에게 이렇게 충고하면서, 마마보이는 페스트와 같은 법정 전염병으로 지정해야 한다는 강성 우스개를 했다.

그 우스개에 빗대, 조금 더 나아가 보기로 하자면, 페스트보다 더하다. 왜냐하면 페스트는 좀처럼 찾아오지 않는 데다 일과성에 지나지 않지만, 자기 자식을 불구로 만들면서, 그 자식들이 담당해야 할 사회마저 망가뜨리고 있는 우리 어머니들의 익애溺愛는 영구불변하기 때문이다.

나의 이 '우스개'가 지나치다고 생각하시거든, 우리 어머니들과 같은 예가 세계 다른 문화권에도 있는지 찾아보시고, 그들에게는 없는 것이 왜 우리에게만 있는가, 분석적으로 자문해 보시기 바란다. 이를테면 정치인이나 관료의 관행적 부패나 주입식 교육 또는 자살률이나 낙태율, A형 간염 보유율이나 척추 수술률 세계 최고 등 우리나라에만 있거나 우리나라가 최고인 것들은 '도대체 이게 나라냐!'라는 탄식의 이유일 수 있으니까, 필요한 만큼만 심각해 보시기 바란다. 나의 이런 제안과 더불어 이제 우리 시대 유행어인 '마마보이'의 '마마'에 대한 나의 이야기를 시작해 보겠다.

마마보이의 마마

굳이 이름을 붙여 보기로 하자면 '마마보이 문화'가 될 이 과보호는 분명한 불량 문화다. 나의 단정에 대한 수학적 증명은 간단하다. 우리가 괜찮게 생각하는 어느 나라에도 다른 사람이 아닌 어머니가 자기 자식을 사실상 정서적 불구로 만드는 이런 과보호는 없다. 왜 우리만 자기 자식을 그렇게 만들고 있는가? 이 질문은 우리에게 매우 무서운 것이어야 한다.

과보호의 극단적 예가 되는 마마보이가 무슨 말인지 모르는 사람은 없을 터이므로 이를 굳이 설명할 필요는 없어 보인다. 물론 '보이'만은 아니다. '걸'도 마찬가지다. 앞에 설명해 놓은 과보호에 의해 양육된 자식들은 어김없이 자기 어머니에게 의지하지 않고는 아무것도 할 수 없는 마마보이 또는 마마걸이 된다. 그들은 자생력이 없고 사회성도 부족하고 개성도 흐릿하고, 어디 그뿐인가, 정서적으로도 불안정하다. '파파보이'라는 표현은 없는 것처럼, 이런 결과는 대개 마마, 곧 어머니들에 의해 이루어진다.

2014년 6월, 동부 전선에서 아무개 병장이 수류탄을 터뜨리고 총기를 난사하여 5명을 죽이고 7명에게 부상을 입힌 뒤 탈영하는 바람에 사람들이 한 번 더 주의를 기울이게 되었지만, 아무개 병장은 관심 사병關心士兵이었다. 부대 내에 이렇게 분류되는 병사는 20퍼센트에 이르며, 관심 사병이란 '군 생활 적응이 힘들거나 심리적으로 문제가 있어 특별 관리하는 사병', 곧 언제라도 사고를 칠 가능성이 잠재되어 있는 병사를 뜻한다.

군인은 일단 유사시에 전투에 투입하기 위한 것인데, 그중 20퍼센트가 관심 사병이라면 문제가 될 수밖에 없다. 그런 사병이 이토록 많은 이유는 무엇일까? 빈부나 가족 관계 등 개인적 상태에 따라 그런 분류를 하는 경우가 많다니까 그런 퍼센티지 자체가 문제이기는 하지만, 적어도 얼마만큼이나마 그 부모에 의해 과보호를 받다 보니, 스스로 모든 것을 관리하고 처리해야 하는 군대 생활을 견뎌낼 수 없어 관심 사병이 된다. 곧 그 부모가 자식을 그렇게 만든 셈이다.

그런데 더 기막힌 것은, 이런 사고들이 잇따르자 국방부에서 내놓은 '대책'이다. '엄마에게 이를 수 있는 휴대폰 지급.'(국민일보, 2014년 8월 5일) 이 기사를 보면서, 나는 세상에! 하고 탄식했다. 무슨 일이 생기면 '엄마에게 이를' 그런 병사들로 적과 싸워 이길 수 있을까?

시어머니 삼각관계

과보호의 폐해를 이야기하기 위해 조금 다른 경우를 하나 더 짚어 보겠다. 인터넷에 들어가 '시어머니 삼각관계'를 검색해 보면, 시어머니와 삼각관계에 있는 며느리들의 절절한 호소가 넘친다. 먹는 것, 입는 것은 물론 심지어는 성생활까지 간섭한다. 어머니들은 그렇게 헬리콥터가 되어 자기 자식을 캥거루 새끼 키우듯 하는 것을 사랑이라 생각한다.

그러나 그것은 사랑이 아니다. '시어머니 삼각관계'에서 아마 대부분 동감하실 듯한데, 비정상적인 것은 어머니만이 아니다. 그 간섭을 당연한 것으로 받아들이는 아들 쪽에 더 문제가 크다. 결과적으로 어머니들은 멀쩡한 자기 자식을 정서적, 사회적, 경제적 그리고 물론 가정적, 인간적으로 불구로 만든다. 어머니들이 최소한의 성찰 능력만 있어도 이토록 어리석은 자해 행위는 하지 않을 듯한데, 이미 사회적 문제가 되고도 남을 만큼 마마보이, 마마걸은 대량 생산되고 있다.

이 세상에 자식을 사랑하지 않는 부모가 어디 있겠는가. 그러나 명색 부모라면 그것이 진정으로 자기 자식을 사랑하는 행위인가를 성찰할 수 있어야 한다. 모정은 물론 고귀하지만, 무조건적 익애는 자기 자식을 사실상 불구로 만든다.

우리 어머니들은, 자식들이 귀찮아 하는데도 어떻게든 자식들의 시중을 하나하나 들어주려 한다. 자식들이 귀찮아 하는데도 그 시중을 기어코 포기하지 못한다. 심지어는 그 자식에게 지청구를 들으면서까지 헛된 것일 수밖에 없는 그 수고를 사수한다. 그것은 배가 불러 죽겠다는데도 어떻게든 밥 한 숟가락이라도 더 먹이려는 것과 같다. 그것은 사랑이 아니라 자기 자식을 사실상 정서적 불구로 만드는 것인데도, 우리 어머니들은 그 익애에 죽어라 매달린다.

앞에서 이미 살펴보았듯이, 우리 아이들과 다른 나라 아이들 비교 연구의 모든 지표에서 우리 아이들이 뒤처지는 것으로 나타났다면, 그 책임의 상당 부분은 어머니 몫이어야 한다. 어린 시절부터 자식에게 시쓰케를 가르치기 위해 애쓰고, 자식이 장성한 뒤에도 집에 있을 경우, 밥값은 물론 방세까지 받아 내는 일본 어머니들에겐 그럴 만한 이유가 있을 것 아닌가? 아버지들이 폭력으로 자식들을 망친다면, 어머니들은 익애로 자식들을 망친다. 어느 쪽이 더 해악적이라고 단정할 수 없다.

이 글을 읽고 있는 어머니들께서 특히 이 대목에서 잠시 생각을 머물러 주시기를 간곡하게 바란다. 나의 이런 이야기는 처음이 아니다. 기회 있을 때마다 아버지들에게 폭력 이야기를 하는 만큼 어머니들에게는 익애나 과보호에 대해 이야기한다. 그 반응은 대체적으로 두 갈래로 나눠 볼 수 있다. 자기 자식에 대한 자신의 신성한 사랑을 모독당했다는 것이 강경한 것이라면, 조금 물러선 반응은, 당신 말이 틀린 것 같지는 않다, 그러나 이대로 갈 수밖에 없다, 왜냐하면 세상이 다 그런데 내 자식만 어찌 그대로 놔둘 수 있겠는가? 이다.

그러면 나는 반문한다. 다른 나라 엄마들은 왜 다른가? 그 엄마들이 키운 아이들과 우리 엄마들이 키운 아이들은 왜 차이가 나는가? 그리고 이를테면 야생 동물들을 보시라. 그들이 자기 새끼를 어떻게 키우는가. 그러면 이런 반응을 보여 준다. 인간은 야생 동물이 아니다.

관성은 그만큼 무섭다. 그동안 해 온 것, 남들이 모두 그렇게 하고 있는 것, 그런 사회적 관성에 굴복하기는 쉬워도, 버텨 저항하기는 어렵다. 소화제의 역기능에 대해 조금 생각해 보는 게 도움이 될 듯하다.

소화제의 역기능

우리가 즐겨 노래하는 꼭 그대로 '우리나라 좋은 나라'가 되기 위해 극복해야 할 것들 가운데 하나는 약물 과용이다. 항생제 사용률 세계 1위라는 것은 익히 알려져 있는 이야기지만 소화제도 역시 어느 나라보다 그 종류와 사용량이 더 많다고 한다. 속이 조금만 불편해도 줄기찬 광고로 눈에 익은 소화제를 사 먹는다. 소화제를 사용하면 위액 분비가 줄어들면서 위장 기능은 차츰 더 나빠진다. 그럴수록 소화제 사용량은 더 많아진다. 그러면서 위장 기능은 더 나빠진다.

소화제 복용 관성 굴복으로 인한 악순환은 자식들에 대한 과보호 공정에도 그대로 적용된다. 부모들의 과보호는 아예 어린 시절부터 자기 자식에게 소화제를 들입다 먹여 키우는 것과 같다. 그래서 과보호 상태의 자식들은 자랄수록 자율, 자립 기능이 오히려 더 떨어져서, 마침내는 '길을 찾아가지 못할까 봐' 징병 검사장에 부모가 따라가는 경우마저 생길 수밖에 없고, 기업에서는 '신입 사원을 그대로 쓸 수 없어, 막대한 비용에도 불구하고 재교육 프로그램을 운용할 수밖에' 없고, 결혼 뒤에까지 '사후 관리'를 해줄 수밖에 없다.

기업의 재교육 프로그램에서 빠지지 않는 극기 훈련은 상징적이다. 다른 나라에선 없는 이런 훈련이 우리나라 대기업에서는 거의 빠지지 않는 이유가, 우리 젊은이들의 공통적 결함인 인내력 부족이기 때문이다. 살아남기 위해 무한 경쟁할 수밖에 없는 기업 현실에서 무한 인내력은 필수 조건인데, 신입 사원들 대부분은 기업의 필요 수준에 미치지 못한다.

그래서 다른 나라 사람들이 야만이라 하는 군대식 극기 훈련을 실시하지만 단기간의 훈련으로 인내심이 키워지는 것은 아니다. 신입 사원의 입사 뒤 1년 이내 평균 이직률이 15퍼센트쯤이고, 이직을 고심하는 사람은 40퍼센트에 이르고 있다는 것이 그 증거다. 20대 태반이 백수라 할 만큼 취직이 어려운 현실에서 겨우 잡은 직장을 스스로 포기하는 것은 인내력 부족 때문이고, 그런 부족은 바로 그 부모의 과보호 때문이다. 결국 부모의 과보호에 의해 그 자식은 인간적 불구가 된 셈이다. 그런데 '부모 자식 사이의 행복'이라는 이 책 주제에서 볼 때, 과보호가 독이 되는 이유는 따로 있다.

부메랑 효과

이를테면 우리네 부모의 대표적 과보호는 자식들 공부다. 공부 닦달에 넌덜머리를 내지 않는 자식은 없다. 적어도 대부분은 당연히 반발한다. 그런데도 부모의 과보호 의지는 포기되지 않는다. 왜냐하면 포기할 경우, 자기 자식이 다른 집 자식들에 견줘 빠지게 될지도 모른다는 위기감이 절박하기 때문이다. '자식 행복은 엄마 극성 순'이라는 게 정설처럼 떠돌고 있으니, 그럴 수밖에 없다. '자식의 미래는 엄마 하기 나름'이라는 속설이 상당한 힘을 얻고 있는 현실이기도 하다.

그래서 부모는 자식을 조직적으로 아예 달달 볶는다. 이 역할은 대개 어머니가 맡지만, 아버지는 단지 직접 부딪치지 않을 뿐, 관심의 질이나 강도는 다를 게 없다. 부모와 자식 사이의 갈등은 정해진 순서나 마찬가지다. 보호가 일상적인 것이므로 갈등도 일상적이다.

부모 자식은 언제나 갈등으로 말미암은 긴장 국면의 쌍방이 되어 대치한다. 이 과정에서 부모와 자식 관계는 손상된다. 이 손상은 풍화나 침식 작용과 같다. 눈에 잘 띄지 않는다. 그러나 의뢰심을 극대화하고 자립심을 극소화하는 캥거루 습성의 폐해는, 특히 아들일 경우 결혼 뒤에 최악이 된다.

남녀평등이니 하지만, 사회 경제적 구조상 한 가족의 부양 책임은 남편 쪽이 짊어질 수밖에 없다. 그런데 헬리콥터 부모에 의해 캥거루족이 될 수밖에 없었던 남편은 부양 책임을 다하려 들기는커녕, 자기 책임을 아내에게 떠넘기는 게 아니라면 부모에게 의지하려 든다. 그래서 부모의 지원이 기대에 조금만 못 미쳐도 섭섭함을 느끼고 반항하게 된다.

부모 경우도 마찬가지다. 자식들이 조금만 굳은 얼굴을 보여도, 부모들은 "내가 저를 얼마나 사랑하고 저를 위해 얼마나 희생했는데"라는 푸념을 머금는다. "죽도록 키워 놔 봐야 말짱 소용없어"라는 탄식은 어김없이 나온다. 그래서 끔찍한 사랑의 실천이라 착각하고 있는 부모의 과보호는 자식들을 망가뜨리면서 부모와 자식 관계마저 망가뜨리는 치명적 독이 된다. 최악의 부메랑 효과다.

한국식 육아의 치명적 병폐

통계에 따라 다르지만, 우리나라는 일본에 비해 고소 사건이 인구 비례 44곱절에서 250곱절까지 많다. 모두 언론의 보도이거나 전문 연구자들이 제시하는 자료이므로 믿지 않을 수도 없다. 분쟁이 그만큼 많다는 이야기다. 그런데 이 책의 주제인 부모 자식 간, 이렇게 볼 경우, 역시 마찬가지일 것 같다. 부모 자식 간 갈등, 분쟁, 이것이 일본 사회보다 훨씬 더 많다. 그런 쪽 연구를 찾아본 적이 없어서 나 자신의 체험적 판단을 제시할 수밖에 없지만, 나의 결론은 바로 헬리콥터 부모와 캥거루족 자식이다.

모든 수고를 다 바쳐 자식을 캥거루 새끼로 키워 내고야 마는 부모들은 자신들이 바친 수고에 대한 반대급부를 바란다. ①자식들이 자라는 동안에는 부모에게 복종하여 부모의 기대를 채워 줄 것을 기대하고, ②자신들이 나이 든 다음에는 자식들에게 의지하려 드는 게 그것이다.

그런데 ①과 ② 양쪽 모두 이루어질 수 없다. 갈등과 분쟁 이유만 된다. 서로가 서로를 구속한다. ② 쪽으로 잠깐만 더 눈을 돌려 보기로 한다면, 차츰 더 이기적이 되어 가는 추세에 따라 앞으로 더욱더 불가능한 기대가 될 것이다. 물질적인 것만이 아니다. 정신적인 면에서, 이를테면 부모가 자식에게 약간의 위안이나마 기대한다 해도 그것이 망발이 될 가능성이 크다. 따라서 ①과 ② 양쪽 모두 아예 마음도 먹지 않아야 하고, 자식을 정서적 불구로 만드는 것 이외에는 백해무익한 헬리콥터 부모 노릇도 그만두어야 한다.

만일 자녀 양육에서 캥거루족 습속만 극복한다 해도, 우리 현실에서 없다면 오히려 이상스러운 게 되어 버린 부모 자식 간 갈등이나 분쟁은 44분의 1이나 250분의 1로 줄일 수 있다. 단언해도 좋다. 헬리콥터 부모와 캥거루족 자식, 이것은 한국적 육아의 치명적 병폐다. 이 병폐의 과감한 치유 없이는 부모 자식 간 갈등은 영원할 수밖에 없고, 더불어 우리 아이들은 내내 그렇게 자립, 자율 능력이 없는 정서적 불구자로 키워질 수밖에 없고, '우리나라 좋은 나라'는 절대로 될 수 없다. '우리나라 좋은 나라'를 기어코 이루기 위한 〈유순하의 생각〉 연작에 이 글을 포함한 이유다.

⌁ 자신의 경우

내 아이들은 유소년기 내내 서울 대치동에 살았고, 걸어서 30분쯤 거리에 있는 대모산에 자주 갔는데, 해발 300미터쯤 되는 대모산 산정 가까이는 매우 가파르다. 아이들은 미끄러지기를 되풀이했고, 무릎이 까지기도 했지만, 우리 부부는 아이들 손을 잡아 주거나 하지 않았다. 시간이 흐른 뒤 아이들 모두 가파른 그 길을 오히려 즐기면서 오르내리게 되었다.

셋째가 초등학교 5학년에 올라가면서 신문 배달을 하겠다고 했다. 나는 좋다 하며, 네가 벌어 오는 돈의 100퍼센트를 보너스로 주겠다고 했다. 불량 어린이와 어울리게 될지도 모른다는 담임 선생님의 근심으로 아마 서너 달 만에 끝냈던 것 같은데, 셋째는 그렇게 번 돈으로 둘째에게 '용돈'도 주고, 자기도 좀 쓰고, 그리고 보너스로 내게 받은 돈과 함께 정기 예금을 했다. 그 돈은 셋째가 대학에 입학하면서 찾았고, 셋째의 생애 첫 번째 전용 컴퓨터는 이 돈으로 샀다.

내가 내 자식들에게 심어 주고 싶었던 것 가운데 가장 중요한 것은 자율성이나 자립심이었다. 지금과 마찬가지로, 그때도 아이들에게 물려줄 수 있는 물적 능력이 없었기에 나온 궁리 가운데 하나였지만, 사실은 물적인 것만은 아니었다. 심적 자립심도 그에 못지않게 중요하게 생각했다. 주체적 인간으로 살기 위해서는 심적 자립심이 우선되어야 하고, 자립적 인간이 되기 위해 필수적인 것은 자율 능력이기 때문이다.

이런 목적을 위해 필요한 전제는 아이들을 독립된 인격체로 존중하는 것이었다. 불간섭은 아주 당연한 선택이었다. 왜냐하면 어떤 형태의 것이든 간섭은 독립을 해치는 것이 되기 때문에 간섭하지 않으려 했다. 뒤에서 따로 적게 되겠지만, 공부하라는 소리도 하지 않으려 했고, 대학 선택을 포함하여 모든 결정은 아이들 스스로 내리도록 했다.

셋째가 군대에 갔을 때, 물론 따라가지 않았고, 면회도 가지 않았다. 다른 병사들은 가족들을 만나는데, 우리 아들만 그 모습을 바라보고 있도록 하는 게 옳은가, 우리 부부에게 그런 망설임이 있기는 했지만, 군대를 끝낼 때까지 면회를 가지 않았다. 이미 장성한 아들에 대해 그것은 온당한 대접이 아니라 생각했기 때문이다. 아이들 실수에 대해서도 그랬다.

✪ 실수는 교훈적이다. 사람은 성공으로부터만큼 실수로부터 배운다. ―존 듀이

✪ 실수는 성취로 가는 이정표다. ―클리브 루이스

✪ 성공을 기리는 것은 좋은 일이다. 그러나 실패의 교훈에 주의를 기울이는 것은 더 중요하다. ―빌 게이츠

실수나 실패에 대한 이런 금언들은 쎘고, 하나하나에 그대로 동감한다. 자식들의 실수를 나무라는 것은 자식들이 배울 기회를 박탈

하는 것과 같다. 꼭 그렇게 믿고 있기에, 나는 아이들의 그런 경우에, "좋은 경험 했다" 하고 말했다. 심지어는 아이들이 불량 학생들에게 돈을 빼앗겼을 때도 그렇게 이야기하곤, 빼앗긴 그 돈을 내가 주었다.

"좋은 경험 했다." 이것은 아이들이 자라면서 나에게 가장 많이 들은 말 가운데 하나이며, 그것이 아이들의 실수를 바라보는 나의 방법이었다. 그렇게 바라보기로 하면, 실수는 아이들에게 오히려 값진 기회일 수 있다. 그래서 아이들이 더러는 "아빠가 또 그렇게 말할 줄 알았어" 할 만큼 나의 그 말은 되풀이되었다.

우리 부부의 이런 태도는 지금도 온당한 것이었다고 생각한다. 그렇다면 만족하는가? 아니다. 돌이켜 보며 후회할 때, 앞에서 예로 든 장면들이 회상된다. 이를테면 이렇다. 맨 처음에 예로 든 대모산 산정 이야기. 미끄러지고, 더러 구르기도 하는데, 손을 잡아 주거나, 넘어져도 일으켜 세워 주지 않았을 때, 아이들의 마음에 섭섭함이 쌓이고 있지는 않았을까. 군대에 있던 시절, 면회 온 다른 병사의 가족들을 바라보며 자기 부모를 냉정하다고 생각하지는 않았을까…… 그런 것들. 가슴이 서늘해지기도 한다. 그런데도 되돌아간다면 역시 같은 방법으로 아이들을 대할 듯하다. 왜냐하면 그게 옳다는 나의 생각보다는, 우리보다 나은 다른 나라에서는 모두 그렇게들 하고 있으니까. 단지 조금 더 온화한 표정을 지어 보이려고 애쓸 것 같다. 그러나 초짜 부모에게 어디 그런 슬기가 가능할까? 쉽지 않을 것 같다.

두 번째 독 - 잔소리

인간에게는 타인의 충고를 싫어하는 본능과 타인에게 충고하고 싶은 본능이 있다. 그러니까 남에게 충고는 하고 싶어 하면서도 남으로부터의 충고는 듣기 싫어한다. 서머싯 몸의 『인간의 굴레』에는 이런 구절이 나온다. "사람들은 충고를 청한다. 그러나 그들은 단지 칭찬을 원한다(People ask you for criticism, but they only want praise)." 서머싯 몸의 쿡 찌르는 듯한 화법이 섬뜩한데, 지극히 인간스러운 우월감과 열등감에서 비롯된 것일 이런 이중성은 우습지만 존중할 수밖에 없다. 왜냐하면 본성이나 본능은 어쩔 수 없는 것이니까.

부모 자식 사이에는 더더욱 그렇다. 『맹자』 '이루離婁' 편에 이렇게 이해될 수 있는 문장이 있다. "부모와 자식 사이 충고는 관계를 망치므로 부모와 자식 사이에는 충고를 하지 말아야 한다(父子之間 不責善 責善則離 離則不詳 莫大焉)."

나는 체험적으로 맹자의 이 말씀이 옳다고 생각한다. 부모 입장에서는 충고지만, 그것이 자식의 청각 신경에 가 닿으면, 바로 그 순간 잔소리로 격하된다. 그 지위가 잔소리로 격하되는 것부터 이미 그렇지만, 잔소리는 별 효과도 없으려니와 관계만 상하게 된다.

모든 동물들이 그렇듯, 인간도 자식들에 대한 보호나 계도나 금긋기가 필요한 시절이 물론 있다. 이 시절에는 자식을 향한 부모의 발언은 잔소리가 아니다. 부모의 말 한마디 한마디가 자식들의 피가 되고 살이 되고 정신이 된다. 그러나 이 시절을 지나면 자식을 향한 부모의 모든 발언은 잔소리로 전락하는 비운을 피할 수 없다. 그렇다면 잔소리란 도대체 무엇인가? 매우 새삼스럽지만 그 뜻을 더듬어 볼 필요가 있을 듯하다.

잔소리란 무엇인가?

사전에서 그 뜻을 찾아보았더니, 국어사전에는 '쓸데없는 잔말', '듣기 싫게 늘어놓는 잔말'이라고 되어 있다. 한영사전 쪽으로 옮겨가 보았다. 훨씬 더 자세하다. 'useless talk(쓸데없는 말)', 'idle talk(헛된 말)', 'empty prattle(공허한 주절거림)' 등이 있고, '잔소리가 심한 여자'는 'faultfinding woman(결함을 찾으려는 여자)'이라고 되어 있다.

조목조목 그 뜻이 좋지 않은 잔소리는 그 구조마저 형편없이 불평등하다. 잔소리를 하는 자와 듣는 자 사이에는 강자와 약자의 구분이 뚜렷하다. 잔소리를 하는 자는 강자고 듣는 자는 약자다. 잔소리의 절대적 속성은 상대방의 단점 지적인데, 잔소리를 하는 자는 강자의 입장을 이용하여 잔소리를 듣는 자의 결함을 조목조목 손꼽는다. 과장도 서슴지 않는다. 으름장까지 곁들여진다. 듣는 자는 약자로서, 어쩔 수 없이 단점만 있는 존재가 된다.

장점을 북돋우어 기를 살려 주어야 할 부모가 공들여 단점만 지적하여 의기소침하게 만들고 있는 꼴인데, 단점을, 그것도 되풀이하여 지적받아 기분 좋아 할 사람은 없다. 적의를 품는 것은 당연하다. 그렇다면 잔소리의 효과가 있는가? 없다. 효과가 없으니까 잔소리다. 그러므로 잔소리는 자식을 기죽이면서 부모에 대한 적의를 키우고, 가족 불화를 부추기는 것밖에는 정말 아무짝에도 소용이 없다.

그러므로 잔소리는 마땅히 포기되어야 할 듯한데 우리 풍토에서 부모의 잔소리는·줄기차게 실천된다. 자신의 잔소리가 아무 효과도 나타내지 못할 때, 가슴을 쥐어뜯기까지 하며 잔소리 강도를 높인다. 그럴수록 잔소리 효과는 더 줄어든다. 마침내는 어깃장 같은 역효과가 나타나기 시작하는데도 잔소리는 좀처럼 포기되지 않는다. 내가 스크랩해 둔 신문 기사에 이런 게 있다.

"마음에 안 차는 자식을 훌륭하게 만드는 가장 확실한 방법은? 바로 당신이 죽어 주는 것입니다. 당신이 스스로 사회에서 성공했다고 생각하는 사람이라면 더욱 그렇습니다." 조금은 살벌한 말이기는 하지만 청소년 문제 전문가 중에는 실제로 그렇게 생각하는 사람이 많다. 학습 부진, 학교생활 부적응, 가출 등 문제를 나타내고 있는 청소년 중 그 원인을 파고 들어가 보면 의외로 부모가 원인 제공자 역할을 하고 있는 경우가 많다는 것이다.

"나는 옛날에 이렇게 했다. 왜 스스로 알아서 할 줄 모르느냐.

공부해라. 놀지 마라."

　문제는 부모의 잔소리로 자식이 거의 정신 분열 직전에 이를 정도
가 되어 있거나 부모의 기에 눌려 매사에 소극적인 청소년이 되어 가
고 있지만 정작 해당 부모들은 자신들이 자식을 위해 최선을 다하고
있다고 착각하고 있는 점이다. 그리고 이런 부모일수록 자신의 태도
에 문제가 있음을 인정하고 적극적으로 수정하려고 하기보다는 오히
려 자식을 한심스럽게 생각하는 경향을 보인다는 것이다.

　　—정동우, 「부모와 자녀의 원윈 게임」, 동아일보, 2000년 5월 3일

　아닌 게 아니라 표현이 살벌하기는 하지만, 사실이다. 따라서 잔
소리로 말미암은 부모와 자식 간 갈등은 필연적이다. 잔소리 강도가
높아질수록 갈등도 높아진다. 그런 갈등이 높아지고 되풀이되는 사
이에 부모와 자식은 서로 하나가 될 수 없는 관계로 확정되어 간다.
정다워야 할 부모 자식 관계를 사정없이 망가뜨린다는 면에서 잔소
리는 역시 치명적 독이 될 수밖에 없다.

　ㄴ 자신의 경우

　과보호를 절대적 금기로 정해 두었기에 부모로서 주된 잔소리거
리인 공부 쪽에서는 한 번쯤의 예외를 제쳐 두고 보면 거의 발언한
적이 없는 것 같다. 그런데도 아이들에게는 나의 잔소리에 대한 기
억이 짙게 남아 있을 듯하다. 왜냐하면 자식에 대해 부모가 관심해
야 하는 것이 공부 쪽만은 아니기 때문이다.

　이를테면 시간 지키기가 있다. 시간 약속에 대한 우리 사회의 무

심은 나의 주요 관심 가운데 하나다. 한미 합작 회사에서 일하던 시절, 같은 회사에 있는 외국인 동료들이 가장 자주, 가장 신랄하게 손꼽은 것이 바로 시간 약속에 대한 우리의 무심이었기 때문이다. 나는 지금도, 우리나라가 진정으로 좋은 나라가 되려면 시간 약속 지키기부터 실천해야 한다고 믿고 있다. 아이들에게도 그런 이야기를 되풀이했는데, 바로 이것이 아이들과 나 사이의 주요 갈등이 된 적도 있었다.

어머니가 파킨슨병으로 기동이 불편한 상태가 되어 따로 살던 부모님과 합솔하기로 하면서 주거 공간을 넓힐 필요가 생겨, 대치동에서 송파동으로 집을 옮긴 뒤, 송파동에서 아이들 학교까지 운행하는 버스가 없었기 때문에 당시 고등학교와 중학교에 다니던 둘째와 셋째의 등하교를 내가 도와야 했는데, 서로 약속된 아침 시간에 아이들이 나오는 경우가 드물었다. 겨울에는 엔진 예열을 위해 약속 시간보다 10분쯤 일찍 내려가 있는데도 아이들 늑장은 그대로였다. 그러면 나는 아이들 등교 시간에 늦지 않게 교통 신호 위반까지 무릅써야 하는 지경이 되기 때문에 짜증 투가 될 수밖에 없었지만, 그 갈등은 셋째가 고등학교를 마칠 때까지도 이어졌다.

그런데 비단 시간 쪽만은 아니었다. 이를테면 가까이 있는 대모산에만 가도 비닐 봉투를 가지고 가서 우리가 만든 쓰레기는 물론 주변 쓰레기까지 담아 오게 했다. 식탁에서 음식을 남기지 않도록 한 것도, 텔레비전이나 컴퓨터 앞에 너무 오래 앉아 있지 못하게 한 것도, 구겨진 자세로 앉아 있을 때, 자세 바로! 한 것도, 남 탓, 남 욕하지 말고 대신 칭찬하도록 한 것도, 좋은 책을 골라 준 것도, 쓰레기통보다는 책상 위가 깨끗해야 한다는 말을 되풀이한 것도 잔소리는 잔소리다.

적어 나가다 보니 설거지가 생각난다. 가사 노동이 주부만의 것이어선 안 된다는 것도 나의 관심 가운데 하나였기에, 아이들이 어린 시절부터 당번 날짜를 정해 설거지나 청소에 참여하도록 했다. 물론 나 자신도 그렇게 했다. 이런 것들을 공민 의식이나 좋은 버릇, 그런 관점에서 명색 부모로서 꼭 필요하다고 생각한 잔소리였는데, 나와 내 자식들 사이의 정서적 거리를 불가불 느끼고 있는 요즘 되돌아보자면 그런 잔소리조차 하지 말았어야 했다.

이를테면 시간 때문에 갈등해야 할 때마다, 아이들 얼굴에 어김없이 떠오른 잔뜩 부어 있는 표정은 학교에 도착할 때까지 이어졌고, 차에서 내릴 때 나를 바라보지 않는 것으로 아이들의 그 시간 감정 표현은 극대화되었다. 그런 순간 하나하나가 결국은 나와 아이들 사이의 정서적 거리를, 풍화나 침식처럼 아주 집요하게 갉아먹고 있었다는 것을 부정할 수 없다.

그런데 그 시절로 돌아간다면 어떨까? 백해무익한 그따위 잔소리들은 하지 말자, 그렇게 될 수 있을까? 비단 우리 부부뿐만 아니라 아직 젊은 초짜 부모에게 그런 통찰은 쉽지 않을 것 같다. 그렇다면 부모 역할을 포기해야 할까?

그렇다면 어떻게 해야 할까?
정말 그렇다면 부모로서 자기 자식에게 공민 의식이나 공동체 의식 또는 자립심 같은 좋은 버릇을 심어 주기 위한 관심의 실천은 어떻게 하는 것이 좋을까? 굳이 답을 만들어 보자면, 중요한 것은 자발성이다. 적어도 아이들이 '미운 일곱 살'쯤을 넘어서서 자기주장을 고집하게 될 때쯤 되면 가능한 한 자율에 맡기는 게 좋을 듯하다.

이를테면 아침에 늑장을 부려 지각을 하게 되어도 내버려 둔다. 그러다 보면 스스로 아침 시간을 챙기게 될 테니까 말이다. 앞에서 소화제 이야기를 했는데, 아무리 좋은 뜻이라 할지라도 그것이 소화제 역할이나 할 뿐이라면 삼가는 게 맞을 듯싶다. 그리고 단지 행동으로 보여 주며 아이들을 설득하는 게 옳을 듯하다. 그런데 만일 설득되지 않는다면?

지금 열세 살과 열두 살인 첫째의 두 아이에게 더러 말했다. 엄마가 사무실에 나가느라 늘 바쁜데 설거지 좀 도와주면 좋잖아. 그럴 때마다 아이들은 고개를 살래살래 내저었다. 싫어, 하고. 그 나이 시절에 내 아이들에게 설거지는 당연히 하는 거였는데……. 첫째는 그런 쪽에서 자기 아이들에게 '잔소리'를 하지 않는 것 같다. 나도 물론 첫째에게 그런 이야기를 한 적은 없다. 그거야말로 해서는 안 될 '잔소리' 같기 때문이다. 부모 노릇, 정말 쉽지 않아 보인다.

세 번째 독 - 체벌

그런데 자식 양육에 과보호나 잔소리보다 더 치명적인 독은 따로 있다. 바로 체벌이다. 매질, 곧 체벌은 최하, 최악의 방법이다. '매 끝에 정 든다'라든가 '매 끝에 효자 난다'라든가 하는 속담이 있다. 영어권 쪽으로 가 보면 'Spare the rod, spoil the child(매를 아끼면 자식을 망친다)'라는 것도 있다. 옛말은 틀린 게 없다 하는데, 이 말도 그런 것 같다. 단, 조건이 있다. '매의 법도'다. '매의 법도'가 지켜지지 않으면 매의 효과는 기대할 수 없기 때문이다.

서당 훈장의 따님이었던 어머니로부터 이런 이야기를 들은 적이 있다. 매는 그 굵기가 새끼손가락의 절반쯤 되는 싸리나무였고 길이는 50센티쯤이었다. 이런 매 여러 개가 서당 선반이나 사랑방 문설주 위에 얹혀 있었다. 훈장님이나 아버지는 매질을 해야 할 합당한 잘못이 있을 경우, 아이에게 그 잘못과 매의 숫자를 설명하여 동의를 받은 다음, 아이로 하여금 매를 내려오게 하여, 서로 동의한 숫자만큼 매를 때리고, 역시 아이로 하여금 그 매를 제자리에 돌려놓도록 했다. 그 매는 굵기나 길이로 보나 그다지 아프지 않았을 것 같다. 말하자면 상징적 매질이었다. 그리고 어머니는 이어 말씀하셨다.

매질한 다음에는 그 종아리를 어루만져 주는 마음이 있어야 한다. 그리고 또 덧붙이신 말씀. "세상에 미련한 애비는 문고리 걸어 잠그고 지 자식 두들겨 팬다. 애비 되는 사람 소견이 어지간만 해도 매가 어디 있는지 번연히 알면서도 매가 어디 있지, 이눔 도망가지 말고 거기 있어라, 매가 어디 있지 하고 방 안을 헤매며 자기 자식이 도망갈 틈을 만들어 준다……."

그것이 바로 '매의 법도'이고, 이런 법도가 전제된 한, 매는 약이 될 수 있고, 그런 매라면 '사랑의 매'라 할 수 있다. 그런데 대개의 부모들이 자기 자식에게 행사하는 체벌은 그런 게 아니다. 거의 예고 없이 갑자기 시작되고, 그런 만큼 가혹하다. 차근차근 매를 준비하여 종아리나 손바닥을 조리 정연하게 건드리는 게 아니라 주먹으로 얼굴을 후려치기 일쑤고, 심하면 발길질까지 동원된다.

친척 누님으로부터 들은 이야기인데, 가깝게 지내는 이웃에서 하도 요란스러운 소리가 나기에 가 보니까, 그 아버지는 골프채를 치켜들고 있고, 고등학생인 아들은 때릴 테면 때려 보라는 식으로 버티고 있고, 어머니는 남편 팔에 매달려 울고 있더라며, 누님은 하이고, 세상에, 그 지경이 되었다면 포기해야지, 그래야 부모지, 도대체 골프채까지 치켜들고 어쩌잔 말인가. 자식 이기는 부모가 어디 있다고, 하며 탄식했다.

내친김에 이야기 하나 더 덧붙이겠다. 거실에서 논쟁 중이던 딸애가 제 방으로 들어가 문을 잠가 버렸다. 부모와 자식 간에 흔히 있는 장면이다. 그런데 흔하지 않은 장면이 이어졌다. 그 아버지는 발을 들어 문을 냅다 차 부수고 딸의 방에 진입했다. 다음 장면은 굳이 적을 필요가 없을 듯한데, 도무지 믿어지지 않는 이야기였다. 그 아버지는 적어도 겉모습만으로는 참 괜찮은 사람이어서, 그럴 이치가 없다는 나의 믿음이 굳건했기 때문이다.

사람 되라고?

매질하는 부모가 흔히 하는 말이 있다.

'사람 되라고.'

'사람 만들라고.'

그러나 그런 폭행으로는 사람 되지 않는다.

절대로 안 된다.

단언한다.

절대로 안 된다.

자식이 자신의 뜻대로 움직여 주지 않을 때, 자신의 뜻이 옳은 것이든 그른 것이든, 영화 「샤인」의 아버지가 그랬던 것처럼 폭력 충동을 느끼게 된다. 그 충동은 종족 보존 본능만큼이나 치열하다. 그런 만큼 이성적 제어가 더 어렵겠지만, 그러나 자식에 대한 폭력, 곧 매질은 먹으면 죽는 독약과 같다. 과장이 아니다. 사실이다. 그리고 자식에 대한 폭력은 결국 자해다.

비단 「샤인」의 아버지만이 아니다. 실로 많은 부모들이 이성적 제어가 되지 않아 감행한 매질로 말미암아 참혹하게 실패하고 있다. 내 주변에만 해도 그런 사람은 썼다. 과보호가 대부분 어머니들에 의해 저질러지는 실수라면, 매질은 대개 아버지 몫이고, 아버지가 조만간 감당해 내야 하는 그 결과는 실로 엄중하다. 앞에서 아버지가 흘리는 눈물에 대해 적은 바 있는데, 그 눈물의 근원이 바로 자식에 대한 매질이다. 매질은 자식을 망가뜨리면서 부모에 대한 반감을 차곡차곡 쌓아 올리는 것밖에는, 자식의 성장과 형성에 오히려 마이너스 효과를 가져온다. 만일 매질을 포기할 수 없다면, 그것은 곧 자식을 포기한 것으로 이해하는 게 정직하다.

대개의 매질은 훈도를 위한 체벌이 아니라 사실은 부모들의 저급한 폭력 충동의 실천이다. 때려도 안 돼. 부모들은 흔히 이렇게 말한다. 물론 암담한 표정이다. 그런데 때리는 행동이 감정풀이가 아니라 훈도를 위한 것이라면 의도 자체가 잘못되었다. 때려도 안 돼. 그렇게 말하는 것은 자신의 폭력성을, 더구나 무자각 상태에서 고백하는 것에 지나지 않는다. 진실로 훈도를 바란다면 마지막 수단으로 때리는 쪽보다는 울며 호소하는 쪽이 낫다. 그래도 안 되면? 포기하고 시간의 섭리를 기다려야 한다. Let it be!

자신의 경우

다른 생명의 명색 아버지로서 내가 가장 절실하게 후회하는 것도 바로 이 매질에 있다. 내가 자라던 시절에 매는 당연한 거였다. 그런데 나의 아버지는 당연한 것보다 조금 더 가혹하신 편이었다. 그래서 나는, 나중에 아버지가 되면 내 자식들에게는 절대로 매질하지 않겠다는 맹세를 되풀이했다. 그런데 이 맹세를 지키지 못했다.

첫째가 초등학교 2학년 때쯤이었다. 나는 첫째의 종아리를 두 차례 때린 적이 있다. 그 두 번째였다. 보니, 첫째의 종아리에 회초리 자국이 나 있었다. 그것은 내가 감정을 절제하지 못한 흔적이었다. 나는 아이의 종아리에 안티푸라민을 발라 주면서 속으로 맹세했다. 앞으로는 결코 회초리를 들지 않겠노라고.

그런데 나는 한 번 더 이 맹세를 깨뜨리게 된다. 셋째가 중학교 2학년 때, 6월 27일이었다. 우리 부부의 결혼기념일이어서 날짜도 잊히지 않는 그날, 우리 부부는 의논 끝에 셋째에게 체벌을 내리기로 했다. 아이를 불러, 그럴 수밖에 없게 된 사정을 설명한 다음, 회초리 다섯 대를 때렸다.

그런 날들로부터 오랜 세월이 흐른 지금, 내가 내 자식들에 대해 가장 후회막급한 것 가운데 하나가 바로 그 몇 차례의 매질이다. 두고두고 후회되고, 두고두고 미안하다. 아, 왜 그 짓을 하고 있었던고! 이 글을 적고 있는 이 시간에도, 내 가슴이 후들후들 떨린다. 그러나 흘러간 세월은 되돌릴 수도 없다.

때리면 안 된다. 어떤 경우에도, 절대로 안 된다. 때리는 행위는 부모로서 가장 악수惡手다. 돌이킬 수 없기에 더 나쁘다. 나는 자식을 때려 실패한 사람은 실로 허다하게 보아 왔어도 성공한 사람은 단 하나도 보지 못했다. 더구나 부모 자식 사이에 폭력이 성공의 수단이 되는 경우는 없다. 물리적 체벌의 포기는 아주 당연하다. 대부분의 사람들이 그것을 안다. 그러면서도 회초리 정도가 아니라, 자식에 대한 폭행 수준의 체벌은 포기되지 않고 있다. 그것은 곧 부모 자식 관계는 망가질 수밖에 없는 제도적 장치가 완비되어 있다는 것과 같다.

세 가지 독, 그 결과

앞에서 인용한 '유아 엄마 상호 작용 연구'와 비슷한 이야기를 들은 적이 있다. 어느 작가의 글이었다. 미국에서 살고 있는 동생의 아이들이 방학을 이용해 자기 집에 왔는데, 모두 친탁하여 적어도 겉모습으로 보자면 서로 닮은 데가 많은 그 아이들과 자기 아이들이 함께 어울려 노는 모습을 여러 날 동안 지켜보니 분명한 차이가 눈에 띄었다.

모두가 열 살 안팎, 비슷한 또래였는데, 놀이의 주도권은 언제나 미국에서 태어나 자란 조카들 쪽이었다. 자기 아이들은 말하자면 주인이었고, 나이도 한두 살씩 더 많은데도 언제나 제 사촌들 눈치만 살피고 있는 꼴이었다. 겉모습과는 달리 속 생김은 딴판인 셈이었다. 그 작가의 결론은, 아이들이 자란 토양 때문이다.

연상되는 기억 하나가 있다. 박노자 교수가 대충 이런 의견을 이야기한 적이 있다. "한국인들에게는 대단한 재능이 있지만, 그들은 자신들의 재능을 매우 비생산적인 방법으로 소모하고 있다. 반면에 외국에 있는 한국인들은 그들의 창조적인 재능을 성공적으로 살리고 있는데, 그것은 그들의 재능을 제대로 살릴 수 있는 토양에서 살고 있기 때문이다." 나의 연상은 좀 더 나아간다.

우리 부부는 지금까지 마흔 나라 정도를 함께 돌아다녔다. 짧게는 사흘쯤(우루과이), 길게는 석 달쯤(인도). 그렇게 돌아다니는 동안 눈여겨보게 됐던 것 또는 눈여겨보려 했던 것들 가운데 하나가 그 나라 아이들 모습이었다. 결론은 이른바 선진국일수록 아이들의 눈빛이나 언어가 더 분명하고 더 당당하며, 우리를 대하는 태도가 매우 적극적이었다.

이탈리아 카프리 섬에서는 단체 여행을 온 것으로 보이는 초등학교 고학년이나 중학교 저학년쯤으로 보이는 사내아이들을 만나게 되었는데, 그 아이들 가운데 몇이 아내에게 다가와, 아내의 모자 모양을 조금 다르게 만들어 준 다음, 그게 낫다면서 저희들끼리 하하 하 웃었다. 그런 적극적 붙임성이 놀라웠던 것은 물론 우리 아이들이라면 어땠을까 하는 연상이 있었기 때문이다.

그러나 후진국에 가면 뚜렷하게 다르다. 아이들은 괜히 주눅 든 모습이었고 우리가 다가가면 오히려 비실비실 피하려 하는 편이었다. 역시 작가인 나의 결론은, 선·후진국의 분별은 그 나라 아이들의 평균적 생김새로 알 수 있다. 그리고 세 가지 독이 제대로 극복되지 않는 한, 우리는 결코 선진국이 될 수 없다.

한데 관점에 따라서는 이보다 더 심각한 게 있다. 세 가지 독으로 말미암아 망가지는 것은 아이들만이 아니다. 세 가지 독이 실천되는 한, 자식들과 부모 사이의 극단적 갈등은 피할 수 없다. 그것은 곧 가정의 평화로운 행복은 원천적으로 불가능함을 뜻한다. 사실이다.

이를테면 다음에 살펴볼 「부모 vs 학부모」 프로그램에서 확실하게 드러나듯, 자식이 있는 가정은 긴장과 갈등 상태다. 인간이 현세에서 추구하는 궁극은 행복이라 할 수밖에 없을진대, 바로 그 행복이 원천적으로 불가능한 조건을 우리 가정은 거의 예외 없이 완비하고 있다. 잠깐 이 책에서 눈을 떼고 천장을 바라보며 조금 생각해 보시기 바란다. 이런 모순, 이런 당착이, 더구나 대를 물려 가며 이어지고 있는 게 이상스럽지 않은가.

나의 이 글 초고草稿 독회 참여자들이 주신 귀한 의견 가운데는 '꼭 나를 야단치는 것 같다'는 대목이 여럿 있었다. 지금 이 글을 읽고 계신 독자들 중에도 비슷하게, 가슴이 찔리는 듯한 증세를 느끼는 분이 있으실지 모르겠다. 조금 더 나아가 아예 눈을 감거나 슬며시 달아나고 싶은 충동을 느끼는 분도 있으실 법하다. (사실은 나 자신이 그렇다.) 그것은 가능성이다. 조금 더 읽어 나가 보시기 바란다. 자식과의 관계가 손상되었다면 그 손상은 수리되어야 한다.

이를테면 친구나 부부처럼, 다른 인간관계는 과거가 될 수도 있으나 자식과의 관계만은 과거가 되기 어렵다. 왜냐하면 부모 자식 관계는 죽은 다음에도 부모 자식이기 때문이다. 그리고 부모가 자식보다 먼저 세상을 뜬다. 때문에 어떻게든 수리되어야 한다. 부모 쪽보

다는 자식 쪽을 위해. 왜냐하면 수리되지 않을 경우, 부모가 세상을
뜬 다음, 그 손상으로 말미암은 고통은 고스란히 자식 몫이 될 수밖
에 없기 때문이다.

어떻게든 수리해야 하고,
그 수리가 불가능하지 않다.

아이들은 무엇을 생각할 것인가가 아니라, 어떻게 생각할 것인가를 배워야 한다.

Children must be taught HOW TO THINK, not WHAT TO THINK.

—Margaret Mead

셋째 가름

세 가지 비결

세 가지 비결

대개는 실패하는 자식과의 관계를 기분 좋게 성공시키는 비결이 있지만, 이 비결은 어쩔 수 없이 독의 하위 개념이 될 수밖에 없다. 그만큼 독의 위력은 절대적이다. 비결이 아무리 죽어라 실천된다 해도 이를테면 잔소리 한 마디, 주먹질 한 방이면 모든 것이 단박에 박살 난다. 독은 그토록 치명적이다. 하지만 독이 아직 실천되지 않았거나, 또는 극복되거나 진압된 상태에서라면 '부모와 자식의 행복한 관계'를 이루기 위해 사실은 대수로울 것도 없는 이것들이 기막힌 비결이 될 수 있다.

그런데 여기에는 전제가 있다. 자식을 바라보는 관점에 대한 것인데, 다른 경우와 마찬가지로 관점이 잘못되었을 때에는 비결이고 뭐고, 백약이 무효다. 구글에서 'How to love your child?(당신 자식을 어떻게 사랑할 것인가?)'를 검색하여 떠오른 3700만 꼭지 가운데 일부를 읽고 건져 낸 것 가운데 하나인데, 지극히 간결하고 담백한 이 문장을 되풀이하여 음미해 볼수록 그 의미가 더 오묘하여, 다른 이들에게도 참고가 될 것 같아 그대로 옮긴다. 자식을 바라보는 부모의 관점은 바로 이래야 할 것 같다. 단언할 수 있을 듯싶은데, 이런 관점만 실천된다면 자녀 양육 걱정은 있을 수가 없다. 나의 이런 단언에 시비를 거는 심정쯤으로, 한두 번 정도 되풀이하여 아주 천천히 음미해 보시기 바란다.

당신의 자식을 내용물 표시 없는 포장에 담겨 온 씨앗이라고 보도록 노력하세요. 당신이 해야 할 일은 그 씨앗에 올바른 환경과 영양을 공급하면서 잡초를 뽑아 주는 것입니다. 당신이 어떤 꽃을 얻게 될 것인가, 어느 계절에 꽃이 피게 될 것인가, 당신은 결정할 수 없습니다.

Try to see your child as a seed that came in a packet without a label. Your job is to provide the right environment and nutrients and to pull the weeds. You can't decide what kind of flower you'll get or in which season it will bloom.

단정한 아름다움을 느끼게 하는 이 문장은 노자의 다음 말씀과 어우러지면서 신묘한 울림을 느끼게 해 준다.

낳았으되 소유하지 않고(生而不有)
기르면서도 지배하지 않으니(長而不宰)

이것을 일컬어 속 깊이 간직하여 드러내지 않는 덕이라 한다(是謂
玄德)

–노자老子

뭔가 깊은 맛이 우러나는 것 같지 않은가? 당신이 이 두 문장을
곧이곧대로 수긍하여 실천하신다면 나의 이 글은 물론 대개의 육아
관련 책들을 굳이 읽을 필요가 없다. 이 두 문장은 자식을 키우는 부
모들에게 그만큼 중요하다. 생명체의 본능으로서, 당신 자식들은 저
스스로 자라고, 저 스스로 제 갈 길을 찾아간다. Let it be!

첫 번째 비결 - 사랑

갑자기 웬 사랑이냐고? 자식을 사랑하지 않는 사람이 어디 있느냐고? 비단 자식에 대한 것만은 아니다. 모든 인간관계 실패는 사랑의 결핍으로부터 비롯된다. 모든 관계에서 사랑한다는 것만으로는 부족하다. 그것은 표현되어야 하고 전해져야 한다. 표현되지 않고 전해지지 않는 것은 사랑이 아니다. 확실한 증거까지 보여 주어야 한다. 사랑의 증거라는 표현이 낯설으신가? 이 세상에 존재하는 모든 선물은 상대방에 대한 사랑의 증거다. 그런 증거가 왜 필요한가? 사랑에는 증거가 필요하도록 사람이 그렇게 생겨 먹었기 때문이다.

비단 자식에 대한 사랑만이 아니다. 모든 형태의 사랑에서 증거는 필수적이다. 사랑받고 싶은 마음은 사랑의 증거를 원한다. 선물 이야기를 이미 했지만, 비단 물적인 것만 아니라 유무형의 모든 증거는 막연한 게 아니라, 가시적이고 촉각적이며, 구체적이고 지속적이어야 한다. 그런 증거를 줄기차게 보여 주는 것 자체가 사랑의 실천이다. 아주 사소한 것이라 할지라도 그 증거를 보여 주는 것만이 사랑이다. 내가 너를 얼마나 사랑하는데~. 이런 푸념 백날 해 봐야 소용없다. 상대방이 그 사랑을 느끼지 못했다면 그건 사랑이 아니다. 인간의 마음은 그토록 나약하고 간사하고 섬세하다.

특히 자식에게 그렇다. 이른바 부모 사랑에 굶주린, 그런 자식만이 아니다. 모든 자식은 자기 부모가 자신을 사랑하고 있다는 증거를 줄기차게 원한다. 차츰 더 이기적이 되어 가는 세태 따라 증거 수요도 차츰 높아진다. 더 높아지는 수요를 따라가려다 보면, 자식 버릇마저 그르치는 경우가 생길 수밖에 없다. 그런데도 불구하고 부모는 증거 수요의 적정선에 대해 줄기차게 고민할 수밖에 없다. 상대가 자식이기 때문이다. 그래서 자식에 대한 사랑은 더 쉽지 않다. 그렇다면 어떻게 해야 할까?

평등, 친구 되기

먼저 평등에 대해 이야기하고 싶다. 친구 되기. 갑과 을 또는 주인과 노예 사이에 사랑이 가능한가? 부모와 자식 사이도 마찬가지다. 위계가 정해진 상태에서 진정한 사랑은 불가능하다. 어떻게든 친구처럼 평등해져야 한다. 그것이 진정한 사랑의 전제 조건이다.

앞에서 '선진국일수록 아이들 눈빛이나 언어가 더 분명하고 더 당당하다'는 체험치를 적어 둔 바 있다. 이를테면 외국인이 다가올 때 우리 아이들은 거의 어물어물 피하는 쪽이 된다. 말이 낯설기 때문은 아니다. 불가불 수직적 억압을 느끼게 하는 우리의 위계 문화 탓으로 봐야 한다. 나이 적은 사람이 나이 많은 사람으로부터, 지위가 낮은 사람이 지위가 높은 사람으로부터 질문을 받으면 명쾌하게 자기 의견을 표명하기보다는 어물어물이 되기 일쑤다. 장유유서長幼有序, 이것은 우리 역사를 꿰뚫고 흐르는 질서의 중심이다. 연공서열年功序列의 파괴 바람이 분 지 이미 오래지만 장유유서는 아직도 그 기세가 등등하다. 이런 질서에서 아랫사람은 입이 있어도 말해서는 안 된다(在下者有口無言)는 계율은 절대적이다. 획일이 강요되고 원만함은 생존을 위한 절대적 수단이 된다. 모난 돌은 정 맞고, 튀면 잘린다.

요즘도 그런지 잘 모르겠지만, 내가 직장 생활을 하던 1970~1980년대, 회의를 하면 말하는 사람은 맨 윗사람 하나뿐이고, 나머지 참석자는 열심히 적기만 했다. 적을 게 별로 없을 때는 적는 시늉이라도 내려 했다. 왜냐하면 그것이 경청傾聽의 증거가 되기 때문이었다. 요즘 북한 김정은이 나오는 사진을 보면, 그 주변을 따르는 사람들은 하나같이 수첩을 들고 있는데, 김정은 주변만이 아니라 사실은 한반도 전체가 그렇다.

조직 구성원 각자의 창의를 결집시켜 조직의 생산성을 극대화하는 것이 원천적으로 불가능한 그런 질서와 계율 아래에서 수직적 위계는 차츰 더 고집스러워지고, 이런 위계로 말미암은 불평등이 아예 제도화된 현실에서 대개의 사람들은 주눅 든, 그런 인품이 될 수밖에 없다. 불평등은 사회의 발전을 방해하면서 그 사회에 살고 있는 사람들의 관계를 삭막하게 한다. 사회를 위해서나 그 사회에 살고 있는 사람을 위해서나, 불평등은 만악萬惡의 근원과 같다.

눈높이

'눈높이'라는 표현이 쓰이기 시작한 것이 언제부터였고 누구로부터였는지 잘 모르겠는데, '눈높이를 맞춘다'는 것은 위대한 개념이다. 비단 부모 자식 관계만이 아니다. 모든 인간관계에서 경험하게 되는 갈등의 상당 부분은 눈높이를 맞추는 평등 구현 노력의 실패로부터 비롯된다.

역지사지易地思之라는, 인간관계에서 아주 유용한 지혜가 있는데, 그것은 곧 상대방 눈높이에 나를 맞춰 보는 평등 구현 노력을 뜻한다. 이 노력을 통해 평등한 입장에서 상대방을 진심으로 이해하는 쪽이 되기만 해도 갈등의 쌍방이 되어 서로 고통당하는 경우는 상당 부분 피할 수 있게 된다.

부모와 자식 사이에는 더욱더 그렇다. 부모와 자식 사이에 일어나는 갈등의 대부분은 부모가 자식의 눈높이를 무시한 채, 자기 눈높이에서 자식을 내려다보며 명령하고 억압하고, 마침내는 폭력 행사도 마다하지 않는 데서 비롯된다. 눈높이를 맞춰 같은 눈높이에서 동년배 친구처럼 평등한 입장이 될 경우, 그 명령도, 그 억압도, 그 폭력도 존재할 수 없다. 그리고 물론 내가 뭐랬니? 내가 그랬잖아! 거봐, 못써, 안 돼, 이 멍텅구리 같은 등의 결코 해서는 안 되는 악성 불평등 언어도 발사될 수 없다. 곧 갈등의 근원이 제거된다.

평등한 상태에선 위와 아래가 구분되는 수직 상태가 아니라 눈높이를 함께하는 수평 상태에서 만나게 된다. 수직 상태에서는 위도, 아래도 사실은 불편하다. 위는 아래로부터, 아래는 위로부터 소외될 수밖에 없는 구조가 수직이다. 관계가 삭막해질 수밖에 없다. 노장청老壯靑이 함께 어우러져 즐길 수 있는 대동 세계는 수평 상태에서만 가능하다. 평등은 모든 인간관계의 이상적理想的 상태다. 이런 상태가 되어야만 우리는 저 갑갑한 만성 주눅으로부터도 해방될 수 있다.

모든 인간관계의 이상적 상태인 평등한 친구가 되는 이러한 노력도 물론 모든 면모에서 유리한 입지에 있는 부모 쪽의 관용과 기교와 적극성 없이는 불가능하다. 왜냐하면 관계의 주도권을 언제나 부모가 쥐고 있기 때문이다. 부모가 자식과 눈높이가 어긋나지 않도록, 그래서 언제나 대등한 친교 관계가 유지될 수 있도록 노력할 때 부모 자식 사이 갈등은 현저히 줄어든다. 그리고 이 평등은 바로 진정한 사랑이 가능한 절대적 전제가 된다.

어떻게 표현할 것인가? - 사랑의 증거

되풀이하지만, 표현되지 않고 전달되지 않는 것은 사랑이 아니다. 어떻게든 표현하여 상대방으로 하여금 그 사랑을 인지하도록 해야 한다. 그렇다면 어떻게 표현할 것인가. 이를테면 이런 것을 적어 볼 수 있을 듯하다. '스킨십'이라는 표현이 있다. 대중적으로 흔히 쓰이는 의미에 대한 선입감을 지우기 위해 다음(Daum) 국어사전의 뜻을, 마디마디 그 뜻을 새겨 가며 함께 읽어 보기로 한다. 그 어원이 사실은 육아라는 점에 대해 뜻밖이라는 느낌을 갖게 되는 분도 있을 듯하다.

스킨십

피부와 피부의 접촉을 통한 애정의 교류. 부모와 자식 간의 피부 접촉을 통하여 깊은 애정의 교류가 가능하므로 육아育兒에서 그 중요성이 강조된다. 부모의 따뜻한 스킨십은 아이들의 올바른 인성 함양에 중요한 역할을 한다.

될 수 있는 대로 자주 안아 주고 어루만져 준다. 이보다 더 구체적이고 더 효과적인 사랑의 증거는 없다. 단지 손을 잡아 주는 것만으로도 사랑은 전해질 수 있다. 육아와 관련된 기사에서 이런 내용을 본 적이 있다. "아버지 손요? 아버지 손은 잡아 본 적이 없는 것 같은데요? 아버지 손은 저를 때릴 때만 제 몸에 와 닿아요." 이 글을 읽고 있는 당신은 어떤가?

나의 경우를 고백해 보자면, 나는 자식들 손 정도는 자주 잡아 보았다. 다 자란 뒤에도 만나면 언제나 악수를 했으니까. 그러나 자식들의 아기 시절 이후, 내가 내 자식을 안아 본 것은 셋째가 서른을 살짝 넘어서던 해 12월, 직장이니 하는 것을 모두 때려치워 버린 다음, 그 전해에도 석 달 동안 여행한 인도와 네팔 쪽으로, 이번에는 언제 돌아온다는 기약도 없이 떠날 때였다. 셋째는 제 어머니를 먼저 포옹한 다음, 나를 향해서도 품을 열어 주었다. 한 아름이나 되는 셋째를 품에 안자마자, 나는 순간적으로 울컥했다. 만감이 교차한다는 표현이 있는데, 정말 만감이 교차했다. 나는 셋째가 현관문을 열고 내 시야 밖으로 사라질 때까지 눈물을 보이지 않으려고 애써야 했다. 그 뒤 우리는 더러 포옹한다. 그때마다 기쁘다.

유년이나 청소년 시절만이 아니다. 자란 뒤에도 스킨십은 강조되어야 한다. 물리적 스킨십만은 아니다. 정신적 스킨십도 중요하다.

자식들의 존재를, 현재를, 성취를 줄곧 인지해 주어야 한다. 어쩔 수 없는 인간의 자식으로서, 그들은 부모 되는 사람들의 사소한 인지에도 사랑을 느끼고, 그 느낌은 그들의 사회생활에 결정적 격려가 될 수도 있다.

스킨십을 통한 교감만 원활하다면 그다음은 어렵지 않다. 역시 구글에서 'How to love your child?'를 검색하여, 대충 읽어 보는 동안 걸러 낸 그 밖의 생각들 몇 가지를 주섬주섬 적어 보겠다. 사실은 대수롭지 않은 것인데도 나는 대목대목에서 머무르며 나 자신의 경우와 견줘 보아야 했고, 그때마다 쓰라렸다.

❖ 자식들이 마음에 딱 들기를 바라지 않는다. 그런 자식은 없다.

❖ 있는 그대로 바라본다.

❖ 비판하지 않는다. 잃는 것뿐, 얻는 게 없다.

❖ 눈높이를 맞춰 이해하려고 애쓴다. 이해 없이 사랑 없다.

❖ 굳은 표정을 보이지 않는다. 치명적이다.

❖ 함께 놀아 준다. 자식이 하나 이상이라면 각각의 자식과 따로 시간을 갖는다.

❖ 아주 열심히 들어준다. 동감을 극대화한다.

❖ 자식들의 장단점을 자식들 눈높이에서 인지하고 이해한다.

❖ 자식들 성적에 대해 과민하지 않는다.

❖ 집안 대소사를 함께 의논한다. 자식들 의견 채택률을 높인다.

❖ 부모의 고민을 자식들과 나눈다. 가족 공동체 참여 의식을 높여 준다.

✧ 집안의 허드렛일을 함께한다.

✧ 함께 요리한다.

✧ 자식들이 즐겨 하는 놀이를 함께하며, 자식들이 이기게 한다.

✧ 자식들이 읽는 책을 함께 읽고 느낌을 나눈다.

✧ 자식들 친구와 교사 이름을 기억한다. 가끔 그들의 근황을 묻는다.

✧ 자식들에게 그럴 만한 기회가 있을 때마다 상으로 선물을 준다.

✧ 함께 목욕한다. 공중목욕탕 경험을 함께한다.

✧ 함께 여행한다. 특히 캠핑이 효과적이다. 천막은 특별한 분위기를 형성하기 때문이다.

✧ 함께 노래한다. 화음을 이룰 때, 희열을 느낄 수 있다.

✧ 집에서 자식들을 스치게 될 때마다 윙크나 살짝 터치 같은 익살스러운 인지를 한다.

∿ 자신의 경우

특히 '비판하지 않는다'를 비롯한 몇 항목을 제쳐 두고 보면, 그 효과가 나의 의도만큼 나오진 않았던 것 같지만, '그 밖의 방법들'은 대개 내가 실천하려고 애써 온 것들인데도 대목대목에서 쓰라렸다.

그런데 가장 중요한 스킨십에 대하여 나는 용납될 수 있는 것 이상으로 나태했다. 자식들과 나 사이에 생긴 정서적 거리는 바로 이 나태의 결과일 텐데, 핑계를 대 보자면 우리 전통에는 스킨십, 그런 문화가 없다. 더구나 아버지의 경우에는 더욱더 그렇다. 엄부자모嚴父慈母, 곧 엄한 아버지와 자애로운 어머니, 그것이 전통적인 우리네 아버지와 어머니 모습이었다. 나도 결과적으로 보자면, 꼭 그랬다.

앞에서 셋째 아이 경우를 예로 들어 이야기했는데, 나는 자식들 아기 시절 이후 스킨십은 거의 없이 지냈다. 지난날에는 아이들 생일이나 명절 등에 편지를 주었고, 요즘도 이메일을 비교적 자주 보내므로 정신적 스킨십은 이어지고 있다고 봐도 될 듯싶지만, 물리적 스킨십은 더러 악수하는 정도밖에 없었다.

그리고 더 중요한 것은, 내 또래 아버지들의 공통적 결함일 듯한데, 사랑 같은 정서적 표현에 극히 서툴다. 셋째와의 그 일 이후, 자식들을 안아 주고 싶은 마음은 굴뚝같은데, 어쩐지 멋쩍은 느낌 또는 괜한 변덕으로 보이면 어쩌나 하는 주저, 그리고 이미 생겨 버린 정서적 거리에 대한 조심 때문에 선뜻 다가가게 되지 못한다.

'스킨십'과 '그 밖의 방법들'을 나눠 놓았지만, '그 밖의 방법들'도 결국은 정신적 스킨십인데, 친밀감의 표현인 스킨십은 물론 자연스러워야 하고, 자연스러움은 하루아침에 이루어지지 않는다. 지금 이 글을 읽고 있는 당신의 자식들이 아직 어리다면, 지금부터라도 일상생활에서 스킨십을 강화하여, 그들이 나이 든 다음에도 계속할 수 있게 되기를 권하고 싶다. 엄부니 하지만, 엄한 것은 이루는 것 없이 피차 손해다. 엄부자모嚴父慈母가 아니라, 자부자모慈父慈母가 정답이다. 자식 양육에서 자애慈愛보다 더 위대한 것은 없다.

비단 육아 쪽에서만이 아니다. 엄부는 집안 분위기를 망친다. 아버지가 가족들로부터 소외되는 경우가 많은데, 그것은 바로 엄한 표정과 태도 때문이다. 아버지 되는 사람으로서 그런 표정, 그런 태도는 자해다. 거친 세상에 나가 죽어라 밥벌이를 하느라 집에 돌아올 때쯤이면 만사가 귀찮을 만큼 피곤하겠지만, 그래도 될 수 있는 대로 부드러운 표정과 태도로 가족들을, 특히 자식들에게 다가가 그들과 평등한 친구가 되어야 한다.

밥벌이를 위한 피곤도 어차피 가족을 위한 것인데, 그 가족의 분위기를 망치고, 그 가족으로부터 소외당해서야, 밥벌이를 위한 당신의 수고가 무슨 의미가 있겠는가. 자식들을 될 수 있는 대로 자주 안아 주고 어루만져 주며, 함께 어울려 주시라. 물리적, 정신적 스킨십은 당신의 사랑을 표현하는 가장 중요한 수단이고, 당신과 당신 자식 관계, 그 성패는 바로 이 스킨십에 달려 있다. 표현되지 않는 사랑은 사랑이 아니니, 자식에 대한 당신의 사랑을 부디 표현하시라. 실패한 나의 체험을 담아, 간곡하게 권면한다.

두 번째 비결 – 방목

2007년 5월 17일 밤 11시 15분에 방영된 MBC 휴먼 다큐 사랑 「벌랏마을 선우네」는 방목 효과에 대해 여러 가지를 생각하게 한다. 선우는 생후 21개월 된 사내아이였다. 청주에서 미술 학원을 하던 이종국 씨(44세)와 서울에서 명상 센터를 경영하던 이경옥 씨(45)는 양편 모두 마흔 넘은 나이에 만나 선우를 낳았다. 도시 생활에 염증을 느낀 두 사람은 외진 시골인 벌랏마을에 자리를 잡고 생활하며 선우를 철두철미하게 방목한다. 비탈길에서 미끄러져 뒹굴어도, 서툰 걸음으로 산길을 걷다가 곤두박질쳐 좁은 골짜기에 쑤셔 박혀 버둥거려도 도와주지 않는다.

지렁이나 매운 고추를 입에 욱여넣어도 바라보기만 한다. "한번 경험하고 나면 그다음에는 그렇게 하지 않아요." 선우 엄마의 말이다. 감 따기, 나무 하기, 통나무 옮기기, 돌 줍기, 장작 쌓기, 고추

따기 등 엄마와 아빠가 하는 이런 일들을 선우가 참견하려 하면 말리지 않는다. 아기 염소와 젖병 하나를 서로 빨아 대도 그냥 놔둔다. 이렇게 자라고 있는 선우에 대해 프로그램 피디는 이렇게 이야기한다.

　(선우 엄마가 젊어 한 시절 머물렀던) 인도에 가는 선우네 촬영을 위해 인천공항에 갔다. 자연 속에서 거침없이 자란 선우가 온 공항을 헤집고 다니고, 처음 보는 모든 사람들한테 다가가서 참견하고 잘 어울리는 모습에 선우네 부모도, 제작진도 당황했다. 요즘 또래의 아이들과 달리 선우는 겁 없이 자유로운 아이라는 것을 다시 한 번 느끼게 되었다.

낯선 곳에 가면 요즘 그 또래들은 대개 보호자 곁을 떠나려 들지 않는다. 그런 까닭에 선우가 조금도 낯설어 하지 않고 돌아다니는 모습이 피디의 눈엔 새롭게 보일 수밖에 없었을 것 같다.

2006년 미국 슈퍼볼 MVP가 되었다 하여 우리나라에서 잠자코 보고 있기 좀 민망할 만큼 무시무시한(?) 환영을 받은 하인스 워드의 경우가 있다. 하인스의 어머니 김영희 씨는 주한 흑인 병사와의 사이에서 태어난 아들 하인스가 검다고 천대받고, 또 자신은 검은 애를 낳았다 하여 가족으로부터 외면당하다가 한국을 떠나 미국으로 갔다.

김 씨가 남편으로부터 버림받은 것은 미국에 도착한 지 한 달 만이었다. 그때부터 김 씨는 하루 두세 개의 일을 하며 하인스를 키웠다. 아들을 돌볼 시간도, 능력도 없었다. 자는 아이 머리맡에 밥상을 차려 놓고 출근했다 돌아오면 아이는 또 자고 있기 일쑤인 나날이었다. 방목은 불가피한 선택이었다.

그런데 하인스는 여느 흑인 아이들과는 달리 공부도 열심히 하여 우등생이었고, 밝은 성품에, 품행도 단정해 학교 카운슬러가 필요 없을 정도였다. 팀에서의 희생정신도 뛰어났다. 학교 교사들이나 팀의 코치는 그것이 어머니의 희생으로부터 배운 덕분이라고 증언했다. 하인스의 고문 변호사는 이런 요지의 이야기를 했다. "어머니는 영어를 잘하지 못했기 때문에 하인스의 숙제를 도와줄 능력도, 잔소리를 할 능력도 없었습니다. 그러나 어머니는 하인스에게 들려주는 대신 보여 주었습니다. 그것이 오늘의 하인스를 만들었습니다."

방목과 과보호

갓난아기를 물에 넣으면 스스로 손발을 움직여 제 몸을 물 위에 띄운다. 사람은 그렇게 수영 능력을 타고난다. 그런데 자라면서 차츰 맥주병이 되어 가므로 수영을 하려면 일부러 익혀야 한다. 하지만 수영 능력을 잃는 것은 치명적으로 생각되지 않는다.

그러나 앞에서 이미 살펴보았듯이 부모의 과보호로 말미암아 자립심, 능동성, 사회성, 공정성, 적극성 그리고 창의력이나 인내심 등 독립된 생명체로서 이 세상을 살아가는 데 필요한 모든 능력들을 잃어 가는 그것은 치명적이다. 현실에서 대수롭지 않게 생각되고 있어서 그 치명 정도는 더 높다.

이 치명적 상실을 예방할 수 있는 길은 방목밖에 없다. 방목 상태에서 아이들은 실패와 실수를 통해 한 생명체로서 이 세상을 살아가는 데 필요한 능력과 지혜를 스스로 터득한다. 그것은 생명체로서의 본능이다. 그런데 우리는 그야말로 불면 날아갈세라, 쥐면 깨질세라, 겨울이면 추울세라, 여름이면 더울세라 조바심하며 자식을 키운다. 이런 경우는 다른 짐승들 세계는 물론 세계 어느 문화권에서도 그 비슷한 예가 없을 듯하다.

실패와 실수

앞에서 실수의 가치에 대해 이야기했지만, 실수나 실패는 좋은 경험이 된다. 그리고 실수나 실패를 했을 때, 아이의 표정을 보라. 아이는 이미 스스로를 나무라고 있다. 스스로를 나무라고 있는 아이를 다시 나무란다면 그것은 이중 처벌이 된다. 부당하다.

따라서 진정으로 교육 효과를 바란다면, 그런 장면에서 나무라기보다는, 이를테면 내가 그랬던 것처럼 "좋은 경험 했다" 하고, 스스로를 나무라고 있는 그 아이를 다독거리며 격려해 주는 것이 훨씬 더 낫다. 이중 처벌을 감행할 경우, 반발 같은 역작용까지 일으킬 수 있다는 점을 감안하면 더욱더 그렇다. 이미 뉘우치고 있는 아이를 나무라서는 안 된다. (이것은 어른들 경우도 마찬가지다. 영어 표현 'Trial and error'를 상기해 보면, 대개의 과학, 대개의 성취는 바로 실수에서 나온 결과다. 실수도 하지 않는 자식은 오히려 근심 대상이 되어야 한다. 자신과 타인의 실수를 그런 쪽에서 보는 것이 생산적이다.) 이런 소견을 간직하고 있는 나는 첫째가 엄마가 된 뒤 어느 날, 첫째와 이런 대화를 나눴다.

"에비. 안 돼. 못써. 이 세 마디 하지 않고 아이를 키워 봐."
"그게 될까?"

어린 시절에 들은 이야기로, 교사와 학생 사이에 오간 대화다. "이 연필을 봐라. 끝에는 지우개가 달려 있다. 왜 달려 있겠니?" 그 것은 답이 빤한 질문이었다. 학생은 그대로 대답했다. 선생님은 또 묻는다. "왜 잘못 쓰게 될까?" 그것도 답이 빤하다. 선생님은 다시 말씀한다. "사람이 살아가는 것도 마찬가지다. 연필로 글씨를 잘못 쓰는 경우가 생길 수밖에 없듯이 사람도 살아가다 보면 실수를 하게 된다. 너무 부끄러워하거나 두려워하지 말되, 단, 같은 실수를 되풀 이하지 않도록 애써라." 이야기를 들은 뒤부터 연필 끝에 붙어 있는 조그만 지우개는 내게 위안이 되어 주었다.

'신에게도 실수는 있었다'는 표현이 있다. 인간이야 두말할 나위 없다. 인간은 실수한다. 인간과 세상의 구조나 속성은 인간이 실수 하지 않아도 좋을 만큼 단순 명료하지 않다. 인간은 실수할 수밖에 없고 실수를 통해 새로운 세계를 익힌다. 특히 자라는 아이들에게 실패와 실수는 중요한 터득의 계기가 된다. 선우는 실패를 통해 지 렁이와 매운 고추를 입에 넣으면 안 된다는 것을 배웠다.

실수할 기회가 원천적으로 봉쇄되는 과보호가 문제 되고 있는 현 실이기에 실수나 실패의 가치는 더 강조되어야 할 것 같다. 사지 없 이 태어난 『오체 불만족』의 오도다케 히로타다나, '한 발의 디바'로 불리는 복음 가수 레나 마리아는 철두철미한 방목의 산물이다. 오도 다케 히로타다는 계단 하나를 자기 힘으로 오르기까지 3년이 걸렸고, 레나 마리아는 혼자 옷을 입기까지 12년이 걸렸다. 그 부모가 그들을 불쌍히 여겨 감싸기만 했다면 그들은 온 세계 사람들의 찬사와 존경을 받는 대신, 평생 남의 보호와 동정이나 받으며 가련하기 그지없는 모습으로 세상을 살아가야 했을 것이다.

최소한의 금 긋기

나는 지금 방목을 찬양하고 있는 셈인데, 그러나 그 방목은 물론 방종을 뜻하지 않는다. 자율만으로 모든 문제가 해결될 수 있을 만큼 인간은 거룩하지도 않고, 심지가 굳지도 않다. 방목이 방종으로 되지 않도록, 적절한 금 긋기가 필요하다.

많이 알려진 이야기지만, 'Fine Country' 싱가포르는 'Fine Country'이다. 앞의 'Fine'은 '좋은'이라는 뜻의 형용사이고, 뒤의 'Fine'은 '벌금'이라는 뜻의 명사다. 싱가포르의 관광 상품 가운데 하나인 '벌금 셔츠'를 보신 분들도 계실 듯한데, 싱가포르는 그야말로 벌금 천국이다. 구제 불능이라 하여 말레이시아로부터 쫓겨나, 1965년 어쩔 수 없이 독립해야 했던 싱가포르가 단시간에 말레이시아를 훨씬 더 능가하는 부자 나라가 된 것은 바로 그 '벌금' 제도를 포함한 철두철미한 타율 때문이었다. 싱가포르 초기에는 엘리베이터 안에서 소변을 보는 사람들이 흔했다. 그것도 벌금으로 바로잡았다. 그 나라에서 벌금의 효용은 미치지 않은 곳이 없었을 것 같다.

대형 매장의 카트에 코인 하나 넣도록 되어 있는 것, 그 시작은 프랑스의 어느 매장이었다. 아무리 간곡히 부탁해도 카트는 마구 흐트러지기만 했다. 매장 직원 하나가 코인 아이디어를 냈다. 그 뒤부터는 카트 정리 걱정을 할 필요가 없게 되었고, 이 단순한 아이디어는 세계 모든 나라로 퍼져 나갔다.

내 어린 시절, 산은 모두 벌거숭이 민둥산이었다. 큰비가 내리면 강에는 황톳물이 넘실거렸다. 초가지붕에 돼지가 얹혀 떠내려가는 풍경을 본 적도 있다. 정부에서는 강압적 방법으로 모든 아궁이를 틀어막은 다음, 나무 대신 연탄을 연료 삼도록 했고, 그제야 비로소 산에서는 나무가 자라기 시작했다.

적정량의 타율이 없으면 사회 체제는 유지될 수 없다. 그러나 그 타율도 적정량을 넘어서면, 전제 체제가 되고 부작용이 나타나기 시작한다. 문제는 적정량인데, 그 기준이 쉽지 않다. 치자治者는 고민할 수밖에 없다.

자식을 키우는 부모의 입장도 마찬가지다. 자식의 능력을 극대화할 수 있는 적정량의 타율에 대해 고민할 필요가 있다. 그 기준은 개인마다 차이가 있다. 저마다 개성이 다르기 때문이고, 부모와 자식 사이 관계 양식이 다르기 때문이다. 적정량의 타율은 부모가 정할 수밖에 없는데, 타율은 더 적을수록, 자율은 더 많을수록 좋다. 타율이 적을수록 인간은 더 자율적이 된다(소화제 효과). 자율은 자라는 생명에게 최대의 덕목일 수 있다. 다 자란 뒤에도 마찬가지다. 제 몸 하나 제대로 추스르지 못하는 어른들이 뜻밖으로 많다. 헬리콥터 부모와 캥거루 자식이 대세가 되어 갈수록 더욱더 많아지고 있다.

ㄴ 자신의 경우
역시 나의 뜻대로 되지 않았지만, 내가 내 아이들에게 하지 않으려고 애쓴 말 중에는 '에비'와 '안 돼'와 '못써'가 있다. 우리네 현실에서 아주 흔한 이 세 마디가 기본적인 생존 능력은 물론 창의력의 근원인 호기심마저 아예 죽인다는 전문가의 이야기를 듣게 된 것은 아이들이 다 자란 다음이다. 그러니까 나는 사실 아무것도 모른 채, 은연중에 아이들의 창의를 죽이는 길을 피하려고 애써 온 셈이다. 나는 조바심하기를 되풀이하면서도 아이들의 이런저런 모습을 잠자코 바라보고 있으려 했다.

어린아이들이 대개 그런 것처럼, 우리 아이들도 어린 시절에 부모의 일을 참견하려 하고, 뭐든 자기가 하겠다고 나서면서 내가, 내가를 외쳤다. 그러면 그것이 특별히 위험한 일이 아닌 한, 아이들이 하도록 했다. 이를테면 길을 갈 때 갈림길에서 아이들이 어느 길을 고집하면 그게 설령 에둘러 가는 길이라 할지라도 아이들 뜻에 따르는 쪽이 되려 했다. 자기들이 다가와 손을 잡으면 그 손을 잡아 쥐었지만 일부러 다가가 손을 잡아 쥐려 하지는 않았다. 넘어지면 일으켜 주지 않았고, 울면 달래지 않았으며, 밥을 먹지 않으려 하면 억지로 먹이려 들지 않았다. 억압이나 강제를 해서는 안 된다는 기준에서였고, 자립심과 자율성을 키워 주어야 한다는 배려에서였다.

체험을 통해 깨닫기

우리 아이들은 저희들 키가 주방 가스레인지에 닿을 무렵에 모두가 가스레인지 불꽃에 오른손 검지 끝을 데는 경험을 했다. 첫째가 그 나이가 되었을 때 가스레인지에서 올라오는 파란 불꽃을 몹시 신기해하여 거기에 자꾸 손을 대 보려 했고, 그때마다 우리 부부는 질겁하며 에비! 소리를 되풀이했다. 어느 날 우리 부부는 합의했다. 아이로 하여금 불꽃은 뜨겁다는 것을 경험시키기로 했다. (내가 '에비'나 '안 돼'나 '못써' 소리를 하지 않기로 한 것은 어쩌면 그때부터였는지도 모르겠다.)

아이는 마침내 손가락을 데었고, 며칠 동안 오른쪽 집게손가락 끝에 붕대를 감고 있어야 했는데, 그 뒤부터는 불꽃에 손을 대려 들지 않았다. 공교롭게도 둘째와 셋째도 비슷한 나이에 비슷한 부분을 불에 데는 경험을 했다. 요즘 보니, 아이들을 보호하는 안전 장구가 소개되고 있다. 가스레인지에 아이 손이 닿지 않게 하는 투명 플라스틱 가리개도 그중 하나인데, 그것은 좋은 방법이 아닐 듯하다. 왜냐하면 아이는 가리개 저쪽에서 타오르는 파란 불꽃에 대한 신기한 호기심을 끌 수 없을 터이기 때문이다.

윤구병 선생의 책을 읽거나 강의를 듣다 보면, 자라는 아이들로 하여금 느끼도록 해 주는 교육이 중요하다는 대목을 자주 보고, 듣게 된다. 그가 지은 책『조그마한 내 꿈 하나』(보리, 1993)에는 이런 구절이 있다. "우리의 오관 중에 외부 자극에 가장 먼저 반응을 보이는 것은 촉각이다. 촉각이 지닌 잠재력을 온전하게 일깨워 내는 일에서부터 차례로 미각, 후각, 청각, 시각의 잠재력을 일깨우는 바른길을 찾아내는 것은 감성 교육의 기초다." 이를테면 가스레인지 불꽃 경우도 아이들이 그 뜨거움을 느끼도록 해 주는 게 필요할 듯하다.

셋째가 서너 살이 채 되기 전이었을 듯싶다. 일을 끝내고 저녁에 집으로 돌아오니 아내가 말해 주기를, 그날 낮에 셋째가 베란다에서

빗자루를 거꾸로 들고 간장독 안을 휘저었다고 했다. 아마도 햇볕을 쬐기 위해 뚜껑을 열어 둔 독 안에 고여 있는 진한 갈색 간장 안이 궁금했던 것 같았다. 우리는 그 이야기를 하며 웃었다.

역시 일화의 내용으로 보아 그보다 좀 더 나중이었을 듯한데, 어느 날 아이들과 함께 대모산 나들이를 마치고 돌아온 뒤였다. 나는 산에서 찍은 사진 필름을 카메라에서 빼내어 내 책상 위에 놓아두었는데, 조금 뒤였다. 셋째가 내 책상이 있는 방에서 나오며, 아쁘아, 하고 불렀다. 제법 심각한 낯빛이었다. "아무것도 없어." 아이는 필름을 길게 빼서 치켜들어 보였다. 그날 산에서 카메라의 원리에 대해 설명해 주었는데, 나의 설명은 "네 모습이 요 렌즈를 통해 카메라 안으로 들어와서 그 안에 있는 필름에 새겨진다"에서 멈추고, "그 필름을 사진관에 있는 암실에서 빼내 약품 처리를 한 다음……", 거기까지 나아가지는 않았던 듯하다. 뒷날에도 그 장면을 회상하게 되면 나와 셋째는 으하하 하고 소리 내 웃는다.

말하자면 호기심이 남달랐던 셋째는 조금씩 자라면서 시계며, 전축이며, 라디오며, 손에 닿는 대로 분해하기 시작하여, 아내의 표현대로라면 "하이튼 남아나는 게 없"는 상태가 되었다. 그래서 아내는 그럴 만한 것들을 5단으로 된 서랍장 위에 얹어 놓았는데, 셋째는 자신의 키가 5단 서랍장 아래에서 세 번째쯤 이를 무렵부터 등산가들이 암벽 타기를 하듯이 서랍장 손잡이를 잡고, 밟고 하는 식으로, 서랍장을 기어오르고는 했다. 그것을 바라보고 있자면 금세 벌렁 뒤로 떨어져 뒤통수에 구멍이라도 날 듯했지만, 나는 역시 '에비'나 '안 돼' 소리를 하지 않으려 했다. 그렇게 해서 서랍장 위가 셋째에 의해 정복, 평정될 때쯤, 셋째는 자신이 뭔가를 망가뜨리고 있다는 데 대한 분별이 생기기 시작했는지, 일단 손대기 전에 깜냥껏 고심하는 표정을 제 부모에게 보여 주기 시작했다. Trial and error. 허다한 시행착오를 통해 아이는 그만큼 자란 것을 뜻한다. 신기하지 않은가.

움직임의 자유

움직임의 자유, 곧 가고 싶어 하는 곳을 가게 내버려 둔 것도 우리 부부가 은연중에 실천한 실험 중 하나였다. 둘째가 두 돌이 지난 어느 여름날이었다. 그날은 휴일이어서 집에 있었는데, 둘째가 현관에 내려서더니 제 신을 찾아 신고, 바람 들어오라고 열어 놓은 문을 밀고 나갔다. 문 바깥을 내다보고 곧 돌아오겠지 했는데 소식이 없었다. 나는 현관으로 나가 살그머니 밖을 살펴보았다. 아이가 보이지 않았다. 나는 비로소 신발을 찾아 신고 밖으로 나갔다.

우리는 그때 대치동에 있는 5층짜리 신해청아파트 4층에 살고 있었는데, 아이는 계단을 밟고 내려가는 중이었다. 계단 난간을 잡고 계단 하나씩 내려가는 위태로운 걸음걸이였다. 궁금했다. 불러 묻는 대신, 나는 아이 눈에 띄지 않게 뒤를 밟았다. 건물 밖으로 나간 아이는 마치 목표 삼은 곳이 있기라도 한 것처럼 내처 걸어갔다. 뒤를 돌아보거나 하지 않았고 그럴 것 같지도 않았으니 내 모습을 감출 필요도 없었다. 단지 여남은 걸음쯤 뒤처져서 따라 걷기만 했다.

아이의 아장걸음은 집에서 100미터쯤 떨어진 슈퍼마켓까지 이어졌다. 제 엄마와 함께 더러 가던 곳이었다. 그다지 크지 않은 가게였다. 아이는 가게에 들어가선 자기가 찾고 있는 곳을 정확히 찾아갔고. 거기서 껌 한 통을 집어 들고 발길을 돌렸다. 가게를 지키고 있는 젊은 여자는 잠자코 바라보고 있기만 했다. 거기까지 가면서도 그런 생각을 해 보기는 했지만, 가게 여자의 그런 태도로 보아 아이의 나들이는 그날이 처음이 아닌 것 같았다.

아이는 이제 발길을 돌려 오던 길을 되짚어 걷기 시작했고, 집에 돌아와선 제 엄마에게 자신의 전리품을 자랑스레 들어 보인 다음에 포장을 풀어 가족들에게 하나씩 나눠 주고 자기 입에도 하나를 넣었다. 아이의 슈퍼마켓 나들이는 다음 해 우리가 그 아파트를 떠날 때까지 이어졌다. 아이가 스스로 경험한 최초의 낯선 세계이기에 그 슈퍼마켓 이름을 아직도 기억하고 있다. 해보라기.

다음 해, 셋째가 태어난 뒤 우리는 신해청아파트 이웃에 있는 은마아파트로 옮겼는데, 그 몇 해 뒤가 될 듯싶다. 그 무렵 큰집이 봉천동에 있었다. 지하철이 개통되기 전인 그때 대치동에서 봉천동은 중간에서 버스를 갈아타고 한 시간 이상 걸려야 했다. 첫째와 둘째는 그 길을 저희들끼리 다녀오곤 했다. 요즘 생각해 보면 그것은 참 모험 같았을 듯한데, 우리는 아이들이 움직이는 대로 바라보고 있기나 했다.

첫째가 대학 4학년 때 휴학을 하면서까지 유럽 여행을 다녀오겠다고 했을 때, 더구나 딸아이를, 더구나 혼자, 하는 생각을 조금 하기는 했지만, 나는 아이의 판단과 선택을 잠자코 바라보고 있기만 하다가, "이 세상에서 눈앞이 캄캄해지는 그런 경우는 없다. 적어도 극히 드물다. 다급한 마음이 들 때는 우선 멈추고 마음을 추슬러 여유를 가져라. 그런 다음에 상황을 다시 봐라. 결코 서두르지 말라"는 몇 마디 당부만 손에 쥐여 주며 아이를 보냈다. 그렇게 떠난 첫째는 두어 달 동안 유럽 여러 나라를 일행도 없이 혼자서 여행하고 아주 씩씩한 모습으로 돌아왔다.

그러고 나서 두어 해 뒤에는 첫째와 둘째가 함께 백두산 여행을 떠났다. 여행사에 의지하는 게 아니라 경비 절감 겸 모험 쪽을 선택하여 저희 자매만 하는 배낭여행이었다. 수교修交 전에 백두산 여행을 겸해 중국 몇 도시를 둘러보고 온 내게 중국은 도무지 마음이 놓이지 않는 땅이었다. 그때만 해도 중국은 유럽처럼 여행 편의 제도가 잘 갖춰져 있지 않았다. 교통, 숙박, 식사, 모든 것이 불확실하고 불안정하고, 대부분의 나라에서 통하는 영어도 중국에서는 그다지 쓸모가 없었다. 걱정이 되지 않을 수 없었다.

그러나 나는 역시 추인追認, 그런 형식으로 아이들이 움직이는 대로 바라보고 있기만 했다. 아이들이 떠난 뒤 연락마저 끊어져 조바심은 극도에 다다랐지만, 두어 주일 뒤에 아이들은 유유히 웃으며 돌아왔다. 가파르고 험한 산길을 걷기 싫어, 내가 중국 돈 100위안을 주고 지프를 타고 올라갔던 백두산 천지를, 아이들은 천지폭포 쪽 가파른 비탈길을 걸어 올라갔다고 했다. 그 소리를 듣고, 아이고 장하다, 내 새끼들! 하고 속으로 기뻐하며, 둘이 천지를 배경으로 찍은 사진을 확대하여 내 서재 벽에 걸어 두었다. 그 사진을 볼 때마다 그때의 감동이 되살아나서 기쁘다.

그다음 해쯤, 이번에는 둘째가 제 언니처럼 홀로 유럽 여행을 떠났고, 비슷한 무렵에 이제는 직장 생활을 하는 첫째가 석 달 동안 휴직을 하고 오스트레일리아와 뉴질랜드 여행을 떠났다. 그 뒤에는 둘째가 각각 여섯 달 여정으로 유럽과 남미를 돌아다니다 왔는데, 크게 걱정되지 않았다. 내력耐力이 생긴 것이었다.

여기까지 적어 오다 보니, 육아와 관련된 지난날 나의 자취 가운데 후회가 가장 적은 것은 방목이 될 것 같다. 방목을 선택하는 그 순간의 조바심이야 이루 말할 수 없지만, 체험적으로 볼 때, 그 조바심은 충분히 보상받았던 것 같다. Let it be!

세 번째 비결 - 칭찬

자식을 키우다 보면 아무리 참아 내려 해도 속 터져 죽겠는 경우나, 그대로 두었을 때 틀림없이 잘못될 듯한 경우가 허다한데, 그렇다면 어떻게 해야 할까? 꼭 필요하다고 생각되는, 그러나 얻는 것 없이 잃는 것뿐인 잔소리나 체벌에 대한 가장 확고한 대안은, 절대적 전제인 사랑을 제쳐 두고 보자면, 칭찬밖에 없다. 그리고 칭찬은 설령 얻는 게 없다 할지라도 잃는 것 역시 없다. 잔소리나 체벌이 어김없이 손해 보는 장사라면 사랑이나 칭찬은 확실하게 남는 장사다. 칭찬은 잔소리나 체벌에 대한 대안을 위한 궁여지책 같은 것이 아니라, 앞 대목에서 '최하', '최악'이라 표현한 것에 견주기로 하자면, 부모로서 궁리해 볼 수 있는 것들 가운데 최고, 최선의 방법이다.

부모 칭찬을 바라는 자식들

아주 오래전 일이다. 아이들이 고등학교 시절에 보는 영어 참고서를 어느 날 뒤적거리다 보니 대충 이렇게 우리말로 옮길 수 있는 대목이 눈에 띄었다. (나는 아이들의 세계를 이해하기 위해 아이들이 보는 책을 가끔 뒤적거려 보곤 했다. 사실은 아이들이 다 자란 요즘도 그렇다.) 어느 젊은 어머니가 목사님을 찾아와 이런 고백을 했다.

저의 어린 딸이 자주 잘못을 저지르고, 그러면 그때마다 저는 아이를 꾸짖었습니다. 그런데 어느 날, 아이는 온종일 단 한 번도 잘못된 짓을 하지 않고 착한 짓만 했습니다. 그날 밤 저는 아이를 침대에 눕힌 뒤에 아무 말도 하지 않고 그 방에서 나왔습니다. 그때 저는 아이가 흐느껴 우는 소리를 들었습니다. 저는 돌아섰고, 아이가 베개에 얼굴을 묻은 채 울고 있는 것을 보았습니다. 아이는 흐느낌 사이에서 물었습니다. "저는 오늘 착한 아이가 아니었나요?" (딸애의) 질문이 칼날처럼 저를 꿰뚫고 지나갔습니다. 저는 아이가 잘못을 저지를 때 그것을 바로잡는 데는 재빨랐습니다. 그러나 아이가 착한 짓을 할 때, 저는 지나쳐 보기만 했습니다.

그 뒤 이와 비슷한 이야기를 나의 큰 여동생으로부터 들었다. 큰 여동생의 둘째 딸이 대학 입시 수험 준비를 하고 있던 시절, 어느 날 밤 조금 느지막하게 집에 돌아와, 아이 방 앞에 다가가 보니 아이가 공부를 하고 있었다. 흔히 일찍 조는 아이였기에 기특하다 생각하면서도 혹시라도 방해가 될까 봐 그냥 발길을 돌렸다. 그런데 다음 날,

아이는 엄마에게 말했다. 엄마가 돌아오는 소리를 듣고 칭찬을 듣기 위해 자세를 가다듬고 기다렸는데 엄마가 그냥 자기 방 앞을 지나쳐 가서 눈물이 나왔다고. 큰 여동생은 그 이야기를 하며 눈물 기운을 보였다. 그 이야기를 듣고 있던 내 마음도 그랬다.

　부모의 칭찬을 바라지 않는 자식은 없다. 부모의 칭찬을 바라는 것은 자식의 본능과 같다. 자식의 몸은 밥을 먹고 자라지만, 자식의 마음은 부모의 칭찬을 먹고 자란다. 칭찬은 필수 자양분이다. 그런데 나의 체험 범위 안, 이렇게 한정해서 볼 때, 우리 민족의 주요 결핍 가운데 하나가 칭찬 같다.

　우리는 칭찬에 아주 인색하다. 우리 사회가 더 삭막해지는 원인들 가운데 네 탓 만연과, 나 빼놓고 다른 이는 하여튼 모두 죽어야 마땅할 놈이라는 배타 논리, 그리고 칭찬의 결핍을 빼놓을 수 없다. 꾸중은 적의를, 칭찬은 친애감을 일으킨다. 꾸중은 그 자식으로 하여금 두려움과 주눅을 느끼게 하지만 칭찬은 그 자식을 기쁘게 하면서 고무한다. 꾸중은 패배감의 근원이 되고 칭찬은 자랑의 뿌리가 된다. 꾸중해야 할 경우가 있으면 그 반대의 경우를 일부러 찾아내 칭찬하는 쪽이 백 곱절 더 효과가 있다.

　밥을 흘리는 아이에게, 넌 어째 맨날 이러니! 하고 야단치기를 되풀이할 경우, 그 버릇은 잘 고쳐지지도 않거니와, 그런 꾸중을 되풀이하여 듣는 동안 아이의 성격은 어두운 쪽으로 찌그러진다. 그런 경우 슬기로운 부모라면 이렇게 해 볼 수 있다. 아무리 그런 아이라 할지라도 한 번쯤은 밥을 흘리지 않을 것이다. 그러면 그 기회를 놓치지 않고, 아이고, 우리 아무개, 오늘은 밥을 하나도 흘리지 않았네, 하고 좀 호들갑스레 찬양을 바친다. 상당한 효과를 기대해도 좋다.

자식을 키우는 부모로서 아이의 학교 성적 때문에 가장 신경을 쓰게 되지만, 다그친다고 성적은 절대로 올라가지 않는다. 학습에 가장 중요한 것 가운데 하나는 자발성인데, 다그칠 경우, 꼭 필요한 자발성은 차츰 더 사라지게 된다. 그러므로 성적이 조금이라도 올라갔을 때, 그 기회를 놓치지 말고 재깍 칭찬을 바치면서, 차츰 더 물질적이 되어 가는 세상 풍경에 맞게 상품이나 상금을 주어, 자식의 성취를 인지해 준다. 이런 기회 한 번은 백 번의 꾸중보다 더 큰 효과를 일으킨다. 성격 형성의 이점까지 감안한다면, 영혼에 미치는 칭찬의 효과는 신체에 미치는 산삼 효과에 견줘 볼 수도 있다. 칭찬 효과를 극대화하기 위해서는 칭찬 기술을 익힐 필요가 있다.

- ✣ 칭찬은 구체적이어야 한다.
- ✣ 때를 맞춰야 칭찬 효과가 크다.
- ✣ 상에 상품이 따르듯 칭찬에 적절한 물질적 보상이 따르면 칭찬 효과는 더 높아질 수 있다.
- ✣ '잘했다. 그러나'라는 식으로 단서를 달면 칭찬 효과는 줄어든다. 칭찬할 때는 확실하게 칭찬한다.
- ✣ 설령 기술이 모자라는 칭찬이라 할지라도 없는 것보다는 낫다. 인간은 그만큼 연약하다. 아직 부모의 그늘에 있는 자식의 경우에는 더욱더 그렇다.
- ✣ 칭찬은 줄기차게 반복되어야 한다. 자식들이 잊기 때문이다.

내가 칭찬을 했는데, "아빠한테 처음 칭찬 듣네" 할 때가 더러 있다. 섭섭한 일에 대한 기억은 오래가지만, 칭찬 쪽 기억은 수명이 짧다. 그것이 인간의 속성이다. 똑같은 칭찬이라도 상관없다. 반복하시라.

칭찬의 효과는 머리가 완전히 굵어진 다음에도 사라지지 않는다. 현재의 나에게도 타인으로부터, 특히 아이들로부터 듣는 칭찬은 기쁨과 분발의 계기가 된다. 내가 아이들로부터 들은 칭찬 하나가 생각난다. "난 실수가 많다." 나의 이 말에 둘째가 말했다. "그래도 금세 반성하잖아." 이것은 이때까지 아이들로부터 받은 가장 큰 칭찬으로 기억하고 있다. 그래서 나는 또 칭찬받기 위해서라도 '금세 반성'을 실천하려 한다. 칭찬은 만병통치약이라 할 수 있다.

ㄴ 자신의 경우

내가 괜찮은 아버지 노릇을 해 보기 위해, 물론 아이들이 내 품의 권능을 완전히 벗어나기 이전에 이리저리 궁리해 실천해 본 것들은, 온 가족이 모두 한자리에 모여 시 한 수씩 외우기(언어 감각을 키우는 데 좋은 방법이라 하여), 짜증 부리면 벌금 내기, 좋은 책 읽고 나면 책 씻이하기, 남 험담하지 않기, 가난 연습, 식사에 앞서 생산, 유통 그리고 물론 요리까지, 그 밥상이 차려지는 과정에서 수고한 분들에게 감사 기도하기(이것은 오산학교 교장이셨던 유영모 선생 전기를 읽고 감동하여 실천해 본 것이다), 가족들이 돌아가며 설거지하기, 이 세상에 쓰레기 보태는 사람 되지 않기(아이들과 야외에 갈 때 비닐봉지를 꼭 가지고 다녔다) 등 여러 가지인데, 가족끼리 칭찬하기도 그중 하나였다.

다른 사람에 대해 좋은 이야기를 하는 경우가 드문데, 우선 우리 가족끼리만이라도 험담이 아닌 칭찬을 하는 연습이나마 해 보자, 그것이 아이들에게 이야기한 취지였지만, 나의 내면에는 그보다 더 절실한 이유가 있었다. 칭찬하면 자식 버릇 그르친다. 이것이 내 아버지 세대의 육아 신념 가운데 하나였다. 그래서 한 번도 칭찬을 듣지 못하고 자란 나는, 나 자신이 아버지가 되면 자식들에게 칭찬을 좀 후하게 하겠다는 다짐을 했다. 내 자식들에겐 칭찬받는 흐뭇함을 누리도록 해 주고 싶었다. 그것이 칭찬 프로그램을 구상한 숨은 동기였다.

우리는 한 주일에 한 번, 저녁에 모여 앉아 자신이 외운 시 한 수를 낭송하고 나서 상대방에 대해 칭찬 한마디씩 한 다음, 아내가 준비해 둔 별미를 나눠 먹고는 했다. 우리 집에서 그 모임이 없어진 것은 언제였고, 어떤 계기였던가, 기억나지 않는데, 그날로부터 오랜 시간이 지난 뒤, 나는 어느 텔레비전에서 「칭찬합시다」라는 프로그램을 보게 되었다. 그러니까 누군가가 칭찬할 만한 사람을 천거하면 그 사람을 찾아가 칭찬하고, 다시 그 사람으로부터 천거받아 그다음 사람을 찾아가는 식이었다. 기발한, 그리고 아주 바람직한 기획으로 보였다. 그때로부터 다시 상당한 시간이 흐른 뒤에 '칭찬은 고래도 춤추게 한다'라는 제목의 책이 베스트셀러가 되었다는 소문을 들었다.

그러니까 나는 칭찬의 효용성에 대해 일찌감치 눈을 뜬 셈이 되겠는데, 다른 경우와 마찬가지로 이쪽에서도 나의 실천은 나의 지향과 달랐다. 결코 후하지 못했다. 많은 시간이 흐른 뒤, 나는 그 점을 한 번 더 확인할 기회가 있었다.

언제인가 결혼하여 따로 살고 있는 첫째네 집에 갔더니 거실에 첫째의 초등학교 시절 일기장이 있었다. 무심코 뒤적거려 보던 나는 또 한 번 가슴이 서늘해졌다. 아이들 어린 시절, 나는 날마다 일기장을 읽고 맞춤법이나 띄어쓰기 같은 것을 고쳐 주며 이렇게 하면 문장이 더 나아지겠다는 의견을 적은 다음, 그날 일기에 대한 평가를 별 표시로 해두었는데, 그 평가가 몹시 인색했다. 그 나이 아이로서는 내용이나 문장이 괜찮은 편이었는데도 별이 넷 되는 경우가 드물었다. 그날 집에 돌아와 첫째에게 이메일을 보냈다.

지난날 자신의 자취에 대해 부끄러움이나 겸연쩍음 또는 고통을 느끼지 않을 수 있다면 얼마나 좋으랴. 노후를 위해 젊은 시절부터 진실로 준비해야 하는 것은 자신의 자취 관리라는 생각을 요즘 몇 해 동안 지치도록 되풀이하고 있다. 여러 해 전, 그러니까 네가 살림 날 때, 네 어린 시절 그림 일기장을 작별 선물처럼 너에게 주며 그런 이야기를 했던가 모르겠는데, 그때도 참 부끄러워했다.

내게 자식 되는 생명들에 대한 나의 지향은 폭력 행사는 물론 없어야 하고 억압 요소마저 최소화해야 하고, 대신 칭찬과 격려를 최대화해야 한다는 거였다. 그런데 실천은 그렇지 못했다. 그 그림 일기장의 별 표시가 증거가 되겠다. 굳이 변명을 해 보자면 주마가편走馬加鞭 같은, 그러니까 조금 더 노력해 주기를 바라는 마음에서 별의 수를 줄였을 것 같은데, 그보다는 별 하나나 둘씩 더 보태 주어 부모의 칭찬을 바라고 있었을 어린 자식들을 격려해 주었더라면 훨씬 더 좋았지 않았겠는가 하는 반성, 아프다. 정말 미안하다. 너는 네 자식들에게 될 수 있는 대로 칭찬과 격려의 양을 넉넉하게 하여 뒷날에 나처럼 후회하지 않게 되기를 바란다.

첫째가 답을 보내 주었다.

　저는요, 그 그림일기 다시 보면서 아빠가 이렇게까지 신경을 써 주신 덕분에 제가 국어 선생이 되었나 보다 했어요. 아마 저처럼 아빠한테 특별 지도 받으면서 자란 아이들은 별로 없을걸요^^*
　요즘 제가 가르치는 학생들의 공책 검사를 하고 있는데 아빠가 하셨듯이 꼼꼼하게 읽고 한마디씩 써 주기가 힘드네요. 300명이나 되다 보니……. 휴~.

마음에 새겨 두십시오. 당신의 자식들은 당신이 그들에게 한 말은 잊습니다. 그러나 당신이 그들로 하여금 느끼도록 한 것은 기억합니다. 그리고 당신이 그들에게 원한 것을 얻게 될 것입니다.

Keep in mind that your children forget the words you speak to them, but remember how you have made them feel, and you'll get what you want.

—Carl W. Buehner

탈의 근원, 말

탈의 근원, 말

인간관계는 말(言語)로 이루어진다. 말이 없는 인간관계는 불가능하다. 그런데 말은 양날의 칼이다. 인간관계를 돈독하게도 하지만, 망가뜨리기도 한다. 죽도록 공을 들인 관계가 우연한 한마디 말에 박살 나는 경우는 드물지 않다. 칼로 말미암은 상처는 치유되지만 말로 말미암은 상처는 치유되지 않는다. 그래서 말은 무서운 것이 되기에 말을 삼가라 하지만, 그게 쉽지 않다. 특히 부모와 자식 사이에는 더욱더 그렇다. 피차 사랑과 기대가 크기 때문이다. 대수롭지도 않은 말로 말미암아 평생 등진 채, 서로 고통받고 있는 부모와 자식, 내가 목도한 것만 해도 한둘이 아니다.

자식들에게 이해나 관용을 기대해 봐야 별 소용 없다. 대수롭지 않은 말 한마디에도 자식들은 얼음장 같은 표정이 되어 칼날처럼 돌아선다. 그런 말 가지고 뭘 그러니? 해 봐야 소용없다. 돌아선 자식을 되돌려 세우기까지는 오만 수고를 다 바쳐야 한다. 그래서 되돌아선다 해도 이미 앙금 한 켜가 쌓인 다음이다. 쌓이는 앙금은 내압內壓을 높여 가는 것과 같다. 언제 터질지 모르고, 마침내 터져 버릴 경우, 그것으로 부모와 자식 관계는 회복 불능 상태가 될 수도 있다. 말은 이토록 위력적이다. 굳이 말에 대해 따로 궁리해 보려는 이유다.

갈등 해소를 위해 흔히 대화를 권한다. 대화로 풀어라. 대화로 풀지 못할 갈등은 없다. 그렇게들 이야기한다. 물론 대화는 중요하고 유용하다. 대화를 위한 노력은 항상 필요하다. 그러나 푸는 노력을 일부러 기울여야 할 갈등 국면에 이미 접어들었다면 대화는 효력을 발휘하기 어렵다. 그보다는 대화가 효력을 발휘할 수 있는 관계라면 그토록 심각한 갈등은 일지 않는다. 특히 갈등 국면에서 말(言語)은 소통의 효과적 수단이 되기 어렵다. 그런 국면에서 말은 오히려 바른 소통을 방해하여 인간관계를 더 나쁘게 몰아갈 수 있다. 말은 참 곤란한 물건이다. 여러 면모에서 말에 접근해 가면서 수학적으로 증명해 보이겠다.

말은 오해되고 와전된다

　말은 오해되고 와전된다. 그리고 뭔가 문제를 일으킨다. 그것이 말의 속성이다. 말은 아주 고약하다. 말로써 내 뜻이 내 뜻대로 전해졌던 적이나, 갈등 국면에서 말이 해결 수단이 되었던 적은 드물다. 더 중요한 것일수록 더 전해지지 않고, 더 심각한 국면일수록 말은 더 무력해진다. 특히 자식들과의 대화에서 그랬다. 자식들에게 어떤 이야기를 할 때는, 더러 여러 날씩 사전에 구상과 퇴고 과정을 거치는데도, 결과는 거의 언제나 오히려 역효과 쪽이었다. 말이 소통보다 갈등 이유가 되는 경우는 아주 흔했다. 말은 아주 무력했다.

　그러면서도 표현하고 싶은 욕구는 포기되지 않는다. 무력감을 느껴 억제하려 할수록 발언 욕구는 더 치열해진다. 그러다 보니 내 아이들과의 관계 면에서 볼 때, 나의 일상이란 아이들에게 나를 표현하고 싶은 욕구와 그 욕구를 억제하려는 안간힘이 쉴 새 없이 버티고 겨루는 꼴이 되기 십상이었다.

불러 앉혀 놓고 이야기를 하느냐 마느냐? 나의 이런 고민은 '죽느냐 사느냐, 그것이 문제로다'라는 햄릿의 고전적 고민보다 덜할 게 없었다. 더러 머리카락이 빠지는 듯하기도 했다. 그래서 뒷골에서 쥐가 날 만큼 벼르고 벼르기를 되풀이하다가 결국 어떤 말을 발사하게 되는 경우가 드물게나마 되풀이되었지만, 적어도 아이들의 열 살 이후쯤으로 금을 그어 놓고 보면, 그렇게 해서 발사된 말이 본전이나마 건진 경우는 거의 없었다. 오히려 허옇게 닦이기나 하는 경우도 드물었다 하기 어렵다.

이런 경험은 제법 혹독한 것이어서, 나는 될 수 있는 대로 간섭 투 잔소리를 하지 않으려 했다. 할 말을 참고 있다 보면 실제로 가슴이 터질 듯 숨이 막히고 더러는 어지럼증이 일기도 하여, '속이 터진다'는 우리네 전래의 표현이 단순한 비유가 아니라는 것을 실감하기도 했다. 그런데도 모든 힘을 다해 어금니가 아프도록 악물고 있는 쪽이 되려고 애썼다.

이런 참담한 실패를 되풀이하던 끝에, 나는 언제부터인가 편지라는 수단에 의지해 아이들에게 내 뜻을 전하는 기교를 부려 보게 되었다. 글말은 고쳐 쓸 수 있고, 쓴다는 절차 때문에 입말을 하는 쪽보다는 스스로 생각해야 하는 시간이 더 많고, 그런 만큼 실수의 가능성이 적다.

또 글말은 잔소리의 절대량을 줄이는 효과 외에, 쓰는 자와 읽는 자 사이에 시간과 공간의 여백이 있어 직접적인 입말의 주고받음으로부터 비롯될 수 있을 감정적 대치와 그로 말미암은 상황의 악화를 피할 수 있다는 면에서도 입말보다 더 효과적인 전언 수단으로 여겨졌고, 또 더러는 답장도 받아 보았다. 그러나 편지의 한계도 곧 드러났다. 내가 쓴 어느 글말보다 더 공들였을 나의 편지를 아이들은 대충 읽거나, 아마도 일종의 반항 심리에서 아예 읽지 않은 표를 일부러 내 두려는 경우마저 생겼다.

마침내 나는 하나의 모진 결론에 도달한다. 효용을 기대할 수 없는 말은 당연히 하지 않아야 한다. 부모의 눈이 아니라 어느 모로 본다 해도 나쁜 버릇이나 잘못될 길에 대한 지적은 결코 '쓸데없는 말'이나 '헛된 말'로 정의될 수 있는 잔소리가 아닌데도, 그 말이 제대로 전해져 효과를 나타내기는커녕 오히려 역효과나 일으킨다면, 그 말 역시 '쓸데없는 말', '헛된 말'이 되어 잔소리로 전락할 수밖에 없다. 그러므로 설령 아이가 확실한 낭떠러지를 향해 고집스레 걸어가고 있어도 바라보고 있을 수밖에 없다. 그럴 수밖에 없다. 어떻게든 잔소리를 끊어야 한다. 그래야 한다. 나는 실로 모진 마음을 다져 먹었고, 이 다짐을 되풀이했다. 한데 그게 쉽지 않았다.

잔소리 끊기와 담배 끊기

글은 곧 그 사람이라고 하던가. 마크 트웨인은 유쾌한 사람이었던 것 같다. 자기가 쓴 소설 『허클베리 핀의 모험』에 자기 이름을 "마크 트웨인 씨가" 하는 식으로 천연덕스레 넣어 놓은 것부터 그렇다. "담배 끊는 거, 그거 뭐가 어렵습니까? 나는 백번도 더 끊었습니다." 이렇게 큰소리친 것도 예사로운 재치로 보이지 않는다.

나는 백번은 아니지만 담배 끊기를 허다하게 시도했고 허다하게 실패했다. 그러다가 마침내는 막다른 골목에 몰려야 했다. 직장을 그만둔 다음이었다. 갑자기 직장을 떠나 언제나 혼자 집에 있자니 흡연량이 늘어 가기만 했다. 하루 두 갑을 태울 때도 있었다. 입에서 썩은 풀 내가 풀풀 나고 담배 냄새가 역겹기까지 한데도 또 담배를 피우게 되고는 했다. 아침에 일어나 양치질을 아무리 열심히 해도 입안에는 니코틴 기운이 뻑뻑하게 남아 있었다. 마침내 목이 고장 났고, 의사는 금연을 명령했다. 위험할 수 있다는 경고가 덧대졌다. 어쩔 수 없었다. 아이들은 아직 어려 보호자가 필요했다. 부모님까지, 내가 봉양해야 할 가족은 일곱이나 되는 형편이었다. 그때 나는 비장했다. 끊어야 했고, 결국 끊었다.

그런데 담배 끊기보다 더 어려웠던 건 사실은 잔소리다. 전해지지도 않는 말은 정말 끊어야지 하는 '자각'은 하루에도 몇 차례씩 줄기차게 되풀이되었지만, 또 아이들의 어떤 모습을 바라보고 있노라면 잔소리 욕구가 준동하기 시작한다. 그러나 셋째가 대학에 들어간 그해 봄, 나는 세 아이들과의 관계에서 버거운 일 몇 차례를 경험한 뒤에 아내에게 말했다. 이제 아이들에게 잔소리성의 어떤 발언도 하지 않겠다. 이 약속을 꼭 지키겠다. 모든 것은 당신이 요량해서 해라.

그런 다음 나는 간섭, 잔소리, 계몽, 이런 의지를 딱 접어 버리기로 했다. 담배 끊기로부터 10년이 지난 뒤였다. 담배를 끊을 때 시달리는 것은 이른바 '니코틴 금단 현상'인데, 그런 표현을 빌려 보자면, '잔소리 금단 현상'은 그보다 더 심한 듯하다. 그때도 그랬다. 그러나 그 고통을 어떻게든 이겨 내려 했다. 아니, 이겨 내야 했다. 그 당시 내가 느낀 위기감은 그만큼 절박했다. 그리고 결코 쉽지는 않았지만 나는 그 다짐을 어떻게든 지켜 내려고 애썼다.

나는 조금 더 나아가, 나 자신을 아예 심부름꾼으로 낮춰 버렸다. 뭐든 심부름 같은 거나 시켜 다오. 그래서 심부름 수준의 일들을 일부러 찾아 하는 쪽이 되었다. 그런 세월이 얼마 동안 지난 다음, 신비한 효과가 아주 미약하게나마 감촉되기 시작했다. 나와 아이들 사이에 긴장이 조금씩 완화되는 듯한 느낌이 그것인데, 더불어 아이들로부터 나를 향해 건너오는 말도 조금씩 생겼다.

잔소리를 끊는다고 끊은 지 이제 10여 년이 지났는데, 잔소리 금단 현상은 니코틴 금단 현상보다 더 집요해서, 잔소리 욕구가 흡연 욕구처럼 완전히 사라진 것은 아니지만 요즘 나는 대체적으로 편안하다. 잔소리거리들이 줄어들었다거나, 그런 것은 아니다. 나의 잔소리 욕구를 사정없이 충동질할 거리들은 줄기차게 이어지고 있다.

그중에는 몹시 걱정될 수밖에 없는 것들도 많다. 그러나 나는 잠자코 바라보고 있는 것으로 대신한다. 그럴 수밖에 없다. 말해 봐야 아무 소용 없다는 확신이 너무나도 완강하기 때문이다. 그리하여 걱정될 수밖에 없는 그것들이 마침내 실현된다 해도 나로서는 어찌해 볼 수 없는 기정사실로 그 결과를 공손하게 받아들인다.

왜냐하면 그것은 내가 참견하거나 간섭할 수 없는 독립된 타인의 일이기 때문이다. 여러 면에서 이만이라도 한 것에 감사하자. 이런 자위도 있다. 나 같은 사람도 한 세상을 그럭저럭 살아 냈는데 저희들이야 뭐 나보다는 낮지 않은가 하는 믿음도 있다. 속 터지기로 말하자면 나보다 백배 더한 사람(아내)도 있는데 하는 핑계도 있다. 그리고 또 자기 몫의 삶을 살아 내기 위해 분투하는 아이들에 대한 안

쓰러움, 그런 것도 있다.

나 자신의 체험에 바탕을 둔 체감치만으로 볼 때 요즘 젊은이들은 나 자신의 그 나이 시절보다 적어도 곱절은 더 어려운 삶을 살아 내야 하게 된 것 같다. 그들이 받고 있는 이른바 스트레스의 평균치로 보아 그렇다. 그리고 스트레스를 받을 거리들은 차츰 더 늘어나고 있는 것 같다. 그런 현실에서 명색 아버지인 나까지 스트레스거리가 되면 안 된다는 주저는 클 수밖에 없다. 자식들의 슬기가 스스로 작동되기를 간곡하게 기대하며 어떻게든 억제해야 한다. 나는 그렇게 나의 입지를 정리해 가고 있다.

그래서 나는 잔소리를 발사하지 않는 일에 큰 고통을 느끼지 않게 되었다. 어떤 종류의 위기감이 문득 느껴지는 잔소리거리도 있는데, 그때는 설령 그 위기감이 실현된다 해도 어쩔 수 없다는 쪽에서 나를 달랜다. 사실이 그렇다. 어려서도 나의 권능이 미치지 못했는데, 이제 그들 자신의 길을 그들 자신의 의지와 판단으로 가고 있는데 내가 무엇을, 어떻게 해 볼 수 있단 말인가.

그러다 보니 내성이 생겼다고나 할까, 설령 그것이 자포자기나 현실 도피 같은 것이라 할지라도, 나는 뒤늦게나마 이런 경지에 다다른 것을 다행스레 생각한다. 뒤늦은 것, 면구스럽지만 평생 잔소리를 끊지 못한 채 고통당하고 있는 사람도 드물지 않으니까, 그런 사람들에 견주면 나는 그래도 괜찮은 편이다 하고, 또 나 자신을 달랜다. 요즘 우리 부부가 더러 나누는 말이 있다. 저희들 나름대로는 저희들 자신에 대해 고민하고 있을 테니, 백날 해 봐야 소용없는 잔소리 그만두고, 그럴 만한 게 눈에 띨 때마다 칭찬이나 해 주자고.

이제 나는 확신을 가지고 말할 수 있을 것 같다. 잔소리를 포기하기로 작심하지 않는 한, 하루에도 몇 차례씩 부딪칠 수밖에 없고, 따라서 가족 평화는 아예 불가능한데, 효과는 물론 없다. 그러므로 잔소리보다는 차라리 침묵이 훨씬 낫다. 왜냐하면 잔소리는 그야말로 백해무익하니까. 백해무익한 그 소리를 발사하는 것보다는 아이들과의 관계나마 건지는 게, 또는 최소한 더 나빠지도록 하지 않는 게 백번 잘하는 일일 테니까.

5금禁 언어

이 대목의 마무리 삼아 부모들이 쓰지 않아야 할 다섯 낱말을 적어두겠다.

1) 에비!
2) 못써!
3) 안 돼!
4) 엄마가 뭐랬니?
5) 내가 그러지 말랬잖아!

특히 4)와 5)는 폭력 행사의 전주곡으로서 틀림없이 실패한다.
확정된 실패를 무릅쓸 이유는 없다.

논리의 함정

잔소리에 대해 이야기하다 보니 볼이 화끈하게 달아오르는 기억 하나가 생각난다. 잔소리는 즉흥적인 게 대부분이지만 벼르고 별러 감행되는 경우도 있다. 나의 잔소리는 거의 모두 후자에 속했다. 앞 대목에서 이미 적어 놓았듯이, 하나의 잔소리를 발사하기 위해서는 뒷골에서 쥐가 날 만큼 주저한다. 그 과정에서는 잔소리의 필요성, 잔소리를 언제, 어떤 방법으로 발사할 것인가, 그리고 물론 그 효용에 대한 계산과 상대방의 예상 반응 형태에 따른 전략적 대응 방법도 분석적으로 궁리되어, 준비된다. 그런데 대개의 잔소리는 제대로 발사되지도 못한 채, 아이들의 눈물과 부딪쳐야 하는 경우가 드물지 않았다.

잔소리에는 예고편이 없다. 잔소리하는 자는 강자로서, 모든 준비를 갖춘 상태에서 엄숙한 표정으로 잔소리 대상을 불러 앉힌다. 이 대목에서부터 이미 불평등은 시작된다. 잔소리를 발사하는 사람은, 나의 표현대로라면 주저하며 궁리하는 사이에 논리적으로 무장이 된다. 그리고 이런 경우에는 언제나 '공격'하는 사람이 유리하다. 그러나 잔소리를 당하는 사람은 '수비'하는 입장에다가 논리적 준비마저 되어 있지 않은 데다, 더구나 구조적으로 약자여서 구석에 몰릴 수밖에 없고, 그러다 보니 눈물이 솟아오를 수밖에 없다.

아이들 눈물을 보고 마음 편할 부모가 있을까? 내 잔소리의 상대인 아이가 울먹이다가 눈물을 비치기 시작하면, 나는 또 괜히 판을 벌였구나 하는 후회에 사로잡히고, 그러다 보면 당초 의도고 뭐고 판을 거둘 준비를 서두르게 된다. 그런 장면에 대해 내가 문득 반성하게 된 것은 아내 때문이었다. 또 그런 판 하나를 벌이고 난 다음 날쯤이었다. 어떤 계기에서였던가, 아내가 말했다.

"아이들과 대화할 때 논리적으로 따지려고 들지 마. 아이들은 말이 막히게 되고, 그러면 자신을 제대로 표현할 수 없어 답답하니까 울게 되잖아."

그 소리를 들었을 때, 나는 아마 늘 그렇듯이 '논리적'으로 정색을 하며 으름장을 놓았을 것 같다. 그런데 그 뒤, 그리고 수십 년이 지난 지금까지도 그 말을 잊지 못하고 있다. 그것은 나로서는 부정할 수 없는 내 잘못이었다는 것을, 적어도 나 자신은 부정할 수 없기 때문이다.

여러 면모에서 논리가 통할 수 없는 국면인데, 논리를 들이대며 옳으니 그르니 하는 것은 따져 봐야 소용없다. 힘들다 할지라도 잠자코 바라보고 있을 수밖에 없다. 비단 어린 시절뿐만 아니라 다 자란 뒤에마저 자식은 아무래도 논리의 대상이 아닌 것 같다. 아예 관계의 박살과 그에 따른 고통을 각오하지 않는 한. 논리 포기, 그것은 아무래도 당위 같다.

반성문

　잘 기억나지 않는데, 어느 아이에겐가 한 번쯤 반성문을 쓰게 한 적이 있었던 것 같다. '한 번쯤'이라는 것이 바로 거짓말일는지도 모른다. 기억은 자기가 원하는 쪽으로 남게 마련이고, 마음에 켕기는 짓은 조금이나마 덜한 쪽으로 기억될 테니까 말이다. 하여튼 한 번이든 여러 번이든, 그런 일이 있었던 것만은 사실이다. 그때 판단으로는 아마도 그게 필요하리라 생각했을 것이다. 그런데 지금 그것이 겸연쩍은 기억으로 되살아나는 것은, 그것을 쓸 때 아이의 심정에 대한 짐작에서다.

　반성문이란 항복을 강요하는 문서와 같다. 반성문을 요구할 때, 그런 요구는 이미 전제된다. 그런 판에 아이가 자신의 다른 의견을 이야기할 수 없다. 힘센 부모나 교사가 무엇을 요구하고 있는가를 헤아려 그대로 써서 바쳐 우선 그 장면을 모면해야 한다. 그런 글에서는 자신의 마음을 꾸밀 수밖에 없다. 사실보다 더 반성하는 척해야 하고, 앞으로 같은 잘못을 저지르지 않겠다는 약속도 덧붙여야 한다. 반성문은 곧 거짓말을 강요하는 것과 같다.

반성문은 아이들 계도를 위해 궁리됨 직한 수단이기는 하겠지만, 부모나 교사 되는 사람이 그런 글을 받고 있다는 것은 힘의 악용일 가능성이 크다. 따라서 반성문은 기대해 볼 수 있는 계도 효과보다는, 그것으로 말미암아 손상될 아이들의 자존심과 그로 인한 적의 敵意 축적 쪽에서 바람직한 선택이 되지 않을 가능성을 지워 버리기 어렵다.

「죽은 시인의 사회」에 반성문을 쓰게 하는 장면이 있다. 닐이 자살한 뒤, 교장실로 불려 간 아이들은 교장과 부모의 위협과 회유에 굴복하여 반성문을 쓴다. 반성할 게 하나도 없지만 반성문을 쓸 수밖에 없다. 쓰지 않으면 퇴학 같은 극형이 기다리고 있는 판에 극형을 각오하기란 쉽지 않기 때문이다. 그 시간, 아이들이 느끼고 있었을 지독한 굴욕감과 치열한 반항심은 결국 폭발하고 만다. 그래서 그 영화의 마지막, 실로 가슴 뭉클한, 평생 잊지 못할, 여러 차례 보아도 볼 때마다 숨이 멎는, 그 압도적 장면은 만들어진다. 반성문이 반성 기능을 하기는 어렵다. 불가능하다고 보는 게 정답에 가깝다.

1980년대 운동권 학생들이 경찰 등 수사 기관에 불려 갈 때, 최초로 받게 되는 고문이 바로 반성문이었고, 그때 자기 자존심을 지키려 했던 학생들은 모진 고문을 당해야 했다. 그런 줄 알면서도 반성문을 거부하는 학생들은 드물지 않았다. 요즘도 그런가 모르겠는데, 그 시절에는 '법을 지키겠다'는 정도의 반성문만 쓰면 석방하겠다는

데도, 자존심 때문에 그것마저 거부하며 감옥 생활을 하고 있는 양심수들이 많았다. 아이들에게 요구하는 반성문은 폭력의 한 형태일 가능성이 크다. 나의 경우도 아마 그랬을 것 같다. 겸연쩍다. 그리고 미안하다.

아이들의 거짓말

반성문에 대한 회상 때문일 듯한데, 또 하나의 연상이 다가온다. 아이들의 거짓말에 어떻게 대응할 것인가? 거의 모든 부모들의 고민일 듯싶다. 나도 그랬다. 아이들의 거짓말을 몇 차례 경험하고 난 뒤였다. 어느 모로 생각해 봐도 거짓말은 좋은 버릇 같아 보이지 않았다. 어떻게 바로잡아 주나. 고심하던 중에 '어린이 걱정 상담소'라는 게 눈에 띄었다. 세상에, 이런 곳도 있구나.

나는 신기해하며 전화를 걸었다. 알고 보니 동화도 쓰시는, 어느 초등학교 교장 선생님이었고, 상담소란 바로 교장실이었다. 나의 이야기를 듣고 난 선생님의 첫 질문은, "아이들이 머리가 좋습니까?"였다. 제 새끼는 모두 빛나 보인다고 하던가. "나쁘다고 할 수는 없을 것 같은데요?"

"그렇다면 거짓말을 하지 않는 걸 오히려 이상하게 생각하셔야 합니다. 아이들은 그렇게 우선 제 부모를 상대로 거짓말하는 것부터 세상을 살아가는 방법을 배우게 됩니다. 성장의 한 과정으로 보시면 마음 편하실 겁니다."

인간의 본성이라는 쪽에서 생각해 보니 선생님의 말씀이 맞는 듯했다. 머리가 좋든 나쁘든, 인간은 거짓말을 하게 마련이다. 어린 시절, 나 자신이 내 부모님께 했던 거짓말도 회상되었다. 선생님은 그 다음에 몇 마디를 더 들려주었다.

"그러나 부모님께서 관심하셔야 할 게 있습니다. 아이들이 동감할 수 없을 만큼 간섭하고 억압하면 아이들은 필연적으로 부모님이나 선생님들 눈을 속이려 들게 마련입니다. 간섭과 억압이 심할수록 더욱더 그렇습니다. 말하자면 부모님이나 선생님들이 아이들로 하여금 거짓말을 하도록 만드는 거죠. 그게 지나치면 악성 거짓말을 하는 버릇을 몸에 지니게 됩니다. 매사에 아이들과 동감이 되는 것은 쉽지 않겠지만, 대화와 인내를 통해서 가능한 한, 그런 쪽이 되도록 노력하면 더 좋겠죠."

자상하고 부드러운 말씀이었다. 초등학교 교장 선생님이 천직 같았다. 존경심이 절로 우러났다. 오랜 세월이 흐른 지금까지도 그 음성을 잊지 못하고 있을 만큼.

교장 선생님과의 대화나, 그 뒤에 이어진 거짓말에 대한 이런저런 궁리는 내게 위안과 긴장, 양편 모두의 계기가 되었다. 아이들의 거짓말을 성장의 한 과정으로 바라보게 한 것은 전자에 속하는 데 견줘, 아이들로 하여금 더구나 악성 거짓말을 몸에 익히지 않도록 해야 한다는 것은 후자에 속한다.

인간은 스스로 만들어 간다

법정法頂 스님의 글에서 잔잔한 감동을 느낀 분들이 많을 듯싶다. '무소유'라는 제목의 아주 조그만 책자에 담겨 있는 짤막짤막한 글 가운데 하나가 「설해목雪害木」이다. 그 시작은 이렇다.

해가 저문 어느 날, 오막살이 토굴에 사는 노승 앞에 더벅머리 학생이 하나 찾아왔다. 아버지가 써 준 편지를 꺼내면서 그는 사뭇 불안한 표정이었다.

사연인즉, 이 망나니를 학교에서고 집에서고 더 이상 손댈 수 없으니, 스님이 알아서 사람을 만들어 달라는 것이었다. 물론 노승과 그의 아버지는 친분이 있는 사이였다.

편지를 보고 난 노승은 아무런 말도 없이 몸소 후원에 나가 늦은 저녁을 지어 왔고, 저녁을 먹인 뒤에는 발을 씻으라고 대야에

가득 더운물을 떠다 주었다. 이때 더벅머리의 눈에서는 눈물이 주
르륵 흘러내렸다.

　그는 아까부터 훈계가 있으리라 은근히 기다려지기까지 했지만
스님은 한마디 말도 없이 시중만을 들어 주는 데에 크게 감동한 것
이었다. 훈계라면 진저리가 났을 것이다. 그에게는 백 천 마디 좋
은 말보다는 다사로운 손길이 그리웠던 것이다.

　재미 작가 김은국 선생의 『잃어버린 이름들(Lost Names)』에는 우
리 선대가 자식 하나를 키우기 위해 얼마나, 그리고 어떻게 공을 들
였던가 하는 것이 아주 섬세하게 감동적으로 묘사되어 있다. 그중에
서도 자식을 믿고, 그 자식이 스스로 판단하고, 스스로 결정하도록
인내하며 바라보는 장면이 특히 인상적이다.

　이를테면 일본 패망을 예견한 어머니는 패망 이후 혼란 속에서의
위험을 경계하여, 비행장에서 몇 달째 숙식하며 노역 중인 어린 아
들(13세)을 데려오기 위해 비행장을 찾아가 '집으로 가자'고 말하는
대신, 남편에게 들어 자신이 알고 있는 전쟁 상황을 차근차근 이야
기한다. 그 이야기를 들은 아들이 학교를 자퇴하고 집으로 돌아가겠
다는 뜻을 밝히자, 어머니는 비로소 남편이 미리 작성해 준 자퇴 원
서를 내민다. 그러자 아들은 사정이 급한데 왜 자신을 만나자마자
이것을 보여 주지 않았는가 하고 묻는다. 이 질문에 대한 어머니의
대답. "우리는 네가 결정하기를 바랐다."

　1994년이었다. 첫째가 대학 4학년 1학기 등록까지 한 상태에서 갑
자기 휴학했다. 그대로 졸업하면 후회할 것 같으니까, 고전 독서를

위한 모임인 '작은 대학'에 나가 독서도 하고, 영어 공부도 하고, 그리고 해외여행도 하겠다는 것이었다.

내 집 아이들 경우 고등학교 때까지는 적어도 학습 면에선 갈등이 없었다. 그런데 대학에만 들어가면 가슴이 답답해졌다. 사실상의 공민 교육 과정인 고등학교까지 배우는 것들은 설렁설렁 놀면서도 익힐 수 있는 것들이지만 대학은 다르다. '전공'이 있는 것부터가 그렇다. 전공 분야에 대해서는 정통해야 한다. 우리가 부러워 죽겠어 하는 세계 명문 대학의 예에서 볼 수 있듯이 그야말로 '박 터지게' 공부해야 한다. 그런데 공부하는 듯한 경우를 보기 어렵다.

내 아이들이 꼭 그런 모습이었다. 소중한 재능과 젊음을, 아 왜 저토록 헛되이 탕진하고 있는가? 그런 탄식이 되풀이되었지만 그럴수록 아이들은 더 유유자적해 보였다. 한 번 체험이 있으니까 둘째 아이 때는 덜한 편이었고, 셋째 경우에는 집을 떠나 있기도 하여, 대충 무심한 편이 되었는데, 첫째의 그 시절에는 그럴 수가 없었다. 공부한다 싶은 경우를 도무지 찾아보기 어려웠다. 그런데도 장학금은 타 오니까 더 의문스러웠다. 학교가 아이들 나태를 아예 조직적으로 권장하고 있는 것 같아 보였다. 이것은 나의 편견만은 아닐 듯했다. 한국외국어대학의 어느 외국인 교수가 '한국 대학은 휴가촌(Vacation Camp)'이라고 규정했던 게 그 무렵의 일이었다. 그런 판에 나로서는 동감할 수 없는 휴학이었다.

그러나 어차피 시작된 휴학이었기에 첫 학기는 그대로 보내고 2학기가 시작될 무렵에 그만 휴학을 끝내라는 잔소리가 편지 형식으로 발사되었는데, 나의 잔소리 투 편지에 대한 답장으로 아이가 내게 준, 육필로 쓴 긴 편지에 "인간은 스스로 만들어 간다고 믿습니다"라는 대목이 있었다. 나는 그 대목에서 오래 머물렀고, 수긍했다. 아니, 수긍할 수밖에 없었다. 설령 잘못된 길이라 할지라도 스스로 선택하고 스스로 책임질 수밖에 없지 않겠는가. 한 개인에게 다른 사람의 권능이라는 것은 그다지 쓸모가 없다는 것을 되풀이하여 체험해 온 처지였다.

그것이 첫째에 대한, 그리고 그다음 아이들에 대한 나의 관심 방향을 바꾸게 하는 계기가 되었고, 그것은 곧 명색 아버지로서의 전통적 권능은 물론 아버지로서 마땅히 짊어져야 할 법한 책임마저 완전 포기하는 형태로 발전했다. 그 뒤에는 또 다른 갈등이 이어졌다. 무책임한 방관이 아닌가 싶은.

그래도 최소한의 효과도 기대할 수 없는 말은 하지 않는 게 옳다는 쪽에서 두 눈 질끈 감고, 세월이 어서 흘러가 주기만을 기다리는 쪽이 되었다. 대충 10대에 접어들면서 인간은 스스로 제 갈 길을 골라 간다. 물론 좋게 되기를 간절히 바라지만 나쁘게 된다 할지라도 어쩔 수 없다. 그렇게 생각하면서.

그래서 그 뒤 세 아이를 지켜보아 오는 동안, 실제로 중요한 실패를 경험하게 되는 경우들이 있었고, 그때마다 아무 쓸모 없는 것이라 할지라도 말이나마 해 봤어야 하는 게 아닌가 하는, 나 자신의 방관이 절실하게, 정말 절실하게 후회된 적도 몇 차례 되지만, 그래도 어떻게든 발언하지 않으려는 그 기준을 번복하지는 않았다. 왜냐하면 시간의 흐름과 더불어 아이들에 대한 나의 발언은 그 효용이 차츰 더 줄어들어 가는 것을 매우 확실하게 느끼고 있기 때문이었다.

비둘기를 보라

대치동에 살던 시절, 우리 아파트에는 비둘기들이 많이 찾아왔다. 처음에는 두 마리뿐이었다. 가족들이 우리 집을 찾아온 생명을 반겨 먹이를 주다 보니, 우리 손바닥에 앉아 먹이를 먹을 만큼 친해졌다. 문제는 그다음이었다. 비둘기라면 모두 질색하는 판에 우리 집은 대우가 좋다는 소문이 나기라도 한 듯, 동네 비둘기들이 모두 모여들었다.

우리 집에는 플라스틱 바구니에 흙을 담아 베란다에 내놓고 채소나 화초를 키우고 있었는데 비둘기 한 쌍이 우리가 '농장'이라고 부르는 그곳에 둥지를 틀고 새끼를 깠다. 그래서 결국은 비둘기들이 어떻게 새끼를 까 키워 세상에 내보내는가를 관찰하게 되었다. 비둘기들은 스스로 먹이를 찾을 만하면 그토록 애지중지하던 자기 새끼들을 사정없이 쪼아 독립시켰다. 그 모습이 여간 준엄해 보이지 않았다. 그 무렵 어느 날, 그러니까 '인간은 스스로 만들어 간다고 믿습니다'라는 편지에 대한 답장 형식으로, 나는 첫째에게 이렇게 시작되는 편지를 주었다.

비둘기를 보라. 새끼가 날아 스스로 먹이를 찾아낼 만큼 자라면 어미와 새끼는, 어미의 의지에 의해 매정하고 단호한 결별이 이루어진다. 모든 동물이 비슷하다. 단지 씨앗을 떨어뜨려 둘 뿐인 식물은 동물의 경우보다 더하다 할 수 있다.

어미와 새끼의 관계가 평생 이어지는 것은 사람뿐인 듯싶다. 그것은 인간스러운 덕목일 수도 있지만, 한편으로는 결여라 할 수도 있을 것이다. 특히 부모 되는 사람이 자식의 생애에 대해 지나치게 노심초사하는 것은 결국은 인간의 결여 가운데 하나인 이기심으로부터 비롯된, 개체로서의 자식 입지에서 보기로 하자면, 중요한 장애라 할 수도 있을 듯하다.

상당수의 자식들이 자기 부모에 의해 규정된 통로를 따라 자신의 생애를 살아가고 있는 이런 질서가 옳은 것인가? 이 질문에 대한 답을 할 수 있는 사람은 쉽지 않으리라. 그러나 나는 '저 자신은 저 자신이 만들어 가야 한다는 것을 알았습니다'라는 너의 결론 쪽에 서고 싶다. 나의 이런 태도는 사실 너희들이 어렸을 때부터였다. 꼭 그렇게 되지는 못했지만, 나는 너희들 스스로 결정하는 것을 바라보고 있으려는 쪽이었다. 앞으로도 그렇게 노력하겠다. 이것은 너희들 셋에게 주는 나의 약속이다.

되풀이하는 이야기가 되겠지만, 자식들이 설령 잘못된다 해도 부모 되는 사람은 바라보고 있을 수밖에 없다. 아무리 둘러보아도 믿을 만한 구석은 보이지 않을 만큼 온통 불량으로 에워싸여 있어 자식들이 잘못될 가능성이 크고, 또 앞에서 예로 들어 본 캥거루족 경우처럼, 더러는 조금 또는 많이 걱정스러워할 수밖에 없을 만큼 잘못 길들여져 가고 있지만, 그렇다 할지라도 역시 잠자코 바라보고 있을 수밖에는 다른 길이 없다. 그 자식들이 자신들의 지혜와 노력과 자각으로 스스로를 잘 만들어 가 주기를 간절히 기도하며. 자식들이 어떤 모습이 되는가 하는 것은 부모 된 자의 권능으로는 어찌해 볼 수도 없는 것이므로.

자식들을 잠자코 바라보고 있을 수밖에 없는 현실은 아마 앞으로 차츰 더해 갈 것이다. 개인주의라는 서구 사조가 이 땅에서도 차츰 더 체질화되어 가고 있다는 면에서나, 캥거루족을 대량 생산해 내는 현실이 쉽사리 극복될 것 같지 않다는 쪽에서도 그렇지만, 어른들로 서는 도저히 통제할 수 없는 인터넷 공간의 위세가 날로 더 커져 가고 있기 때문이다. 이런 현실에서 부모가 전통적인 권능을 행사하려들 경우, 그 효과는 오히려 부정적이 될 가능성이 더 크다.

물론 잘되지는 않았지만, 나는 첫째와 그런 대화를 한 뒤부터는 아이의 그 말, '스스로 만들어 가기'를 되뇌며, 될 수 있는 대로 아이들 스스로 모든 문제를 해결해 나가도록 잠자코 바라보려 애쓰고 있다. 더불어 아이들에게는 자신들 나름으로는 그런 능력을, 아버지 되는 사람이 미루어 헤아리는 것보다도 훨씬 더 많이 내장하고 있다는 것을 믿으려 하고 있다. 비둘기들을 보라!

비폭력 대화 기술

『비폭력 대화(nonviolent communication)』(마셜 B. 로젠버그 지음, 캐서린 한 옮김, 한국NVC센터, 2011)의 '책 소개'는 다음과 같다. 성공하는 대화를 위해 읽어 볼 만하다고 생각하는 이 책을 아주 잘 요약하고 있는 것 같아 그대로 인용한다.

'폭력적 대화'란 자신의 주의나 주장만을 고집하는 불관용의 대화법을 말한다. 자신의 주의나 주장은 반드시 관철되어야 할 '특별한' 것, 상대의 그것은 이기주의이며 일방적인 것으로 판단해 버린다. 폭력적 대화는 긍정적인 결론을 이끌어 내기보다는 서로에게 상처만을 남긴다.

이 책은 우리가 의식적이든 무의식적이든 일상적으로 사용하고 있는 폭력적인 대화를 극복하는 방법에 대해 이야기한다. 우리가 얼마나 폭력적인 대화 방법을 스스럼없이 사용하고 있는지를 밝히면서, 비폭력 대화가 우리 사회와 각 개인을 어떻게 바꿀 수 있는지 이야기한다.

그리고 이 책은 비판하지 않기, 비난하지 않기, 비교하지 않기, 평가하지 않기, 도덕주의적 판단하지 않기, 강요하지 않기, 공격하지 않기 등 비폭력, 평화적 대화를 위한 금기들을 열거하고 있다. 항목 하나하나를 깊이 생각해 볼 가치가 있다. '도덕주의적 판단' 같은 것은 관점 자체가 아주 새롭다. 도무지 도덕적이지 않으면서도 타인에 대해서는 도덕적 판단을 일삼는 현실을 생각하면 더욱더 그렇다. 도덕주의, 그것은 위선일 가능성이 더 크다. 더구나 자식에 대해서라면 범죄적인 것일 수도 있다.

그런데 미국인의 관점에서 쓴 이 책에 보탤 게 하나 있다. 우리말은 말 자체가 다분히 폭력적이다. 이 책 저자의 모국어인 영어와 비교해 볼 때 이 점은 뚜렷하다. 우리 정치권에서 오가는 말이 예가 될 텐데, 다시 볼 것 같지 않게 인신 모욕적인 최악의 막말들이 면박 조로, 더구나 대중 매체를 통해 마구잡이로 발사된다. 그런 언어 관행에서 공존은 어떻게도 불가능하다. 죽기 살기 식으로 허구한 날 싸울 수밖에 없다. 부모 자식 사이에도 그렇다. 세상에, 자기 자식에게 저런 막말을 하다니! 그런 경우가 드물지 않다. 막말이 마구잡이로 발사되는 상황에서 평화로운 공존은 쉽지 않다. 우리말의 구조적 취약점 같다.

우리말의 구조적 취약점은 그 말을 표현하는 소리 자체에도 있다.

한미 합작 회사에서 일하던 시절, 함께 일하는 서양 사람들이 일쑤 빈정거리듯 하던 우스개가 "또 싸우냐"였다. 우리의 일상 대화가 그들에겐 싸우는 소리로 들린 거였다. 그리고 실제로 마구 떠들며 즐기던 자리가 술자리 끝에서 더러 그런 것처럼 느닷없이 싸움판이 되기도 했다. 일본에서 10여 년 동안 생활한 어머니께서 더러 하시던 말씀이 있다. "우리는 정담을 해도 서로 목소리를 높이는데 일본 사람들은 싸움을 해도 소곤소곤한다."

비폭력적 대화. 위의 인용문을 천천히 한 번 더 읽어 보시면 좋을 듯하다. 언어가 모든 관행의 함축이라면 우리는 언어에 더 관심하여 언어 개질을 통해 우리에게 내재된 폭력성 극복을 도모해 볼 수 있지 않을까? 이 폭력성을 그대로 둔 채로는 부모 자식 간 평화는 물론 국가 전체의 선진화는 아무래도 불가능할 것 같기 때문이다.

부모 자식 사이 대화는 많지 않다

    말(言語)에 대한 궁리들을 적어 보고 있는 이 장을 끝내기 전에 말과 관련된 짧은 이야기 하나를 더 적어 두고 싶다. 가족 사이 대화에 대한 통계를 보는 경우가 많다. 남편과 아내 사이에 '내 왔다. 배고프다. 밥 주라'라는 식으로 하루 세 마디 대화밖에 없다든가, 같은 집에 사는 부모와 자식 사이에 평균 대화 시간이 5분이 안 된다든가 하는 식이다.

    요즘 가정의 사막화를 강조하려다 보니 이런 통계들이 그런 쪽으로 더 부풀려지고 있는 듯한데, 부부 간 대화 부재는 문제가 있다. 왜냐하면 부부는 일상의 모든 것을 공유하는 사이이기 때문이다. 단지 가계 운용이나 자식 양육이나 친지와의 친교 등 실용적 목적을 위해서라도 대화가 많을 수밖에 없고, 많아야 하고, 많을수록 좋다. 그러나 자식들과는 '많을수록 좋다'는 같지만, '많을 수밖에 없고, 많아야 한다'는 다르다.

자식들이 자라 갈수록 우선 공유 부분이 줄어든다. 대화가 기름지 기 위해서는 정서적 공감대가 중요한데 부모와 자식 사이에는 세대 차이로 말미암아 정서적인 면에서 차츰 더 이질화되어 간다. 대화 가 많기 어렵고 그 대화마저 기름진, 그래서 재미있는 게 되기 어렵 다. 대화를 위한 노력, 물론 중요하다. 자식들과 대화하기 위해 자식 또래들이 즐겨 하는 컴퓨터 게임을 일부러 익혀 함께했다는, 그래서 대화 분량을 늘려 갔다는 '석세스 스토리'가 화제가 된 적도 있다.

그러나 대화를 위한 노력들이 오히려 정서적 장벽을 더 확실하게 해 줄 수도 있다. 자식들 나이가 들어 갈수록 더욱더 그렇다. 아버지 와 자식 사이는 더 심하다. 부모와 자식 사이 대화는, 어머니와 딸〉 어머니와 아들〉아버지와 아들 딸, 이런 순서로 적어지니까 아버지 와 자식 사이 대화가 줄어드는 것은 순리라 할 수 있다.

대화는 저절로 이루어져야 한다. 저절로가 아니라면 진정한 대화 가 아니다. 그러므로 자식들과의 대화가 차츰 더 성글어 가는 것, 그 것은 자식들이 자신들의 세계를 따로 이룩해 가는 것으로, 더 나은 세계를 이룩하기를 바라는 기도와 더불어 잠자코 바라보고 있는 쪽 이 나을 것 같다. 그러다 보면 자식들 자신이 부모가 되면서 정서적, 일상적 공유 부분이 생겨 저절로 대화가 이루어지는 장면을 만나게 될 것이다. 요즘 첫째 부부와 우리 부부가 만날 때 그렇다. 우리가 서로 만나면 이야깃거리의 대부분은 첫째의 두 아이이고, 그것만으 로도 우리는 나눌 이야기가 많다. 이런 경우에도 흐르는 시간에 의 탁해 보는 지혜가 필요해 보인다.

당신 아이들이 개선되기를 바란다면, 당신 아이들에 대한 멋진 이
야기를 당신이 다른 사람에게 말하는 것을 엿듣도록 하십시오.

If you want your children to improve, let them overhear the nice things you
say about them to others.

— Haim Ginott

아이들에 대한 칭찬은 공개적으로, 꾸중은 살짝 몰래 하십시오.

Praise your children openly, reprehend them secretly.

— W. Cecil

공부, 응 그래, 공부

공부, 응 그래, 공부

아이를 키우면서 공부를 제쳐 둘 수는 없을 테니까, 공부, 응 그
래, 그 잘난 공부 이야기를 해야 할 것 같다. 이렇게 쓰고 보니 앞 문
장이 조금은 냉소적으로 보인다. 설명이 필요할 것 같다.

아이 둘 대학 갈 때까지…… 나는 수험생입니다.
　　　　　　　　　　　　　　　　　　—동아일보, 2015년 4월 22일

이런 표제의 기사는 굳이 읽어 볼 필요가 없다. 그 내용이 정해져
있기 때문이다. 그런데도 나는 이 표제를 인용한다. 다른 어느 나라
에도 결코 없는, 그러나 우리나라에서는 매우 일반적인 이런 현상이
바로 아이들을 불행하게 만드는 근원이며, 그것은 곧 아이들도, 부
모도, 국가도 함께 망가뜨리는 길이라는 것을 설명하기 위해서다.

조금 더 분명하게 적어 보자면, '도대체 이게 나라냐!'라고, 우리 모두 넌덜머리를 내고 있는 우리의 현실은 전혀 새로울 게 없을 만큼 흔해 빠진 이런 현상에서 비롯된다고 해도 지나친 표현이 아니다.

폭언이나 아예 악담 같은 이런 표현은 이 가름에서 수학적으로 증명이 될 텐데, 내친김에 사회적 현실을 적나라하게 반영하는 거울인 기사 한 꼭지를 더 인용하겠다. 한겨레신문 2014년 12월 8일 자, '3시간만 자, 카페인 음료 마셔…… 공부에 숨 막히는 초등학생들'이라는 제목 아래 이어지는 기사의 첫머리는 이렇다.

새벽 2시 30분에 잠들어 아침 7시에 깨어나기. 오전 8시에 등교해서 오후 3시 하교. 3시간 더 영어 학원에서 공부하고 저녁 식사. 밤 10시까지 수학 학원. 집에 돌아와서는 새벽 2시 30분까지 영어·수학 학원 숙제에 피아노, 한자, 중국어 공부.

이 책 맨 앞에서 적어 둔 세 가지 독毒을 부정하는 것은 쉽지 않을 듯싶은데, 이 인용문에는 이 세 가지 독이 모두 들어 있다. 이것 역시 자식도 죽고, 부모도 죽고, 덤으로 국가까지 죽는 길인데, 초등학교 6학년생의 이 기록이 믿어지지 않는 분들이 더러나마 있으실 것 같다. 나도 믿고 싶지 않다. 그러나 이것이 바로 우리 현실이다. 어떻게도 부정할 수 없다.

앞에서 이미 이야기한 바 있는 우리네 육아 환경을 조금 달리 요약해 보자면, '아이를 아이답지 않게 만든다'가 될 것이다. 경제력 면에서 우리나라와 견줄 수 있는 다른 나라 같은 또래들과 비교해 보면 이내 확실하게 드러난다. 그 나라의 아이들은 우선 겉모습, 겉 행동부터 그 나이 또래답다. 발랄하고, 밝고, 적극적이다. 그러나 우리 아이들은 그렇지 못하다. 주눅 들어 있고, 어둡고, 소극적이다. 앞에서 이야기한 3독의 실천 결과인데, 이제부터 이야기하는 공부, 그 과정을 분석적으로 생각해 보시기 바란다.

이토록 혹독한 체제에서 쉴 새 없이 닦달당하면서 아이가 어떻게 아이다울 수 있겠는가. 아이가 아이답지 못하다는 것은 인간이 인간답지 못하게 된다는 것을 뜻한다. 우리 사회가 왜 이토록 엉망진창이 되었는가? 그 사회 구성원의 인성 결핍 때문인데, 이를테면 자존심이니 명예니 하는 것들은 엿 먹어라 하는 이 결핍이 바로 아이를 아이답지 못하게, 인간을 인간답지 못하게 키워 내는 육아 환경 탓이다. 이것이 우리나라 좋은 나라를 지향하는 〈유순하의 생각〉 프로젝트에 이 책을 포함시킬 수밖에 없었던 구체적 이유 가운데 하나다. 이 나라 미래 담당자인 아이들을 이런 상태로 키워 내서는 어떤 방법으로도 좋은 나라가 될 수 없을 것이기 때문이다.

애 잡는 소리

『10대가 아프다』(위스덤경향, 2012)의 첫 대목 제목은 '10대가 죽어 가고 있다'이다. 사실이고, 모두가 끔찍한 충격을 느끼지만, 10대가 죽어 가고 있는 현실은 도도하게 이어지고 있다. 이미 오래전부터.

더구나 '악명' 드높은 서울 대치동에서 우리 부부가 세 아이를 키우는 동안, 우리 주변 도처에서 들려오는 것은 '애 잡는 소리들'이었다. 부모들의 일상적 관심은 '공부'였고, 아이들은 '공부'에 치여 언제나 초조한 상태였다. 참 죄송하지만 '냉소'를 금할 수 없었다. 우리는 우리 자식들에게 그 짓 하지 않으리라 맹세했다. 이른바 명문 대학에 보낼 생각 같은 거 아예 하지 말자고, 우리 부부는 다짐을 되풀이했다.

우리 부부는 그 맹세, 그 다짐을 실천했다. 그러고도 우리 자식들 셋 모두 명문 대학에 들어갔다. 이른바 우등생 부모들의 상투적인 자식 자랑처럼 들리는가? 아니다. 당신들도 아마 동감하게 될 수밖에 없을 이야기를 하나하나 고백하겠다. 우선 '너도 살고 나도 살자'는 어느 엄마의 절박한 부르짖음부터 들어 보시는 게 좋을 듯싶다.

너도 살고 나도 살자

2014년 1월 5일부터 SBS에서 세 차례로 나눠 방영하고, 같은 제목의 책으로 출간되기도 한 『부모 vs 학부모』(예담프렌드, 2014)의 기획 초점은 '문제는 부모다'이다. 부모를 변화시키면 한국의 살인적 교육 환경을 변화시킬 수 있다, 그런 것. 매우 정확한 관점이지만, 이 기획에서 지내 본 것 하나가 있다. 부모들을 극단적 불안감에 사로잡히게 하는 이른바 '카더라 통신'의 진원은 바로 학원을 경영하는 상인, 곧 장사꾼들이 곧 그것이다. 이 책에서도 지적하고 있는 우리나라 학부모 문화는 아래와 같다.

1) 사교육 의존성
2) 엄마 주도성
3) 정보 의존성

이 세 가지 모두 상인들이 주도하고, 결정한다. 역시 상인들에 의해 마련되는 입시 설명회니 입시 전략 설명회니 하는 것은 학부모들의 불안감을 극대화하기 위한 상업적 장치다. 웬만한 의지 없이는 상인들의 실로 집요한 그 공격을 견뎌 내기 어렵다. 그래서 학부모들은 '사채업자처럼' 자기 자식을 달달 볶아, 극단적으로는 죽음으로 몰아갈 만큼 '괴물'이 될 수밖에 없다. 이 프로그램을 통해 자신들이 잘못되어 있었다는 것을 크게 깨달은 부모들 모습이 강조되는데, 나는 장담하겠다. 그 부모들, 그다지 오래지 않아 '백 투 더 패스트(Back to the Past)', 곧 과거로 돌아갈 수밖에 없다. 왜냐하면 상인들이 그들을 온전하게 놓아두지 않을 것이기 때문이다. 문제는 상인들의 장삿속이고, 당대에서 학부모 노릇이란 결국은 농간인 그 장삿속과의 살벌한 전쟁을 뜻한다.

나 자신의 체험 쪽으로 돌아가기 전에 이 프로그램에 대한 소감을 조금 더 적어 보겠다. 이 프로그램에 나오는 엄마들은 정신 이상으로 보일 만큼 과민 상태가 되어 있고, 그것은 곧 아이들 자신과 가정과 사회까지 망친다. 미국에서는 『Toxic Parents』(2002)로, 한국에서는 『독이 되는 부모』(수전 포워드, 푸른육아, 2008)라는 책이 있다. 요지는 부모들의 과잉 관심이 자식들을 망친다는 것이다. 미국에서 발행된 책은 장기 베스트셀러가 되었는데, 한국에서는 별로 팔리지 않은 듯하다.

한국 부모들의 무관심을 보여 주는 듯한데, 그 내용도 하나하나가 모두 그렇지만, 우선 'Toxic Parents(毒親)'라는 제목부터 섬뜩하다. 자식들에 대해 과민 상태인 그 부모들, 거의 예외 없이 사실상 '독친'이다. 그런데 어찌 무관심할 수 있을까? 그런 둔감, 그 자체가 위험 신호가 아닐까? 독친 노릇, 그 자체에 이미 중독되어 있기 때문은 아닐까? 앞서 어머니들의 익애로 말미암은 해악을 이야기한 바 있다. 그 이야기에 대한 어머니들의 반응도. 한마디로 이런 거였다. ①자기 자식에 대한 자신의 신성한 사랑을 모독당했다는 것이 강경한 것이라면, 조금 물러선 반응은 ②'당신 말이 틀린 것 같지는 않다. 그러나 이대로 갈 수밖에 없다. 왜냐하면 세상이 다 그런데 내 자식만 어찌 그대로 놔둘 수 있겠는가?'이다. 그런데 『부모 vs 학부모』에 반응 ③이 있다. 이 프로그램에서 가장 인상적인 것이었는데, 어느 어머니가 그때까지 고수해 온 자신의 방법을 쓰레기통에 던지면서 탄식처럼 이렇게 말씀한다.

"너도 살고 나도 살자."

그 시간, 내 가슴에 섬뜩하게 새겨진 이 외침.
실로 절박하다.

그렇다. 이제까지 고수해 온 그 방법을 버리는 그것이 바로 '너도 살고 나도 사는 길'이다. 한데 그보다 훨씬 더 많은 어머니들이 ①과 ②를 고수한다. 그것은 곧 '너도 죽고 나도 죽는 길'이다. 「샤인」이나 「죽은 시인의 사회」 또는 '우등생 엄마'의 비극을 자신의 것으로 만드는 길이다. 과격해 보일 법한 이 단정을 체험적으로 증명해 보이는 것이 이 대목, 나의 이야기가 되겠다.

우리나라 어디든 마찬가지였겠지만, 내 아이들이 초중고등학교를 다니던 그 시절에 우리가 산 대치동은 특히 더 그랬던 것 같은데, 아이를 키우는 집집마다 비명처럼 들려오는 것이 공부, 공부, 공부! 분명히 아이 잡는 그런 소리였다. 『부모 vs 학부모』의 표현을 빌린다면 '學父母'가 아니라 분명한 '虐父母'이고, 수전 포워드의 표현을 빌리자면 'Toxic Parents', 곧 독친毒親이다. 자식에게 독이 되는 부모. 사실상 자기 자식을 불행으로 몰아가는 부모.

우리나라에서 학원이 가장 많다는 동네였는데, 아파트 주변에 촘촘히 들어선 학원들은 그런 소리를 부추기는 제도적 장치 같았다. 우리 부부는 그렇게 하고 싶지 않았다. 그래서 워낙 무심했던 셋째의 고3 막바지, 수능을 두 달쯤 앞두고 아내가 셋째를 동네 독서실에 등록시킨 것을 예외로 제쳐 두고 보면, 우리 부부는 아이들에게 공부하라, 그런 소리 하지 않으려 했고, 하지 않았다.

우리 자신이 동감하지 않는 그런 소리는 정말 하고 싶지 않았다. 학부모虐父母나 독친毒親이 되어서는 안 된다고 생각했다. 아이들이 학교 성적을 잘 받아 와도 특별히 인지하지 않았던 것 역시 그래서였다. 지금은 그것이 아이들에 대해 미안해하고 있는 것 가운데 하나가 되었는데, 그 절정은 아이들의 대학 입학이 되겠다. 셋 가운데 하나가, 다른 집에서는 서울에 있는 대학만 들어가도 만세를 불러 주는데…… 이런 볼멘 불만을 털어놓은 적이 있다. 역시 한없이 미안하지만 그 시절 우리 부부의 느낌은 그랬고, 사실은 지금도 마찬가지다. 이 이유가 사적 느낌이라면, 그보다 훨씬 더 논리적인 이유도 있다. 공부, 공부, 공부! 흡사 비명 같은 그 소리가 얼마나 우스꽝스러운 것인지를.

세 아이 이야기

역시 공부, 공부, 하는 세상 분위기 때문일 듯한데, 우리 부부는 타인에게 우리 아이들에 대한 이야기를 좀처럼 하지 않는다. 왜냐하면 이야기를 꺼내는 것 자체가 자랑, 그런 게 되기 때문이다. 아이들 셋 모두 이른바 명문 대학에 들어갔으니까, 우리 가족을 알고 있는 사람들이 우리 부부로부터 가장 듣고 싶어 하는 이야기가 바로 아이들 공부 이야기지만, 그 이야기 역시 좀처럼 하게 되지 않는다. 제대로 전해지지 않을 듯한 것이 하나의 이유이고, 자칫 괜히 젠체하는 것 같은 조심스러움이 또 하나의 이유다. 그러나 이제는 이런 글을 쓰기로 나서기까지 했으니, 그 이야기를 할 수밖에 없다.

그렇지만 교육론이 아니라 육아론인 이 글의 목적은 ①'어떻게 하면 자식이 공부를 잘할 수 있는가?'가 아니라, ②'어떻게 하면 부모와 자식이 서로 행복할 수 있는가?'이다. 그런 목적만 이룰 수 있다면 공부를 조금 못해도 상관없다는 전제를 깔고 있지만, 사실은 효과적인 공부만을 위해서도 부모 자식 관계는 서로 까다롭게 대치하는 게 아니라 서로 사이좋게 대화하고 있는 상태가 되어야 한다.

왜냐하면 요즘 일반적인 풍경처럼 부모가 자식을 달달 볶는, 그래서 자식들이 언제나 스트레스와 불면증과 소화 불량과 변비에 시달리는, 그래서 온 가족이 긴장 국면에서 갈등하게 되는 그런 상태에서는 제대로 된 공부도 할 수 없기 때문이다. 그러므로 ①과 ②는 서로 대치하는 게 아니라 서로 돕는 개념이다. 조금 더 강조해 보기로 하자면, ①의 목적을 위해 우선 ②가 전제되어야 한다. ②는 그만큼 중요하다. 절대적이다.

공부는 쉽다?

1996년도에 막노동자 출신으로 서울대학교 인문 계열에 수석 입학한 학생 하나가 "공부가 가장 쉬웠다"고 고백했을 때, 대개의 사람들은 그것을 재미있는 우스개나 아니면 배부른 타령이나, 그보다 더 지독하게는 괜히 남 속 부대끼게 만드는 소리쯤으로 들었지만, 적어도 공부는 그토록 삼엄한 게 아니며, 또 아니어야 한다. 왜냐하면 '지옥'에 견줘질 만큼, 그래서 자기 자식들을 그 지옥으로부터 구출해 내기 위해 이민을 가야 할 만큼, 그토록 삼엄해서는 제대로 된 공부도 할 수 없기 때문이다.

우리 집 아이들이 수험생이던 시절, 수험생 자신을 포함한 우리 집 풍경은 여느 때와 마찬가지였다. 조금도 삼엄하지 않았다. 수험생 자신 쪽에서 보자면 4당 5락이니 하는 요란스러운 열성도 없었다. 자신들이 원할 경우 학원을 좀 다닌 아이도 있었지만, 고3 내내 학원 같은 곳에 한 번도 발을 들여놓지 않은 아이도 있었다.

이것을 뻔한 거짓말이라고 할 분도 있을 듯한데, 나의 이 책은 내 아이들에게 바치는 나의 반성문이다. 내 아이들도 읽는다. 거짓말하지 않겠다는 맹세에도 불구하고 더러 거짓말을 하게 되지만, 적어도 내 아이들 앞에서는 거짓말하지 않는다. 못한다. 그들 앞에서는 거짓말이 나오지 않는다. 내가 이 책에서 적는 모든 것은 나의 기억 능력이 미치는 한, 모두 사실이다.

　그래서 우리 아이들의 학업 성취 쪽 선전善戰에 대한 나의 해석은 '방법'이 된다. 우리 부부가 어쩔 수 없는 초짜 부모로서 사실은 아무것도 모르는 상태에서 은연중에 실천한 여러 가지 방법들이 아이들의 인지 능력을 계발하는 쪽이었던 것 같다. 이제부터 그 이야기들을 적어 보겠다. 공부와 관련된 우리 부부의 방법은 자식들이 어린 쪽으로 갈수록 효과가 더 크리라 생각한다. 선입감 없이, 편안하게 읽어 보시기 바란다. 수긍할 수밖에 없는 대목이 있으리라 믿는다. 우선 우리 어머니들의 열성에 대한 나의 소견부터 적어 보겠다.

어머니들의 열성

셋째의 고등학교 1학년 여름 방학 때였다. 예정된 강연을 위해 제주도로 가는 길에 아이를 데리고 갔다. 함께 가서 아이를 놀게 하기 위해서였다. 기업체 임원 부부들을 위한 하계 세미나였고, 임원과 그 부인들에 대한 강연이 따로 준비되어 있었다. 부인들을 위한 강연 시간, 자연히 자식들에 대한 이야기가 나왔고, 나는 어머니들 과민에 대한 나의 소견을 이야기하면서 내 아이를 예로 들었다. 이번에 제주에 오면서 고등학교 1학년인 아이와 함께 왔다, 아이를 놀게하기 위해서다, 아이는 방학을 하자마자 양평 어느 계곡에 가서 닷새를 놀다 왔다, 자식들을 제발 좀 놀리시라, 그게 공부를 위해서도 도움이 된다, 그런 이야기를 하기 위해서였다.

이야기를 들은 어머니들은 나의 용태를 수상쩍어 했다. 나를 아예 아이의 장래를 망쳐 놓을 어리석은 아버지로 생각하는 듯한 표정마저 없었다 하기는 어렵다. 그런 표정들이 하도 적나라하여 웃음을 참아 내기 어려웠다. 나는 좀 더 이야기했다. 그러고도 첫째와 둘째는 이른바 명문 대학에 들어갔다. 그러자 어머니들 눈빛은 대번에 나를 선망하는 쪽으로 바뀌었다. 질문이 이어졌다. 요지는 어떻게 가르쳤느냐였다. 나는 대답했다. 가르친 거 별로 없다. 자기들이 하는 거, 그냥 바라보기만 했다. 거짓말 같겠지만 사실이다. 어머니들이 나의 그 말을 괜히 젠체하는 것으로 받아들이고 있다는 것을 알아차리기란 그다지 어렵지 않았다.

그런데 그 어머니들만이 아니었다. 제주에서 아이와 함께 지낸 그 며칠 동안 내가 만난 사람들은 모두가 비슷한 반응이었다. 그럴 만도 했다. 그 며칠 동안 중고등학생으로 짐작되는 아이들은 거의 만나 보지 못했다. 제주에 여행 온 아이들만을 뜻하는 게 아니다. 제주 아이들도 마찬가지였다. 내 아이와 함께 머물렀던 하이야트 호텔이 있는 중문해수욕장이나 제주 지역의 다른 관광지에서 만난 아이들은 초등학생 아니면 대학생들 같았다. 말하자면 그 뜨거운 여름에 전국의 중고등학교에 다니는 우리 아이들은 '목하 코피 터지게 공부 열심 중!'이었다. 그게 부정할 수 없는 우리 현실이었다.

　　자식 입시만 생각 – 만성 박탈 현상 – 불안 초조 안절부절, 심하면 불면 증세까지 – 대입 수험생 둔 가정 '가족 관계 파행' 부부 관계까지 자제 – 남편보다 자식 우선 배려. 어머니들 80퍼센트 두통 – 자식 입시 위해 모든 것 유보…….

신문에 실린 이런 제목들이 우리 풍토에서는 별로 낯설지 않다. 그래서 '고3 엄마 고생 엄마'라는 게 통설이 되었고, 그런 제목의 책이 나왔을 때 많은 어머니들이 공감했다고 한다. 굳이 그런 기사나 그런 책은 제쳐 둔 채, 내 주변 풍경만 봐도 대입 수험생이 있는 집안 분위기는 자못 삼엄하고 비장하고 절박하다. 찾아가는 게 조심스러울 뿐만 아니라 자식의 성적 같은 것을 묻는 것은 금기가 되어 있다. 누군가는 그것을 '큰 실례'라고 표현했다. 고3 엄마는 얼굴만 봐도 안다는 말도 들었다. 그런데 문제는 사실 고3 엄마만은 아니다.

암기, 암기

어느 날 오후 3~4시쯤이었다. 나는 대치동 시절에 다니던 치과를 아직도 다니고 있는데, 치료를 받은 다음 나와 보니까, 아파트 입구에 승합차 한 대가 서 있었다. 스쳐 지나가면서 들여다보았더니 대여섯 살부터 예닐곱 살쯤으로 보이는 조무래기들이 가득 타고 있었다. 승합차는 대개 15명쯤이 정원인데, 아이들은 스무남은 명은 될 듯했고, 어린아이들인지라 그게 꼭 노랑 병아리들을 상자 안에 가둬 놓은 것 같았다. 아직 오지 않은 친구들을 기다리고 있는 아이들은 그사이에도 뭔가가 적힌 조그만 공책을 꺼내 아주 골똘한 눈길로 들여다보고 있었다.

나는 발걸음을 멈추고 한동안 살펴본 다음에야 그 차가 속셈 학원에서 학생들을 데리러 온 것이고, 아이들은 이제 학원에 가서 시험 보게 될 것들을 '암기'하느라 그토록 열심이라는 것을 알았다. 끔찍한 느낌이었다. 아이고 세상에, 소리가 저절로 나왔다.

내 아이들이 어린 시절에 재미있게 읽은 『재미있는 수학 여행』(김용운·김용국, 김영사, 1991)에서 본 '꺅! 대수표를 외우고 있다니?'가 생각났다. 이 대목을 쓰다가 오랜만에 그 책을 찾아보니 꺅 놀라는 재미있는 표정의 그림 아래 이런 설명이 있다. "암기 위주 과거 시험의 전통에 젖은 개화기의 한국 학생들은 대수표마저 외운 것이다. 전통은 쉽사리 떨쳐 버릴 수 없는 운명?" 나는 또 꺅! 한다. 개화기도 아닌, 이 벌건 21세기에서마저 저토록 암기에 열심이라니?

비단 이 경우만은 아니다. 아직 초등학교도 들어가지 않은 아이들부터 여러 학원에 다니는 것은 일반적인 풍경이다. '또래들이 모두 학원에 가니까' 보내지 않으면 친구가 없어서 자기 아이도 보낸다는 이유까지 있다.

C군은 4월 13일 일기에서 "(밤) 12시까지 남아서 공부하는 곳(학원)이 뭐가 좋다고 다니는지 모르겠다. 망할 X의 선생님이 '이 학원이 좋다, 저 학원이 좋다'고 말하니까 엄마들은 애 데리고 여기 갔다 저기 갔다 애들을 반쯤 죽여 놓는다"며 "온 사방 곳곳 좋다는 학원만 바꿔서 다니는 내 인생, 그게 바로 나다. 학원 때문에 스트레스 받아 짜증 난다"고 했다.

D양의 3월 13일 일기는 학원이 싫은 11가지 이유로만 채워졌다. '선생님이 있으니까', '숙제가 많으니까' 등의 이유를 적어 내려간 D양은 "학원은 스트레스를 공급하는 곳이다. 가는 것 자체가 스트레스"라고 했다. 그는 '어른들에게'라며 적은 추신에서 "야! 이 못된 어른들아! 우리는 스트레스 받으면 안 죽는 줄 아니? 우리가

무슨 스트레스 먹는 스펀지냐. 학생들이 자살하는 이유는 다 스트레스 때문이야!"라고 했다. —조선일보, 2014년 11월 20일

학원에 다니지 않는 우리 집 6학년짜리(첫째의 아들)는 자기 친구들이 학원에 가지 않는 시간을 모두 기억하고 있다. 친구들과 놀기 위해서다. 첫째가 들려준 그 이야기를 듣고 아이에게 참 미안했다. 이게 도대체 무슨 꼴이야 싶었다. 그런데 아이 둘 모두 공부하는 학원에 보내지 않고 있는 첫째의 교육관은 '아이들은 심심해야 뭔가에 대해서든 창의적인 궁리를 한다'이다. 그래서 첫째는 자기 아이들에게 스마트폰을 사 주지 않는다. 스마트폰은 아이들이 심심할 수 없게 만들고야 말기 때문이다. 그러니까 아이는 내내 심심해야 할 것 같다. 그 심심함이 아이의 성장에 소중한 거름이 되기를 간곡하게 바란다.

조기 교육, 선행 교육

믿어지지 않지만, 믿을 수밖에 없을 듯한 보도가 있다.

대한민국에서 아이 교육은 유아기도, 학령기도 아닌 '태아' 시절부터 시작된다. 많은 임신부들은 아이가 태어나기도 전에 태아를 학습 태교의 장으로 몰아넣으며 교육열을 올린다. 지인들 사이에서 '태교의 고수'로 불렸던 김모 씨(35)는 4년 전 첫아이를 가졌던 임신부 시절에 총 10가지가 넘는 태교를 했다. 스도쿠, 수학 문제 풀이, 산수와 연관된 게임을 하는 다양한 수학 태교는 기본이었

다. 김 씨는 매일 손으로 한자를 쓰면서 외우는 '한자 태교'와 영어 알파벳이 적힌 낱말 카드를 태아에게 읽어주는 '영어 태교'도 했다.

—조선일보 2014년 4월 2일

그러니까 아예 태아 시절부터, 자기 자식을 남달리 키워 내기 위한 우리 어머니들의 고생은 시작되는 셈이다. 그 때문에 요즘 우리나라는 이른바 조기 교육이니 선행 교육이니 하는 것이 열풍 상태다. 학원에 보내야 하나 말아야 하나. 이런 고민을 하지 않는 부모가 없다. 그러다가 결국은 어쩔 수 없이, 보내야 한다는 쪽으로 단안을 내리는 부모들이 훨씬 더 많다. 첫째에게 당부한 직이 있다. "제발 극성 엄마가 되지 않기 바란다. 그럴 이유도, 필요도 없다. 너 자신, 한글도 모르는 상태에서 초등학교에 들어가지 않았느냐."

4월생이어서 우리 나이로 여덟 살에 첫째가 초등학교에 들어갔을 때, 한글을 모르는 아이는 첫째 하나뿐이었다. 첫째의 담임 선생님이 말씀했다. "초등학교 1학년 교과 과정에는 한글부터 가르치게 되어 있는데 모두 이미 배워 가지고 들어오니까 한글부터 가르칠 수가 없습니다."

이런 경우 유념해야 할 것은 과숙過熟 상태다. 과일 농사 짓는 분들이 주의하는 게 자기가 기른 과일이 과숙되는 것이다. 과숙 과일은 상품 가치가 없다. 아이들도 성장하는 과정에서 단계적으로 익어가야 한다. 초등학교 교과 과정이 그렇다면 그것은 전문 연구가들에 의해 그렇게 검증된 것으로 봐야 할 텐데 요즘으로 치자면 한글은 물론 영어까지 익힌 상태에서 초등학교에 입학한다.

그런 조기 교육에 대한 시비가 계속 이어지고 있지만, 나에게는 그것에 대한 비판을 할 능력이 없다. '선행 학습 금지법'이라는 게 국회에서 통과되었다는 기사를 본 적이 있으니까(2014년 2월 18일), 선행 학습의 폐해에 대한 인식은 나만의 것은 아닌 듯한데, 그런 법으로써 고질병이 되다시피 한 악습이 극복될 수 있을까? 그렇게 되기를 바란다. 분명 병적인 이런 신드롬이 극복되지 않고서는 죽도, 밥도 되지 않을 것이기 때문이다.

떠그만너온 효과

둘째부터는 첫째의 어깨너머로 일찌감치 한글을 익히게 되었지만, 우리 부부는 아이들에게 군이 한글을 미리 가르쳐 학교에 보내려 들지 않았고, 그 뒤에도 오로지 '공부'에만 애면글면 매달리게 하지 않으려 했다. 학교 성적을 잘 받아 오는 것보다는 좋은 책 한 권을 읽으면 더 칭찬해 주는 식으로, 학교 공부에 지나치게 치우치지 않도록 하기도 했다. 그런데도 어쨌거나 '공부' 쪽에서는 괜찮은 성장을 해냈다.

그런 체험치가 있었기에 더욱더, 가계에 쪼들리면서도 학원비는 전혀 아끼지 않는 어머니들의 수고가 그야말로 사서 하는 고생 같다. 요컨대 모든 자식들과 그 부모들은 학원으로 먹고사는 사람들의 장삿속에 휘말려 괜한 불안 신드롬에 시달리고 있고, 그런 식의 지나친 관심이 아이들에게 오히려 역효과를 불러올 가능성이 크다. 성적 쪽에서만이 아니다. 사실은 자식들을 달달 볶아 대고 있는 셈인 그런 관심의 실천 과정에서 부모 자식 관계와 아이들의 사람됨까지 함께 망가진다.

어머니들의 그런 '열심'과는 딴판으로 다른 어느 어머니의 '무심'을 『믿는 만큼 자라는 아이들』(박혜란, 웅진출판사, 1996)에서 읽어 볼 수 있다. 본업인 여성학자로서보다는, 세 아들을 이른바 명문 대학에 보낸 어머니, 또는 가수 이적의 어머니로 더 유명해진 이 책의 지은이는 자기 아이들에 대해 놀라울 만큼 무심했는데, 그 무심의 근거는 아이들에 대한 믿음이었다. 그리고 그 아들들이 어머니 믿음대로 되었으니까, 믿으면 믿는 대로 된다는 피그말리온 효과가 제대로 나타난 셈이 되겠다. 다른 모든 생명체들과 마찬가지로 인간도 제 생명을 버텨 낼 만큼은 자생력이 있다. 어머니들의 현행 '열심'은 이 당연한 자생력에 대한 불신으로부터 비롯되고, 그런 만큼 그 역기능은 당연하다.

그다지 알려져 있지 않은 이야기가 하나 있다. 1960년대 초였는데, 당시 대통령의 특별한 관심에 의해 산림녹화가 국책 사업으로 진행되고 있었고, 그 책임을 지고 있는 관청에선 산림녹화가 가장 잘되어 있는 나라들 가운데 하나인 네덜란드의 산림학자를 초대해 자문을 구했다. 그 분야에서 세계적으로 이름이 높은 그 학자는 2주일 동안 우리나라 산을 샅샅이 둘러본 다음에, 비틀스의 노래 제목을 인용해, 딱 한마디 했다. "건드리지 말고, 그대로 두시라(Don't touch, Let it be)." 특별한 자문의 말씀을 기대하고 있던 우리 관청 사람들은 어리둥절해했다. 그러자 그는 몇 마디를 더했다. "한국의 산은 수목이 자라는 데 천혜의 조건을 갖추고 있다. 건드리지 않고 그대로 두면 10년 안에 푸르게 된다."

그 뒤부터 우리나라 산에는 '입산 금지' 팻말이 줄을 서기 시작했고, 더불어 그 이전 수백 년 동안 벌겋던 산은 푸른 옷을 입어, 마침내는 장마가 져도 한강에 황톳물이 넘실거리지 않게 되었다.

나는 우리 산들에 푸른 옷이 대충이나마 입혀진 1970년대 중반에 당시 서울대 농대 교수로 국민운동 조직을 맡고 있던 류달영(1911~2004) 선생으로부터 이 일화를 들었는데, 그때 류 선생께서는 이런 말씀을 덧붙였다. "우리 아이들도 마찬가집니다. 저희들 하는 대로 내버려 두면 저절로 푸르게 됩니다. 강아지가 귀엽다고 주물러서 죽인다는 말이 있습니다. 지금 우리는 우리 아이들을 요리조리 주물러서 자생력이 거세된 형편없는 인간으로 만들어 가고 있습니다."

나는 체험적 입장에서 이 말씀에 곧이곧대로 동감한다. 우리는 지금 모든 희생마저 다 바쳐 가며, 우리 아이들을 요리조리 주물러서 자생력이 거세된 형편없는 인간으로 만들어 가고 있다. 이 책 서문에서 인용한 '2014년 한국 행복 지수 국제 비교 연구'를 한 번 더 되새겨 보시기 바란다. 과연 무엇 때문에 우리 자식들의 행복 지수를 세계 최하위로 만들어야만 하는가? 미안하지도 않은가? 무섭지도 않은가? 그러나 아무도 미안해하지도, 무서워하지도 않고 있는 것 같다. 이것이야말로 우리 교육이 안고 있는 본질적 문제인 듯하다.

지능과 창의력과 환경

IQ로 대표되는 지능 또는 머리는 타고나는 것이다. 부모의 머리가 좋으면 자식도 좋다. IQ가 높으면, 곧 머리가 좋으면 공부를 잘한다. 수학 능력 시험 성적은 결국 IQ 순서대로다……. 대부분의 사람들이 이렇게 이해하고 있는 것 같다.

그러나 이런 이해는 오해이며 미신이다. 증명해 보이겠다. 자식들의 '공부' 또는 '성적'에 목을 매달고 계시는 부모님께선 이제부터 시작되는 '공부' 또는 '성적'과 관련되는 이야기들을, 남의 이야기가 아니라 자신의 경우와 하나하나 견줘 보며 분석적으로 읽어 보시기 바란다.

물론 이것은 전문가의 글이 아니라 세 아이를 키워 낸 한 아버지로서의 체험적 소견에 지나지 않는다. 여기까지 적어 오면서도 더러 그랬던 것처럼, 제품에 달아올라 어쩔 수 없이 목청을 돋우게 되는 경우가 있겠지만, 그것은 나의 미숙 탓이다. 나는 무엇을 주장하는 게 아니라 나의 오류를 고백하는 것인데, 그 고백마저 오류가 있을 수도 있다. 그것마저 타인에게는 타산지석으로 쓰임새가 있을 법도 할 듯싶어 이렇게 조금씩 앞으로 나아가고 있다.

IQ는 불변이 아니며, 창의력은 IQ와 비례하지 않는다

한 인간이 간직하고 있는 지능 전체를 재는 잣대가 결코 아닌 IQ는 후천적 환경에 따라 20에서 40까지 차이가 날 수 있고, 창의력은 IQ와 비례하지 않으며, 비슷한 IQ에서 창의력이 앞서는 사람은 학업 성취도에서 20퍼센트 내지 30퍼센트 이상 높은 성적을 낼 수 있고, 수학 능력 시험에서 고득점대 점수를 받은 사람들의 IQ 차이는 최고 35였다. 이것은 교육 심리학자들의 여러 연구에서 밝혀진 과학적 분석 결과다. 교육 심리학자들은 하나같이 환경의 중요성을 강조한다. 그 실험 예 하나를 인용해 보겠다. 나는 체험적인 면에서 이 실험 결과에 곧이곧대로 동감한다.

Herber는 미국 중북부 미네소타 주 밀워키 시의 낙후된 환경에서 살고 있는 IQ 75 이하의 흑인 여자들을 분류하고, 이들의 자식들을 무작위로 실험 집단과 통제 집단으로 나누었다. 통제 집단의 아동들에게는 아무런 처치도 하지 않았으며, 실험 집단의 아동들에게는 1주일에 5일간 7~8시간 집중적으로 언어 자극, 지적 자극을 주었다. 이것을 학교에 들어갈 때까지 계속했다……. 그 결과 실험 집단은 통제 집단에 비해 IQ가 25점이나 높아졌다.

— 이성진, 『교육 심리학 서설』(교육과학사, 1998)

여러 가지 사정으로 어릴 적부터 떨어져 살다가 20년 만에 만난 일란성 쌍둥이의 IQ는 뚜렷하게 달랐다. 서로 다른 성장 환경 탓이었다. 초등학교 시절 IQ가 97이던 어느 학생은 그 뒤 실로 죽을힘을 다한 노력 끝에 박사 학위를 얻고 유명 대학 교수가 되었는데, 그 시점에서 IQ 검사를 새로 해 보았더니 132가 나왔다. 노력에 의해 IQ가 향상된 것이다. 반면에 대부분의 사람들은 성인이 된 뒤 초등학교 시절보다 IQ가 떨어졌다. 노력을 하지 않아 머리가 둔해진 것이다.

대부분의 사람들이 그 이름을 알고 있을 송자 선생(전 연세대학교 총장)이, "만일 아인슈타인이 한국에서 공부했다면 중국집 짜장면 배달부가 되었을 것이다"라며, 한국의 교육 제도를 비판한 이야기를 들은 분이 계실 듯하다. 왜냐하면 그가 여러 텔레비전 프로그램에서 그 이야기를 되풀이했기 때문이다. 또 언제였던가, 역시 텔레비전에서 한완상 선생(전 한성대학교 총장)이 "현재의 교육 제도는 학생들의 창의력을 질식시키는 교육이다"라는 요지의 이야기를 하는 것을 들은 적이 있다.

이 두 분 석학의 이야기에서 빠진 게 있다. 질식시키고 있는 것은 창의력뿐만이 아니다. 그보다 더 심각한 것은 인간성이다. 지금 우리는 교사와 부모가 합작으로 아이들의 창의력과 인간성을 싸잡아 질식시키고 있다. 요즘 학생이 교사를 폭행하는 일이 빈발하는 것을 비롯하여 청소년 문제가 차츰 더 심각해지고 있는 것은, 순리나 마찬가지다. 인간성 질식 상태에서는 무슨 일이든 일어날 수 있다. 무서워해야 한다. 그런데 사실은 아무도 무서워하지 않는다. 버릇처럼 대를 물려 가며 만년 개탄이나 일삼을 뿐. 그래서 무서워해야 할 현실은 차츰 더 엄혹해지고 있다.

만년 개탄

지난 수십 년 동안 실로 신물 나게 되풀이되고 있는 우리 교육 제도나 방법에 대한 만년 개탄의 요약은 '창의력을 죽이고 인간성을 황폐하게 만드는 교육'이 될 것 같다. 우리는 정말 철두철미하게 아이들의 창의력을 죽이고 인간성을 망가뜨려 왔다. 나로서 의문스러워할 수밖에 없는 것은, 이를테면 이 대목에서 그 말씀을 인용한 송자 선생이나 한완상 선생처럼, 일선 교육 책임자들이 모두 같은 의문을 개탄조로 되풀이하여 표명하면서도 왜 그 의문에 적극 대응하고 있지 않는가 하는 궁금증 때문이다. 나는 그런 개탄에서 파렴치성을 느낀다. 이 대목 인용대로라면, 송자 선생 그 자신이 자기 제자들을 짜장면 배달부로 만들고 있었던 것이고, 한완상 선생은 자기 제자들의 창의력을 질식시키고 있었던 셈이 아닌가.

어쨌거나 우리는 결과적으로 보아 우리 아이들의 창의력과, 그 앞의 지능을 계발하기보다는 줄기차게 죽여 왔다. 그런데 앞의 두 대목에서 이미 이야기했듯, 우리 아이들은 처음에는 부모들의 극성에 의해, 그다음에는 교사들과의 합작으로, 이미 어린 시절부터 속속들이 망가뜨려졌다.

나도 두어 해 동안 신세를 겼던 서울대병원에 있는 사람으로부터 이런 이야기를 들은 적이 있다. "전국에서 죽을병에 걸린 사람들은 죽을 때 죽더라도 서울대병원에 가서 진찰이라도 받아 보고 싶다고 한다. 그 바람에 최악의 중환자들이 우리 병원에 많이 몰려오고, 그러다 보니 우리 병원 환자 사망률이 높아진다."

말하자면 아무리 명의라 할지라도 손을 써 볼 수 없는 상태의 환자들이 많이 몰려온다는 이야기였다. 우리 대학도 아마 그런 경우에 비유해 볼 수 있지 않을까 싶다. 그러니까 대학 총장님들께서는 이미 다 망가뜨려진 아이들을 받은 셈이니 아마 손을 써 볼 수 없었던 것일는지도 모른다. 그렇다 할지라도 대학 총장님들이 면죄가 될 수는 없다. 더구나 그들의 개탄은 용납될 수 없다. 배임이기 때문이다.

이미 적어 둔 대로 우리 부모들의 열성은 아이들의 유년기부터 시작된다. 아직 제대로 걷지도 못하는 아이에게 한글이며 속셈이며, 심지어 외국어까지 가르친다는 이야기는 아마 과장일 듯싶지만, 그런 극성이 자기 자식들을 어떻게 망치고 있는가에 주의하는 부모는 적어 보인다.

대개 알려져 있으면서도 그다지 주의하지 않는 듯한데, 아이들의 지능 성숙 단계는 출생으로부터 네 살까지 50퍼센트, 여덟 살까지 80퍼센트, 그래서 열일곱 살쯤에 끝난다. 그러니까 태어나서부터 고등학교 2학년 때쯤 사이에 대충 지능이 결정되는 셈이다. (물론 앞에서 예로 든 교수의 경우처럼 나이 든 뒤에도 노력을 통해 IQ가 높아질 수 있다.) 그런데 그토록 소중한 기간 동안 창의력을 고사시키고야 마는 강제가 아예 제도적, 조직적으로 되풀이된다. IQ는 자랄 수 없다. 전문가의 책을 찾아보는 수고를 피하고, 체험적인 내 소견만 적어 보기로 한다면, 간섭과 강제보다 지능이나 창의력 계발에 더 악영향을 주는 것은 없다. 나의 군대 시절에 이런 사람을 만난 적이 있다.

간섭의 악영향, 그 참혹한 예

신학 대학 재학 중에 입대한 그는 행정반에서 무기나 장비를 관리하는 병기계 일을 보고 있었는데, 이를테면 한 사람이 열여섯 발씩 사격했을 경우, 중대원 183명이 모두 몇 발을 발사했는가를 계산해 내지 못했다. 물론 암산이 아니라 필산이었다.

그는 허구한 날 직속 상사인 딸기코 중사에게 얻어맞기를 되풀이했다. 이 병신아, 너 대학 다녔다는 거 맞냐! 니가 다녔다는 그게 대학은 대학이냐! 중사의 모욕적인 이 말이 몇 달 동안인가 되풀이된 어느 날, 그는 같은 행정반에서 교육계를 맡고 있던 나를 주보로 불러냈다. 술을 마시지 못하는 그가 술을 좀 낫게 마실 각오를 단단히 한 것 같았다. 비장한 표정이었다. 그는 벌겋게 취한 다음에야 이야기를 시작했다. (이런 이야기, 이렇게 공개하는 것, 미안합니다. 당신이 혹시 이 글 읽게 되거든 연락 주십시오. 당신을 잊지 않고 있습니다.)

아버지가 일찍 돌아가시고 어머니가 재가한 뒤 할머니 손에서 자랐는데, 할머니는 불쌍한 손자라 하여 사사건건 간섭했다. 그게 자신을 수치數癡로 만들었다는 것을 중학교에 들어간 다음에야 알게 되었다. 자신이 다른 과목은 괜찮은 편인데도 수학을 하도 못해 카운슬러 선생과 의논하게 되었고, 마침내는 정신과 의사까지 만나 보게 되었는데, 정신과 의사는 할머니의 간섭을 원인으로 손꼽은 다음에 그의 수치는 회복될 수 없을 것이라 했다. 그가 신학 대학에 입학한 것은, 그 당시 신학 대학에서는 수학 시험이 없었기 때문이다. (나는 여러 방면으로 알아보아 그를 행정반에서 빼내 군종부로 가게 했다. 군종부로 간 뒤, 어느 날 찾아가 보니 그는 교회 마룻바닥을 열심히 닦고

있다가 나를 맞았는데, 그 얼굴이 며칠 전과는 딴판으로 활짝 밝았다. 그날
로부터 긴 시간이 지난 뒤, 나는 그에게 조카뻘 되는 사람을 우연히 만나게
되었고, 그 사람으로부터 그가 제대한 뒤에 신학 대학을 졸업하고 목사가
되었다는 소식을 들었다. 그의 이후 생활이 행복한 것이었기를 간곡하게
바란다.)

아직 물 같은 어린 시절부터, 무엇을, 어떻게 해야 하는가를 일일
이 지시하고, 확인하고, 평가하고, 성에 차지 않을 경우에는 물리적
폭력이 곁들여진 제재마저 서슴지 않는 환경에서, 아이들의 지능과
창의력은 계발될 수 없다. 오늘 우리 아이들은 철두철미하게 좁은
틀에 갇혀 산다. 그 아이들에게서 세계와 경쟁할 수 있는 창의력을
기대하기는 결코 쉬운 일이 아니다.

우리 아이들은 지금 제도적, 조직적으로 둔재로 만들어지고 있는
데, 한 인간으로서 지극한 것일 그 불행을 불행으로 느끼지도 못한
다. 대세가 그렇기 때문이다. 슬기로운 부모는 자기 자식에게 물고
기를 주는 대신 물고기 잡는 법을 가르쳐 주고, 훌륭한 교사는 자기
제자가 스스로 답을 구할 때까지 인내심을 가지고 지켜봐 준다. 이
대목 이야기를 조금 구체적인 예와 더불어 좀 더 자세하게 이야기해
보겠다.

명문대에 들어갈 수 있는 비결

아이가 어떤 대학에 들어가느냐에 따라 아이의 인생뿐 아니라 부모의 인생 행로도 달라진다. 명문대 입학은 곧 부모 인생의 성공이 되기도 한다. 이것이 부모가 내 집 마련도, 노후 대책도 모두 뒷전으로 미루고 입시에 인생을 거는 이유다. 이런 '총력전'이 따로 없다. 사교육은 날로 번창해 이제는 통제할 엄두를 내지 못할 정도가 됐다.

경향신문 2007년 7월 2일 자 기사인 〈자식 명문대 진학이 '부모 성공'인 사회〉는 이렇게 시작된다. 절박하다. 그럴까? 정말 그럴까? 긍정하게 되지는 않았지만 그렇다고 부정하게 되지도 않는다.

그만 자라

'고3 엄마 고생 엄마'는 정석이나 마찬가지인데, 우리 집은 수험생으로 말미암은 긴장에 사로잡힌 적이 전혀 없다. 신경이야 물론 쓰이지만 그런 신경 쓰임은 그 이전에도 마찬가지였고, 신경 쓰인다고 하여 부모로서 거들어 줄 수 있는 게 아무것도 없었다. 아내는 아침에 일찍 일어나야 하니까 언제나 나보다 먼저 저녁 10시쯤이면 잠자리에 들어갔고, 생체 리듬이 맞아야 능률도 오른다는 소견을 간직하고 있는 내가 아이들을 향해 가장 많이 발사한 말은 '그만 자라'였다. "잘 만큼 자야 공부도 되지……."

내가 어쩌다 이런 이야기를 하면, 나의 이야기를 교묘한 자식 자랑쯤으로 들어 거부감을 느낀 분도 있었을 것 같다. 실제로 그런 반응을 접한 바 있고, 그 뒤부터 그런 쪽에서는 입을 떼지 않는 것으로 했다. 이 책에 적게 될 전체를 이야기하고도 그 말을 이해시킬 자신이 없었기 때문이다.

이 대목에서 자식 교육의 주요 목표인 '인성 함양'과 '학업 성취' 중 후자에 대한 체험적 소견을 조금 구체적으로 적어 보겠는데, 이 소견의 큰 전제는 '모든 아이들을 우등생으로 만들 수 있다'가 된다. 이 말은 머리 좋아지는 약이나 기계를 팔기 위한 선전 문구가 아니라 나의 체험치다. 나의 체험치를 분석적으로 살펴본다면 아마 동감되는 부분이 있으리라 믿는다.

중요한 것은 머리가 아니다

내가 내 아이들의 학업 성취에 대해 분석적 의문을 구체적으로 품

어 보게 된 것은 1995년 말께 둘째의 입학 원서를 쓰면서였다. 둘째
는 그해부터 시행된 복수 지원 제도에 의해 4개 대학을 지원할 수 있
었으나 연세대와 서울대, 두 대학에만 원서를 냈다. 첫째는 이미 연
세대에 들어갔고, 셋째 역시 대체적으로 낙관해도 좋은 상태였다.
고등학교 입학을 위한 연합고사 성적이 상위 0.5퍼센트 안에 들어가
있었기 때문이다.

우스운 이야기가 될 것 같지만, 내가 도무지 동감하지 않는 제도
적 경쟁 체제에서 내 아이들이 이름난 대학에 들어가기는 어렵다고
생각한 데다, 그 어려움을 어떻게든 이겨 내도록 하기 위해 아이들
을 다그칠 뜻도 없었다. 더구나 위로 딸 둘에 대해서는 너무 치열한
경쟁으로 말미암아 성격이나 버릇이 각박해지는 것을 조심스러워했
다. 가족은 모계일 수밖에 없고, 가족의 중심인 주부의 기능과 역할
에 따라 그 가족의 화목과 성취가 결정된다고 믿고 있는 나는, 내 딸
들이 편안한 상태에서 공부하여 원만하고 부드러운 성품과 세계관
의 소유자로서 한 가정의 담당자가 되기를 바랐다.

그래서 아이들이 어릴 때부터 이를테면 학교 성적이 좋을 경우에
는 특별한 인지를 하지 않았지만 교과서 외 책을 읽으면 책씻이를
해서 격려하는 식으로, 될 수 있는 대로 광범위한 경험을 하도록 아
이들을 이끌었다. 나의 이 진술이 괜한 언구력으로 전해지지 않기
바란다. 내 아이들의 그 시절에도 한글조차 익히지 않게 한 채 초등
학교에 보내는 일은 극히 드물었다. 나는 진심으로 내 아이들이 '그
잘난 공부'의 노예가 되지 않기를 바랐고, 나의 권능이 미치는 한,
그렇게 하려고 노력했다.

그런 전망과 기준을 간직하고, 그렇게 노력해 온 나에게 첫째에 이어 둘째가, 그리고 셋째까지, 바로 그, 내가 별로 동감하지 않는 제도적 경쟁 체제에서 가장 좋은 선택을 할 수 있는 입장에 있다는 것이 아무래도 의문스러웠다. 뜻밖의 횡재가 되풀이된다는 느낌 같은 것도 없었다 하기 어렵다. 그것이 아이들의 성취에 대해 분석적 의문을 품어 보게 된 이유 가운데 하나였는데, 내 의문은 대충 세 가지였다.

1) 어디로 보나 공부에 열중하는 편이 아닌 내 아이들의 성적이 좋은 이유는 무엇일까?
2) 학교에서 치르는 시험보다는 연합고사나 수학 능력 고사처럼 시험 범위가 따로 정해져 있지 않은 경우에 더 좋은 성적을 얻어 내는 이유는 무엇일까?
3) 같은 형제들 사이에도 대개는 우열의 차이가 있는데, 세 아이 모두 고르게 우수한 이유는 무엇일까?

특히 세 번째 의문에서 나의 눈길은 오래 머물렀는데, 그 이유는 내가 알 만한 경우를 둘러볼 때, 더구나 셋이나 되는 아이들이 고른 경우는 드물어 보인 때문이었다. 재능을 유전적인 쪽에서 보기로 할 경우, 내 아이들과 같은 유전자를 공유하고 있을 친외가 같은 또래 지근거리 피붙이들 수십 명 가운데 내 아이들만 한 성취가 없다는 것도 나의 궁리에 포함되었다. 당신이 유전적 요인을 중요하게 여긴다면 이 대목에서 5초쯤 머물러 답을 구해 보시기 바란다. 아무리 궁리해 보아도 유전적 요인으로는 설명될 수 없을 것 같았다.

내 아이들을 아는 사람들 가운데 대부분은 우리 아이들이 특별히 머리가 좋기 때문이라고 생각하는데, 내가 보기에는 머리 문제가 아닌 듯했다. 후천적 환경의 자극과 계발에 의해 머리, 곧 IQ가 높아졌을 가능성을 배제할 수 없는 것은 분명하지만, 알 만한 사람들 경우를 일부러 더듬어 여러모로 임상 조사를 해 보았는데, 머리와 학업 성취는 비례하지 않았고, 앞 대목에서 그 일부를 살펴보았듯이, 전문 연구자들의 과학적 연구 결과도 그랬다.

결국 나는 잠정적인 결론에 도달하게 되었는데, 그것은 '학업 성취는 역시 머리가 아니라 환경과 방법 문제'라는 거였다. 앞에서 '내 아이들과 같은 유전자를 공유하고 있을 친외가 같은 또래 지근거리 피붙이들 수십 명'에 대해 이야기했는데, 나의 친가와 처가 형제들 아홉 가운데, 자기 자식들을 나처럼 양육한 경우는 나의 집밖에 없다. 내가 환경과 방법을 문제 삼는 중요한 이유인데, 나의 집 경우가 특별한 예에 지나지 않는 것일까? 아니라고 생각한다. 환경과 방법, 이런 관점에 대하여 부정하기 어려운 좋은 예가 또 하나 있기 때문이다. 전 세계 인구 대비 유대인은 0.2퍼센트밖에 되지 않는데, 하버드 학생은 30퍼센트, 노벨 수상자는 23퍼센트를 차지한다. 왜 그런가? 세계 모든 사람들이 동의하고 있는 바이지만, 바로 유대인 특유의 환경과 방법 때문이다.

그래서 그다음부터 누가 물으면 그렇게 대답했는데, 사람들은 내 이야기를 쉽사리 수긍하려 들지 않는다. 왜냐하면 대개의 사람들에게 '시험 성적은 머리(IQ) 순'이라는 미신이 확고하기 때문이다. 그렇다. 그것은 미신이다. '미신'을 국어사전에서 찾아보니 '합리적, 과학적 입장에서 헛되다고 여겨지는 믿음'이라고 되어 있다.

장승수 군의 경우

이쪽 의문에 대한 나의 잠정적 결론이 확신의 형태로 바뀌게 된 것은, 공사판 막노동꾼 출신으로 1996년도 서울대 인문계 수석 합격자인 장승수 군 경우를 언론의 떠들썩한 보도를 통해 알게 된 다음이었다. 그가 미신에 도전하여 그 미신을 기분 좋게 깨뜨린 유쾌한 선구자 같아 보였다. 그런데도 그의 책을 읽어 보려 들지 않은 것은 아마도 예의 떠들썩함에 대한 어떤 거부감 때문이었을 것 같다. 내가 뒤늦게 그의 책『공부가 가장 쉬웠어요』(김영사, 1996)를 읽어 보게 된 것은 둘째가 그에 대한 이야기를 한 다음이었다.

1999학년도 2학기에 교양 선택인 '문학 감상 원론'을 그와 함께 공부하게 된 둘째는 "특별한 데가 없어 보였어" 하고 첫인상을 표현했다. 둘째의 짧은 언급과 달리 나는 둘째의 그 말에서 특별한 것을 느꼈다. 고시 공부에 열중하고 있어야 할 법대 4학년 학생이(그가 둘째와 마찬가지로 한 해 휴학을 해서 그때 3학년이라는 것은 나중에 알았다) '문학 감상'을 수강한다는 것이 아무래도 특별하게 여겨졌다. 그러고 보면 그에 대한 그런 느낌은 처음이 아니었다.

그가 한창 화제가 될 당시에 텔레비전에 출연하여 대담하는 자리에서 그는 박재삼 시인의 시「울음이 타는 가을 강」을 암송했다. 그때 나는 우리나라 중고등학생들 가운데 시를 시험 목적이 아니라 즐기기 위해 외고, 더구나 감동적으로 기억하고 있는 학생이 얼마나 될까 하는, 매우 특별한 느낌을 받은 바 있었다. (그때 장 군의 암송은 기계적인 게 아니라, 시의 느낌을 제대로 살린, 그 시에 심취한 사람만이 할 수 있는 그런 암송이었다. 그 목소리와 그 표정으로 보아 그랬다.) 그런 학생이라면 법대 학생으로서 '문학 감상 원론'을 골라 수강할 만하지 않은가. 나는 둘째의 이야기를 들은 며칠 뒤에 결국 그의 책을 읽어 볼 마음을 먹게 되었고, 읽었고, 그리고 크게 감동했다.

예의 텔레비전 대담을 보고 나서, 이미 하나의 세계를 이룬 그의 인간적 깊이를 느끼고 조금 놀라워했는데, 그의 책은 나의 그런 느낌을 되풀이하여 확인하게 해 주었다. 『제3의 물결』 등 미래 예언서를 쓴 앨빈 토플러는 대학 졸업 뒤 공사 현장에서 지게차 운전사로 일한 4년을 자신의 대학원 과정이었다고 술회한 바 있는데, 장 군에게는 고등학교 졸업 뒤 공사 현장에서 일한 4년이, 이 나라의 어느 교육 기관에서도 배울 수 없는 값진 그 무엇을 배운 참 소중한 기회였던 것 같았다. 나는 장 군의 경우에서, 경제적으로 소외된 자가 누리게 된 뜻밖의 혜택에 대해 생각했다.

대목대목에서 극적 박진감마저 느끼게 하는 그의 책은 그렇고 그런 성공담이 아니었다. 내친김에 명문 대학에 들어간 학생들이 지은이로 되어 있는 여러 책들을 일부러 찾아 읽어 보았는데, 그의 책은 그 모든 책들과는 내포와 외연이, 빛깔과 무게가, 울림과 전언이 딴판이라서, 어느 교육학자의 글보다도 더 교육학적이었고, 어느 교육 행정가의 글보다도 더 교육 행정적이었고, 어느 교육 철학자의 글보다도 더 교육 철학적이었다.

그의 책에는 다른 무엇보다도 전문 학자들의 글에서 흔히 발견되는 빈(空) 이론이나, 직업 관료들의 글에서 너무 쉽게 눈에 띄는 빤한 거짓말들이나, 다른 수험생이 쓴 수기류에서 어렵잖게 찾아볼 수 있는 은근한 자랑 투가 없었다. 그의 글은 대목대목이 모두 절실한 체험으로부터 우러나온 것이었기에 그의 생각들은 그대로 구체적 설득력을 갖추고 있었으며, 질박했다.

가난으로 말미암아 제도로부터 소외될 수밖에 없었기에 이룩할 수 있었던 것이었을 자신의 세계, 자신의 방법, 자신의 성취를 고백하고 있는 그의 책에는 이 나라의 모든 교사, 모든 부모, 모든 교육 행정가 그리고 모든 학생들이 대책 없이 빠져 있는 헛된 열광을 낮고 우직한 목소리로 나무라고 있었다. 나무람 조나 괜한 뽐냄 투 없이 단지 자신의 체험을 담담하고 진솔하게, 조금은 재미있게, 그리고 그의 생김처럼 우직스레 고백하고 있기에, 그의 질박한 이야기는 더 생생하게 내 마음에 와 닿았다.

이 책은 부모들에게는 자기 자식을 어떻게 키우고, 어떻게 가르쳐야 할 것인가를 보여 주고, 과풍요와 과보호의 그늘에서 시난고난 시들어 가고 있는 아이들에게는 근검의 생생한 가치와 공부가 얼마나 재미있는 것일 수 있는지를 무슨 신바람 나는 모험담처럼 들려준다.

그리고 또 주목해야 할 것은 "공부가 가장 쉬웠다"는 고백이다. 왜? 그에게는 고난에 대한 경험이 있었기 때문이다. 그 고난에 견준다면 공부는 그야말로 쉬운 것일 수밖에 없다.

체험적 예를 들어 보겠다. 작가들치고 이른바 창작의 고통에 대해 이야기하지 않는 사람은 드물다. 나는 그분들이 창작 이외의 다른 고난을 겪어 보지 못했기 때문이라 생각한다. 열두 살이 되기 전, 그러니까 아예 어린 시절부터 거리에 나서서 밑바닥 생활을 해야 했던 나에게 창작은, 글쓰기는 가장 쉬운 일감이다. 나는 쓰기의 고통을 느낀 적이 단 한 번도 없다. 나에게 글쓰기는, 글의 종류에 관계없이, 가장 쉬울 뿐만 아니라 쾌락처럼 즐겁다. 좋은 것이든 나쁜 것이든, 이른바 쾌락이라 할 수 있는 것들을 꽤 경험해 보았는데, 글쓰기보다 더 쾌락적인 것은 없다 할 만큼 나는 글쓰기를 즐긴다. 몸이 피곤할 때, 마음이 울적할 때 나는 글을 쓴다. 그러면 그 피곤, 그 울적함이 자취도 없이 사라진다. 나는 이것을 내가 어쩔 수 없이 치러내야 했던 고난 덕분이라 생각한다.

장승수 군의 경우도 마찬가지다. 나는 자식을 키우고 있는 부모들에게 장승수 군의 이 책을 읽어 볼 것을, 그리고 자식들에게 읽힐 것을 권했다. 그리고 그들로부터 나의 느낌과 꼭 같은 독후감을 들었다. (장승수 군은 지금은 40대 변호사가 되어 있으니까 '군'이라는 경칭이 온당하지 않을 것 같은데, 그대로 두기로 한다.)

머리와 학업 성취는 비례하지 않는다

이제 '머리와 학업 성취는 비례하지 않는다'로 돌아가 보면, 장승수 군의 IQ는 113에 고등학교 시절에는 반에서 석차가 중간쯤 되었다. 다음 문장으로 넘어가기 전에 이런 질문을 한번 던져 보기로 하자. 우리나라 인문계 고등학교 학생들의 평균 IQ가 116이라는 기록을 본 적이 있다. 만일 머리(IQ)대로라면 우리나라 인문계 고등학교 학생들의 평균치는 서울대 정도는 휘파람 불고 들어갈 수 있어야 할

텐데 실제론 고등학교 졸업생의 단지 4분의 1만 '4년제 대학'에 들어
갈 수 있고, 상당수 학생들은 단지 서울 소재 대학에 들어가기 위해
서라도 온갖 안간힘을 써야 한다.

왜 그럴까?

이 질문은 매우 본질적인 것이므로 다음을 읽기 전에 각자 답을
구해 보자. 이 질문을 학업 성취에 대한 것으로만 이해한다면 잘못
이다. 그보다는 바람직한 인성 함양 쪽에서 더 심각한 질문이기 때
문이다.

정말 왜 그럴까?

어찌 그럴 수 있는 것일까?

이 페이지의 나머지 부분은 생각에 잠겨 볼 여백으로 그대로 남
겨 두려 한다. 나름대로 답을 구해 본 뒤에 다음 페이지로 건너가 보
시기 바란다.

☞☞☞　？　☜☜☜

정말 왜 그럴까?

어떻게 그럴 수 있는 것일까?

매우 본질적인, 매우 중요한 이 질문에 대한 매우 슬기로운 답을 장승수 군은 자신의 책에 적어 두고 있다.

> 타고난 바보나 지능 지수가 200이 넘는 엄청난 천재가 아닌 이상, 사람의 머리는 다 오십보백보다. 아무리 공부를 못하는 아이라도 자기가 관심을 가지는 분야에 대해서만큼은 누구보다도 빠른 두뇌 회전을 보이는 경우를 흔히 볼 수 있다. 중요한 것은 집중력이다.

뜻밖으로 평범하고 간단하다. 그래서 장 군은 단언한다. "서울대생은 누구라도 될 수 있다." 나는 그의 단언에 동감한다. 누구라도 서울대에 들어갈 수 있다. 나의 이 동감은 장 군의 그것과 마찬가지로 구체적 경험담이다. 내 아이들을 통해 실제로 경험했기 때문이다.

IQ 113은 굳이 정의해 보기로 하자면, '좋은 머리'가 아니라 '평범한 머리'라 할 수밖에 없을 것이고, 고등학교에서 석차가 중간쯤이었다는 것은 '좋은 성적'이 아니라, 장 군의 경우가 그랬던 것처럼 대학 입시 원서도 써 볼 수 없을 만큼 나쁜 성적이었다고 해야 할 것이다.

그런 그가, 더구나 밥벌이를 위해 노동을 계속해야 할 만큼 좋지도 않은 환경에서 과연 어떻게 그 무시무시한 서울대를, 더구나 수석으로 입학할 수 있었을까? 이 질문에 대한 답도 역시 간단하다. 한 번 더 되풀이하거니와 성적은 머리가 아니라 방법의 문제다. 장

군이 "서울대생은 누구라도 될 수 있다"고 단언할 때에도 그 앞에는 '방법'이라는 전제가 있다.

텔레비전 대담에서 장 군이 이야기한 방법 하나에는 이런 게 있었다. 물리 과목에서 '파동'을 아무래도 이해할 수 없어 끙끙대고 있던 판에 근처 개울에 나가 개울물에 돌멩이를 던지다 보니 '파동'이 이해되어, 결국 '파동' 하나를 해결했다. 이를테면 물리 같은 현상을 '이해'가 아니라 '암기'하려 들 경우, 그것은 한시적으로도 효과를 보기 어렵다. (그런데 제도적 현실에서는 물리가 포함된 '과탐'을 암기 과목으로 분류하고 있다!)

내가 '방법'이니 했지만, 이 '파동'의 경우처럼, 또는 그의 책에 곳곳에 기록되어 있는 것처럼, 그가 궁리해 활용한 방법은 그래 봐야 중학교 교과서를 되풀이하여 공부하는 식으로, 이른바 '기초'에 충실했던 것뿐, 대수로운 것들도 아니었다.

이 대목에서 우리가 '재미'있어 해야 하는 것은, 돈도 시간도 없었기에 그 스스로 궁리하고 터득하여 실천할 수밖에 없었던 그의 그 대수롭지도 않은 방법들이 그로 하여금 사람들을 놀라게 할 만큼 큰 성취를 이루게 했다는 것이다.

만일 돈이 넉넉했다면 그는 아마도 다른 아이들과 마찬가지로 고액 과외 선생을 찾아가 배우려 들었을 것이고, 그러면 스스로 터득하는 대신 암기 요령이나, 아니면 찍기 비법 같은 것이나 익히고 있었을 것이다. 그러나 그에게는 참 다행스럽게도 돈이 없었기에 어떻게든 혼자 터득하려 할 수밖에 없었을 것이다. 이런 가정은 삼가야 마땅하겠지만, 그가 만일 다른 아이들과 같은 방법으로 공부했다면,

IQ 113 정도의 머리를 가지고 그만한 성취를 이룬다는 것은 아마 불가능했을 것이다. 그의 성취는 온전히 가난 덕분이었다.

기막힌, 그리고 참 재미있는 이 아이러니에 우리가, 우리 아이들과 우리 사회의 미래를 위해 꼭 극복하지 않으면 안 되는 문제를 풀수 있는 기막힌 열쇠가 있다. 굳이 표현해 보자면 천금 같은 열쇠다. 나의 이 책을 일부러 찾아 읽고 있는 당신은 거의 틀림없이 당신 자식에 대한 근심을 안고 있을 듯싶다. 그렇다면 장승수 군이나 내 아이들 경우를 한 번 더 곰곰이 생각해 보시기 바란다. 당신 자식을 위해 중요한 귀띔을 얻을 수 있으리라 확신한다.

중요한 것은 자발성이다

적어도 통념적 기준으로 볼 때, 내 집 아이들은 공부를 열심히 하지 않았다. 지금 언뜻 기억나는 것은, 자정 넘어까지 방에 불이 꺼지지 않아서 '그만 자라'는 소리를 하기 위해 문을 열어 보면, 만화책을 아예 쇼핑백으로 한가득 빌려다 옆에 쌓아 놓은 채 읽고 있었고, 야간 자율 학습을 위해 학교에 남는다고 해놓고는 내빼 극장에 간 적도 여러 차례였다. 극장에 간 이야기를 킬킬거리며 주고받는 게 아이들의 고3 시절, 우리 집 분위기였다. 한번은 어느 극장 앞으로 몇 시까지 태우러 오라는 전갈을 받고 그렇게 했던 적도 있다. 셋째 같은 경우에는 고3 시절에도 학원이니 하는 곳에는 단 한 시간도 나가지 않은 채, 컴퓨터 게임을 포기하지 않았다.

어느 모로 보나 도무지 통념적 고3다운 풍경이 아니었다. 그런데도 아이들이 학업 성취 면에서 비교적 좋은 결과를 얻을 수 있었던 것은, 말하자면 우리 부부가, 제도적 현실에 대한 불만에서, 그런 현실로부터 깜냥껏 아이들을 보호하기 위해 이리저리 궁리해 실천한 이런저런 방법들이 한데 어우러져 이루어 낸 우발적 효과 덕분일 듯한데, 그 방법들이라는 것이 장승수 군 경우처럼 그래 봐야 대수로운 것들이 아니다. 그런데 이 대목에서는 방법들에 앞서 우선 자발성에 대한 소견을 정리해 보겠다.

장승수 군 책의 키워드는 '기초'와 '집중력'이 될 것 같고, 특히 '집중력'의 필요성이 되풀이하여 강조되고 있는데, 이 집중력도 자발성의 전제 없이는 불가능하다. 채찍 맞는 짐승의 신경은 온통 채찍 쪽에 가 있을 수밖에 없다. 그런 상태에서 집중이니 하는 것은 원천적으로 불가능하다.

앞에서 잠깐 예로 든『부모 vs 학부모』가 아주 잘 보여 주고 있는 것처럼, 지금 우리나라 중고등학생들 대부분은 채찍에 대한 두려움을 줄기차게 느끼고 있어야 하는 가련한 짐승과 같다. 대학이 일생을 결정짓는다는 현실적 위협이 기세등등한 판에 부모는 필사적인 자세로 달달 볶고 있으니까 그럴 수밖에 없다. 수험생 대부분이 소화 불량과 변비, 수면 장애로 시달린다는 이야기를 들은 적도 있다.

지옥 터널이라는 표현은 결코 과장이 아니다. 대학에 갓 입학한 어느 여학생으로부터 들은 이야기가 있다. 이른바 지옥 터널을 지나는 동안 그 애를 구해 주었던 것은, 대학 입학 뒤에 무엇을 할 것인가에 대한 몽상이었다. 그 애는 고3 한 해 내내 공책을 따로 만들어 그것을 적었는데, 수학 능력 시험을 끝내고 보니 293가지나 되었다. "그런 몽상마저 없었다면 저는 아마 미쳐 버렸을 거예요……." 나는 그 여학생의 말에 동감한다.

자발성이란 비단 공부뿐만 아니라, 성취나 실적이 전제된 모든 사고, 모든 행위의 생명이고 근원이다. 기업의 모든 경영자들의 주된 고민 사항은 직원들에게 동기 부여를 하는 것이다. 왜냐하면 기업의 생명인 생산성은,

$$생산성 = 동기^2 \times 능력$$

이라는 공식에 의해 결정되기 때문이다. 능력은 불변 계수와 마찬가지이므로 생산성은 동기에 의해 결정 나게 된다. 능력이 제아무리 뛰어나도 동기가 0이면 생산성은 0이다. 반면에 동기가 높아지면 생산성은 동기의 제곱만큼 높아진다. 곧 생산성의 결정 계수는 동기다. 그래서 기업 경영자나 관리자의 주요 임무는 자기 지휘 아래 있는 사람들에게 동기(motivation)를 부여하는 게 된다.

'동기'는 곧 '자발성'을 뜻한다. 군대에서 '사기'에 신경을 쓰는 것도 바로 '자발성' 때문이다. 자발성 없이 조국을 위해 목숨을 거는 일은 쉽지 않다. 그러므로 우선 자발성에 대해 이야기할 필요가 있다. 자발성의 자극 없이는 성취를 기대하기 어렵다. 장 군은 국어의 문학 과목은 감동을 느껴, 더러는 시를 배우다가 컥 목이 메기도 했고, 물리 과목은 우리 생활에 유익한 학문으로 받아들였다. 자발성 없이는 불가능한 성취다. 그는 그의 테마인 '공부가 가장 쉬웠어요'를 이렇게 풀이하고 있다.

'쉽다'는 것은 '재미있다'는 것이고, 재미있으면 열심히 하게 되고, 열심히 하면 쉬워지게 마련이다.

너무나도 평범하고, 너무나도 당연한 이 인용구에 나는 새삼스레 밑줄을 긋는다. 밑줄을 긋고 보니 우습다. 혼자 웃으면서 재미 삼아 조금 덧붙여 보기로 한다. "재미있으려면 자발성이 전제되어야 한다. 왜냐하면 강제된 상태에서 재미란 불가능하기 때문이다." 결론부터 적어 보자면, 자발성이 전제되지 않은, 강제된 방법으로는 공부가 될 수 없다. 강제는 오히려 자발성을 죽인다. 부모의 잔소리는 오히려 자발성을 죽이는 강제의 범주가 되기 쉽다.

우리 고등학교 학생들이 학교에서든, 학원에서든, 가정에서든, 독서실에서든, 책상 앞에 앉아 있는 시간은 평균 16시간이라는 통계를 본 적이 있다. 심지어 잠 안 오는 약을 먹이기까지 한다. 이 약은 노동 착취 시대에 악덕 기업주들이 자기 회사 공원들에게 먹이던 거였다. 대개는 어린 여자들인 공원들은 이 약을 먹고 세계 최장 시간 노동을 견뎌 내야 했다. 자기 자식에게 잠 안 오는 약을 먹이기까지 하는 부모님들에게 묻고 싶다. 한국이 아닌 다른 어느 나라에서 이런 부모가 있다는 이야기를 들어 보신 적이 있는가? 도대체 악덕 기업주들이 하던 짓을 어찌하여 자기 자식에게 하시는가? (이 약은 간질병 치료제인데, 잠재적 후유증이 심각할 수 있다고 한다. 혹시 자기 자녀에게 이 약을 먹이는 부모가 계시다면 약사나 의사와 의논해 보시는 게 좋을 듯싶다.)

재미있는 놀이를 한다 해도 하루 16시간은 신물이 날 것이다. 그 공부를 즐겨 하는 학생은 드물 듯한데, 더구나 휴일도 없이 허구한 날 책상 앞에 앉아 있을 수 있다는 것부터 기적 같다. 그런 현실에서 '지옥 터널'은 가장 적절한 비유다. 아이들만 잡을 뿐, 공부가 될 수 없다. 어른들 자신에게 물어보라. 그런 상태에서 공부가 되겠는가? 학업 성취 면의 실패는 바로 이 비이성적, 비합리적 강제로부터 비롯된다.

강제는 자해다.
장기적으로 보면 더욱더 그렇다.
불쌍한 아이들만 잡는다!
제발 그렇게 하지 마시라!
무엇 때문에 당신 자식을 잡는가!

공부, 공부, 흡사 비명 같은 그 소리가 얼마나 우스꽝스러운 것인가. 앞에서 이렇게 적어 둔 바 있는데, 바로 장승수 군 경우를 본다 해도, 요즘 아이들은 통념상의 공부를 잘하는 편이든 못하는 편이든, 또는 공부에 매달려 있는 편이든 등한한 편이든, 사실은 공부를 하지 않고 있다. 그래서 공부, 공부 하는 그 소리는 더 우스꽝스러운 게 될 수밖에 없다. 요즘 아이들의 중고등학교 6년은 아예 대학 입학 시험 준비 기간이라 할 수 있다. 그런데 그 아이들이 이룬 성취 수준은 미약하다. 왜 그럴까? 역시 방법 때문이고 자발성 결여 때문이다. 누구도 부정하기 어려운 예를 하나 들겠다.

내가 잘 알고 있는 여자가 있다. 그 여자는 큰딸이 대학에 들어간 1991년 5월에 학원에 나가기 시작하여 그해 12월(그때는 수능이 아니라 학력고사 시절이었고, 12월 하순에 시험이 있었다)의 시험에서 실패했다. 실패 이유는 '정보' 부족이었다. 흔히 명문 대학으로 손꼽는 몇 학교를 제외하곤 모두 비슷하리라는 생각에서, 아무래도 살림을 해야 하니까, 집에서 다니기 좋은, 말하자면 교통이 편리한 곳을 선택한 게 잘못이었다. 떨어진 뒤에 비로소 알게 된 거였지만 대학은 천차만별이었다. 만일 교통이 조금 불편하더라도 합격선이 조금 낮은 곳을 골랐더라면 '서울 소재 4년제 대학'에 들어갈 수 있는 성적이었다.

그 여자는 결국 그다음 해 대학에 들어가, 그해 '4년제 대학에 새로 입학한 가장 나이 많은 여학생'이 되어, 여성지 기자가 찾아오기까지 했는데, 이런 이야기를 하면 사람들은 그 여자가 대단한 재능이라도 갖춘 것으로 생각할 수 있다. 그런데 그 여자 역시 평범한 머리의 소유자다. 그런데 그 여자가 어떻게 반짝반짝 빛나는 머리들을 간직하고 있는 딸 또래 아이들과의 경쟁에서 살아남을 수 있었을까? 나의 답은 바로 자발성이다. 자발성.

이런 예로 본다 할지라도 아이들뿐만 아니라 온 가족이 매달리다시피 하는 요즘의 열심들은 아무래도 헛것 같다. 그리고 공부, 공부, 흡사 비명 같은 그 소리가 우스꽝스럽다. 나이 먹은 여자는 우선 살림에 대한 골몰과 가족들로 말미암은 시달림 때문에 공부 쪽의 머리는 머리라 할 수 없을 만큼 굳을 대로 굳어 있다고 보는 게 맞을 것 같다.

요즘은 조금 달라진 것 같지만, 나의 세대만 해도 며느리, 올케, 아내, 어머니, 주부, 이렇게 불리는 여자는 사실상 가노家奴다. 가족들을 위해 온통 자신을 다 바쳐야만 한다. 그 여자 자신이 수험 준비를 하는 동안에도 내내 한 가정의 주부로서, 시부모를 포함한 일곱이나 되는 가족 뒷바라지를 할 수밖에 없었다. 그런 머리를 도구 삼고 그런 입지로부터 발 빼지 못한 채, 반년 남짓에 이룩할 수 있는 정도를 중고등학교 6년 동안의 전심전력으로도 도달하기 쉽지 않다는 것은 외형적인 열심과는 달리 사실적으로 나태했다는 것과 그 사실적 나태는 바로 자발성 부재나 방법의 잘못으로부터 비롯된다는 것을 증명한다.

이는 장승수 군의 경우를 통해서도 확인된다. 장 군은 보통 정도의 타고난 머리를 수단으로, 더구나 공사판 일을 하면서 어떻게 그토록 높은 성취를 이룩할 수 있었을까? 그것은 장 군이 스스로 하고 싶은 의욕을 느껴 공부에 매달린 결과다. 그랬기에 "공부가 제일 쉬웠다"라든가, "공부가 제일 재미있었다"라는 술회가 가능하다. 40대, 그 여자 경우도 꼭 마찬가지다. 자기 딸을 대학에 입학시킨 다음 뒤늦게 공부하겠다고 마음먹은 그 사람이 오죽이나 분발했겠는가.

그렇다. 나는 지금 자발성에 대해 되풀이하여 이야기하고 있다. 성취의 1차적 동기가 되는 창의의 절대적 전제인 바로 자발성에 대하여. 부모들이 진정으로 관심 가져야 할 것은 자식들의 자발성 함양이고, 그것은 그리 어려운 일이 아닐 수도 있다. 나는 그 이야기를 하고 싶다. 한 번 더 적어 두겠다. 이 공식에 우리 아이들뿐만 아니라 우리나라의 미래가 달려 있기 때문이다.

$$생산성 = 동기^2 \times 능력$$

학교에서의 우등생이 사회에서의 우등생은 아니다?

'공부가 제일이 아니다'라든가 '학교에서의 우등생이 사회에서의 우등생은 아니다'라는 이야기들이 되풀이되고 있다. 이 말이 제법 설득력을 갖추고 마치 대단한 진리라도 되는 것처럼 떠돌아다닐 수 있다는 것은, 그 사회가 정도正道가 아닌 술수 따위에 지배되고 있음을 뜻할 수도 있다. 하지만 그것은 공부하지 않는 자신이나 자기 자식에 대한 변명 같은 것일 뿐, 옳은 소견이라 할 수 없다. 사회가 차츰 안정되어 갈수록 더욱더 그렇다. 영국에서는 우리와 달리 '학교에서 우등생이 사회에서 우등생이다'라는 말이 있다.

학생에게 공부는 본분을 뜻한다. 학생學生은 '배우는 사람'이라는 뜻이니까, 학생이 '공부'를 열심히 한다는 것은 자기 '본분'을 성실히 수행한다는 것을 뜻한다. 그러므로 '공부'를 열심히 하지 않는 것은 '본분'을 다하지 않는 것으로, 곧 개인적 성실성이나 책임감의 결여로, 그렇게 키워지고 길들여지고 있는 것으로 이해되는 게 옳을 듯하다. 그렇게 키워지고 길들여져서는 학교 이후, 사회생활이 고달플 수밖에 없다. 어떻게 해야 할까? 지극히 난해한 이 문제를 푸는 열쇠는 바로 자발성이다. (나는 또 자발성 이야기를 하고 있다! 이 이야기는 아무리 되풀이되고 아무리 강조되어도 지나치지 않다. 비단 학생에게만

이 아니다. 기업도 마찬가지이고, 군대도 다를 게 없다. 글쓰기도 다를 게 없다. 나는 지난 해 5월 이후 연말까지, 200자 원고지 분량으로 약 6000장쯤 되는 글을 썼다. 세월호 때문에 충격적으로 가동된 자발성이 없었다면 불가능했을 성취다. 무늬만이 아닌 추모를 위해, 나는 실로 벌건 심정으로 죽어라 자판을 두들겨 댔다. 생산성의 핵심은 자발성이다!)

자발성이 전제되지 않는 한, 책상 앞에 앉아 있는다고 공부가 되지 않는다. 간섭과 강제는 일시적 효과를 자겨올 수는 있으나, 장기적인 면에서 볼 때에는 그 일시적 효과마저 효과로 볼 수 없는 게 된다. 앞에서 이야기한 소화제 이야기를 이 대목에서 한 번 더 회상해 볼 필요가 있다. 소화제를 먹으면 위장의 위액 분비 기능이 차츰 퇴화되어 마침내는 소화제를 먹지 않으면 소화를 시킬 수 없게 된다. 때문에 슬기로운 의사는 그런 환자가 오면, 음식이나 운동으로 위장 기능을 강화시키는 처방을 한다.

나 자신이 그런 경험자다. 위장 기능이 좋지 않은 상태에서 직장 생활을 하며 술을 자주 마시게 되고, 그러다 보니 위장이 거북한 경우가 잦았다. 나는 그때마다 대수롭게 생각하지 않은 채, 남들이 흔히 그렇게 하듯 소화제를 먹었고, 그러면서 위장 기능은 더 나빠져, 마침내는 밀가루 음식을 먹지 못하게까지 되었다.

나는 병원에 갔고, 의사는 우선 불편하더라도 약을 먹지 않을 것, 소화하기 쉬운 부드러운 음식을 먹으면서 양배추를 자연식품으로서 샐러드처럼 끼니때마다 먹을 것, 주기적 운동으로 생체 리듬을 활발하게 유지할 것, 그리고 물론 술을 줄일 것 등을 권했다. 양배추즙이 위장 기능을 강화하는 데 특별한 효과가 있다는 설명이었다. 나는 의사의 권유를 따랐고, 3년쯤 뒤에는 내가 좋아하는 짜장면 곱빼기도 거뜬히 해치울 만큼 위장의 자발성을 회복했으며, 지금도 내 위장은 비교적 건강하다.

아이들에 대한 간섭과 강제는 장기적으로는 자발성을 거세하면서 창의력을 말려 죽인다. 지금 우리 아이들 대부분이 그런 상태에 있다. 자발성은 버릇과 같다. 어린 시절부터 간섭과 강제로 아이들을 닦달할 경우, 고등학교 시절쯤이면 강제가 아니면 움직일 수 없는 상태가 되고, 강제성이 없는 대학은 그야말로 'Vacation Camp'가 될 수밖에 없다. 마치 소화제를 먹지 않으면 소화를 시킬 수 없는 것처럼.

지금 우리 고등학교 학생들 가운데 대부분은 그런 상태에 있다. 어느 고등학교 교사의 말씀이 있다. "일일이 시키고 확인하지 않을 수 없어요. 그렇게 하지 않으면 무엇을, 어떻게 해야 하는지 모르니까요." 이와 비슷한 이야기는 대학교수들로부터도 듣게 된다. "대학교 1학년이 아니라 고등학교 4학년입니다. 그렇게 가르쳐야 합니다." 우리 대학에 초빙되어 온 외국인 교수들은 거의 예외 없이 교수법으로 말미암은 혼란을 경험한다. 우리 아이들은 자라는 과정에서 이미 자발성을 잃고 있다. 그것은 생명을 잃고 있는 것과 마찬가지다. 내가 대한민국의 미래를 비관하는 이유도 바로 그것이다. 이런 아이들이 담당하게 될 그 국가, 그 사회가 현재보다 더 나아지기를 바란다는 것은 얼토당토않은 망상이기 때문이다.

통제가 아닌 방목
이를테면 초등학교나 중학교 정도에서 성적에 민감할 이유는 없다. '올백'이니 '올수'니 하는 것은 좇아 구할 대상이 아니다. 멀쩡한 위장에 애써 소화제를 먹는 것과 같은 그것은 단기적인 암기 노력의 결과에 지나지 않으며, 현실적으로 최종 목표가 되는 대학 입시에 오히려 부정적 효과를 가져올 수 있고, 정말 공부를 해야만 하는 대학 생활까지 염두에 둔다면 더욱더 그렇다.

그러므로 긴 눈으로 느긋하게, 유치원과 초등학교와 중학교 시절을 '즐기며' 광범위한 독서 경험을 하다 보면 창의력과 자발성, 양편 모두 계발, 강화될 수 있고, 이런 방법은 다른 무엇보다도 아이들로 하여금 자유로운 사고 능력을 키우면서 스스로 적성을 계발할 수 있는 기회를 만들어 주면서 수학 능력 시험의 승부수가 되는 통합 교과적 사고 능력을 키워 준다.

이때까지 그래 온 것처럼 앞으로 입시 제도는 또 어떤 형태로든 변하겠지만 '통합 교과적 사고 능력 측정'이라는 그 기조는 변하지 않을 것이다. 왜냐하면 이른바 국제화 시대에 암기 능력 가지고는 살아남을 수 없기 때문이다. 그러므로 체험치를 바탕으로 내가 지금 제안하는 방법들은 마지막 승부처가 될 수학 능력 시험 같은 관문에서 위력을 발휘할 것이며, 대학 이후의 사회생활에서 자발적 창의로 가득찬 상태를 자랑할 수 있게 될 것이다.

현재의 제도나 관습을 '통제統制'라고 한다면, 나의 소견은 '방목放牧'이 될 텐데, 이것은 타고난 재능과 자질을 극대화시키는 방법들 가운데 하나로 궁리해 볼 거리가 된다고 생각한다. 왜냐하면 가둬놓은 상태에서 요모조모 간섭하고 강제할 때, 사람됨 쪽에서든 인간적 능력 면에서든 바람직한 상태가 되기를 바라기는 어려울 것이기 때문이다. 조롱 속의 새를 풀어 놓았을 경우 야생에서 살아남기 어렵고, 온실 화초는 바깥바람에 약할 수밖에 없다. 사람도 마찬가지인데, 우리는 그것을 알아차리지 못하고 있을 뿐이다.

아이들 자신이 흘러가는 대로 바라보는 것도 하나의 선택이 될 수 있다. 인터넷 위력으로 대표되는 새로운 시대에는 직업이 극단적으로 다양화되고 있다. 또 이것은 참 조심스러운 말이 되겠지만, 앞으로는 단지 밥 먹고 사는 일 때문에 큰 고민 하지 않아도 될 듯하므로, 자신의 관심 범위 안에서, 스스로 판단한 자기 적성에 의해 자신의 길을 찾아가도록 하는 것도 바람직하게 생각되기 때문이다.

서울대에 재직 중인 어느 교수의 글로 기억된다. 학교 공부를 싫어하는 그의 아들은 학교 대신 공장에 들어가 기술을 배워 살아가겠다고 했다. 부모와 자식 간 싸움은 되풀이될 수밖에 없었다. 아들은 부모에게 이끌리다시피 하여 고등학교를 졸업하기는 했지만 대학 진학은 실패했다. 부모와 자식은 한집에 살면서도 대화를 하지 않게 되었다. 그러다 아들은 입대하게 되었는데, 아들이 집을 떠난 뒤에 아들의 책상을 열어 보니까, 그동안 연구한 것과 앞으로의 사업 계획이 공책에 가득 정리되어 있었다. 그것을 보고 교수 아버지는, 진작 아들을 이해하고 밀어 줄 것을 하고 후회한다. 회한에 찬 이 고백을 읽고, 나도 가슴이 아팠다.

우리 집 아이들 경우

장승수 군이나 큰딸이 대학에 들어간 뒤에 수험생이 된 그 여자 경우는 남다른 자발성을 바탕으로 비교적 단기간에 목표를 이룬 예가 되겠다. 그들은 그럴 수밖에 없었다. 장기간에 걸쳐 느긋하게 준비할 만한 현실적 여유가 없었기 때문이다. 그러나 대개의 경우는 초중고 12년 과정을 거치면서 차근차근 자기 계발을 할 수 있다. 이제 우리 집 아이들 경우를 적어 보겠다.

환경에 따라 IQ는 차이가 날 수 있다는 전문 연구자의 연구 결과를 앞에서 인용한 바 있고, "우리 부부가 어쩔 수 없는 초짜 부모로서 사실은 아무것도 모르는 상태에서 은연중에 실천한 여러 가지 방법들이 아이들의 인지 능력을 계발하는 쪽이었던 것 같다"라고 적어둔 바도 있는데, 이 경우 'IQ'와 '인지 능력'에 대한 설명이 필요해 보인다. IQ는 대개 익숙하실 듯하니까 인지 능력에 대한 나의 이해를 적어 두겠다. 네이버 백과사전에 이런 설명이 있다.

인지 능력認知能力(cognitive ability)
지식을 획득하고 사용하는 방식에 관한 능력을 말한다. 인지 능력에는 지식, 이해력, 사고력, 문제 해결력, 비판력 및 창의력과 같은 정신 능력이 포함된다. 인지 능력에 관한 주 논쟁점은 인간의 능력이란 무엇이고, 얼마나 다양한지, 그리고 그 구조는 어떠한지를 규명하는 것과 인지 능력과 학업 또는 교육적 성취와의 관련성을 밝히는 데 있다.

IQ는 보석의 원석이다. 이 원석은 다듬어야 보석이 되고, 다듬는 방법에 따라 보석의 품격은 달라진다. 곧 아무리 IQ가 높다 해도 다듬지 않으면 인지 능력은 계발, 향상될 수 없고, 다듬는 방법에 따라 그 능력은 달라질 수밖에 없다. 다른 쪽에서 보면 IQ는 암기 능력 같은, 단지 두뇌의 능력 정도를 뜻하는 데 비해 인지 능력은 IQ를 포함하여 두뇌의 활용 능력을 포괄적으로 뜻한다. 굳이 표현하자면 인지 능력이란 '통합 교과적 능력'이 되겠다. 이런 능력을 계발하는 데 결과적으로 도움이 된, 그러나 '우리 부부가 사실은 아무것도 모른 채 은연중에 실천한 여러 가지 방법들' 중에는 이런 것들도 있었다.

모든 아이들이 그런 것처럼 우리 집 아이들도 어린 시절에 질문이 실로 집요했다. 우리 부부는 그 모든 질문들을, 당연히, 귀찮아 하지 않으려고 애썼다. 역시 억압이나 강제를 해서는 안 된다는 기준에서였다. 질문 하나하나에 곧이곧대로 최선을 다해 대꾸하면서, 드물지 않게 "너는 어떻게 생각하니?"라는 반문이나, "이렇게 생각해 보면 어떨까"라는 인도로써 스스로 답을 찾아보도록 했다. 일일이 대답해야 하는 귀찮음을 조금이나마 덜어 보거나 대화의 재미를 더해 보면서 아이들의 사고 능력을 키워 주려는 일종의 기교였다.

일부러 가위바위보 놀이를 한 적도 있다. 처음에는 꼭 같은 것만 내던 아이들이 놀이를 되풀이하는 동안 상대방이 무엇을 낼 것인가를 예측하여 자기가 낼 것을 결정하는 식으로 꾀가 늘어 갔다. 그 모습이 재미있었다. 그때로부터 많은 시간이 지난 다음, 나는 첫째의 아이들과 계단을 오르내리며 이 놀이를 해 본 적이 있는데, 참 희한하게도, 아이들은 제 엄마나 이모나 외삼촌의 그 시절과 꼭 같은 눈빛과 웃음을 보여 주었다. 미취학 아동이 있는 부모님께서는 한번 시험해 보시기 바란다.

어린이 신문에 빠짐없이 있던 낱말 퍼즐을 함께 풀어 보는 것도 우리의 놀이 가운데 하나였다. 한 주일에 시 한 수 외우기 같은 놀이나 낱말 끝 잇기 놀이(예: 장날 → 날씨 → 씨줄 → 줄넘기 → 기차 → 차장) 같은 것도 상당 기간 이어졌다. 아이들이 조금 자란 뒤, 우리가 함께한 시간에서 책 읽기를 제쳐 둘 수 없다. 세상에 대한 이해의 폭을 넓히면서 좋은 품성을 함양하는 데는 책 읽기보다 더 좋은 방법은 없다는 생각이 전제되어 있었지만 이 책 읽기의 1차적 목적도 역시 재미였다. 우리 가족은 공동 놀이로서 책 읽기를 함께 즐겼다.

아이들이 다 자란 뒤, 내가 어느 교육학자에게 우리 가족의 그런 경우들을 이야기했을 때, 그 사람은 우리가 재미있는 놀이로서 했던 그것들이 바로 전문가들이 '언어 자극, 지적 자극'을 주기 위해 실천하는 방법들이라고 했다. 가위바위보 놀이까지!

놀라운 느낌이었다. 그러니까 아이들에게 자립심이나 자율성을 함양해 주려던 것은 의도적이었지만, 아이들의 IQ 발달이나 인지 능력 계발은 온전히 우발적이었던 셈이고, 우발적인 그런 과정을 거쳐 아이들은 이를테면 통합 교과적 수능 체질, 그런 것이 몸에 배도록 되었던 것 같다. 아이들에게 행운이었을 듯한데, 다음 항목에서 적어 보게 될 독서 같은 것을 분석적으로 읽어 보시기 바란다.

자식 양육에는 정답이 없다. 만인만색萬人萬色일 수밖에 없다. 아이의 개성과 주변 환경과 부모 자신의 지향에 따라 부모가 그때그때 판단할 수밖에 없다. 우리 부부도 마찬가지였다. 그러므로 어쩔 수 없는 초짜 부모로서의 암중모색 같았던 우리 부부의 체험이 자식을 좋은 대학에 보내고 싶어 하는 당신에게 어떤 암시를 해 줄 수 있으리라 믿는다.

신바람 나는 모험 - 책 읽기

문제는 '머리가 아니라 방법'이라고 했을 때, 장기적인 면에서 보아 가장 좋은 방법 가운데 하나는 두말할 것 없이 책 읽기다. 나는 책 읽기의 효과를 두 가지로 나눠 본다.

첫 번째는 '머리'의 확장이다. 머리란 물론 우리가 더러 대갈통이라고 하는 그것이 아니라, '머리'가 좋다 나쁘다 할 때의 그것을 뜻한다. '머리'는 계발 여하에 따라서는 그 능력이 최대가 될 수도 있고 최소가 될 수도 있으며, 계발 방법 여하에 따라서는 그 능력이 다양해질 수도 있고 옹색해질 수도 있다.

머리 터질라. 그런 우스갯소리가 있는데, 아무리 집어넣어도 머리는 터지지 않는다. 컴퓨터 디스크는 제한 용량이 있지만 머리 용량은 무한이다. 재미있게, 여러 방향으로, 될 수 있는 대로 많은 책을 읽다 보면 무한 용량인 그 '머리'가 넓어지고, 다양해지고, 풍부해

진다. 물론 그런 변화에는 세상을 보는 눈이나, 선악善惡 또는 정오
正誤를 분별하는 기준이나, 논리적 사고를 통해 사물을 판단하고 이
해하는 능력이나, 아름다움을 느껴 즐기는 감성이 포함된다. 소견이
트였다든가, 속이 깊다고 할 때의 '소견'이나 '속'도 그런 변화와 함께
더 트이는 쪽으로, 더 깊은 쪽으로 변화한다.

두 번째는 광범위하고 잡다한 인식과 지식의 획득이다. 나 자신
을 예로 들어 보겠다. 내가 생계 노동을 시작한 것은 초등학교 6학년
여름 방학 때부터였다. 그 뒤 군대에 가기까지 열 가지쯤의 '직업'을
전전하는 동안, 검정고시를 거쳐 고등학교를 다니는 흉내를 내기는
했지만, 그때도 생계 노동은 계속해야 했기에, 나의 '학력'은 초등학
교 6학년쯤에서 멈춘 것이나 마찬가지다. 그런데도 내가 비교적 이
른 나이(25세)에 유료 글쓰기를 시작할 수 있었던 것이나, '10년 내 도
태율 90퍼센트'가 공언될 만큼, 도태 질서가 실로 무시무시한 문학판
에서 아직까지 살아남을 수 있었던 것은 남과 다른 들판 체험 외에
바로 독서 덕분이라 해야 할 것 같다. 나는 무엇을 배우기 위해 책을
읽은 적이 거의 없다. 나는 공부, 그런 것을 해 본 적이 거의 없다.
나는 단지 언제나 혹독하게 억압받아야 하는 나의 현실에서는 도무
지 맛도 볼 수 없는 재미와 행복을 위해 책을 읽었다. 단언하건대,
낙서(글쓰기)를 제쳐 두고 보기로 하자면, 독서 이외에는 내가 기댈
수 있는 위안이 없었다. 독서는 내가 추구할 수 있는 최고의 쾌락이
었다. 부도덕한 것을 포함하여, 이 세상에 존재하는 쾌락을 대충 체
험해 보았지만 독서보다 더 나를 황홀하게 하는 쾌락은 없었다. 내
가 보유하고 있는 인식이나 지식은, 만일 그런 게 있다면, 모두 내가

즐긴 쾌락의 부산물이라고나 할까, 버겁기 짝이 없는 이 현실에서 어떻게든 살아남기 위해 내게 절대적으로 필요한 위안을 얻으려고 읽은 잡다한 책 덕분이다.

이렇게 재미있는 책 읽기를 통해 얻을 수 있는 것은 무궁하고 무진하다. 학교에서 배우는 주요 과목에 대한 지식도 교과서 중심으로 교사가 가르치는 것 이상으로 얻을 수 있다. 통합 교과적이라는 표현이 있는데, 개별 과목이 아니라 잡다한 독서를 통해 얻는 지식은 그야말로 통합 교과적이다. 그렇다면 개별 교과에 대한 효과는 어떨까?

흔히 국·영·수를 주요 과목으로 치는데, 광범위한 독서를 통해 국어 실력이 는다는 데는 별 의문이 없을 듯하다. 그렇다면 영어는 어떤가? 외국어를 잘하려면 우선 국어를 잘해야 한다는 이야기를 들어 보셨을 것이다. 외국어인 영어나 국어는 '언어'라는 공통점이 있다. 국어의 어휘력, 문장력은 그대로 영어의 어휘력, 문장력으로 이어진다. 영어 공부를 한 적이 없는 내가 영어가 공용어나 마찬가지인 한미 합작 회사에서 살아남을 수 있었던 것은 국어 쪽 어휘나 문장 능력 때문이다. '독해'가 하나의 예가 될 텐데, 국어나 영어나 문장의 해석은 같아서, 국어 문장에 대한 이해 능력은 그대로 영어 문장의 이해 능력으로 이어진다. 그렇다면 수학은 어떤가? 책 읽기를 하면 수학 실력도 늘어날까?

이것은 책 읽기와 관련하여 매우 본질적인 의문이 될 수 있다. 이 의문에 대한 답을 만들기 위해서는 우선 질문 하나부터 던져야 한다. 수학은 왜 배우는 것일까? 이를테면 영어는 영어책을 읽는 능력을 키우기 위해, 물리는 자연 현상을 이해하기 위해, 미술은 그림을 잘 그리기 위해 배운다면, 수학은 왜 배우는 것일까? 짐작해 보건대, 이 질문에 대한 답을 선뜻 할 수 있는 어른이나 아이들은 많지 않을 것이다. 다음 문단으로 넘어가기 전에 재미 삼아 대답을 만들어 보시기 바란다.

우리 청소년들이 넌덜머리를 내면서도 마치 무슨 통과 의례라도 되는 것처럼 반드시 거쳐야 한다는 『수학의 정석』머리말에 바로 이 질문에 대한 정답이 있는데도 대답이 쉽지 않다는 것은, 그 머리말을 건너뛰었기 때문이다. 그것은 곧 넌덜머리를 내며 수학을 배우면서도 왜 배우는지를 모른다는 말이다. 또한 우리가 어디를 향해 가는지도 모른 채 무작정 치달리고만 있다는 이야기가 되겠다. 그리고 이런 참 이상스러운 현실이 수학을 어려운 것, 재미없는 것으로 만든다. 아이들 가운데 열에 아홉이나 여덟이 '수포자(수학을 포기한 사람)'라는 말은 우리 교육의 맹목성을 상징하는 것 같다. 정말 수학은 왜 배우는가?

수학은 왜 배우는가?
이런 증언이 있다.
스쳐 지나가지 말고, 잠깐 머물러 생각해 보시기 바란다.

글을 잘 쓰려면 수학을 잘해야 하는가? 한국에선 이 질문을 하지 않는다. 한국에 있을 때 나 자신이 한 번도 들어 보지 못했던 질문이다. 그런데 많은 프랑스인들이 이 질문을 던지고 있고, 또 이 질문에 대해 자신 있게 '그렇다'라고 대답하고 있다.

— 홍세화, 『쎄느 강은 좌우로 나누고, 한강은 남북을 가른다』

(한겨레출판, 2008)

이 증언에 대해 아마 꽤 많은 독자들께서 고개를 갸웃하실 것 같다. 당연한 그것에 대해 고개를 갸웃하는 그것도 역시 우리 교육의 맹점이다. 관점에 따라서는 치명적인 것일 수도 있는.

위대한 철학자는 위대한 수학자이기도 했다

수학은 왜 배우는가? 매우 새삼스러운 것일 이 질문에 대한 답을 만들기 전에 다음과 네이버에 들어가 '수학은 왜 배우는가?'를, 구글에 들어가 'Why study mathematics?'를 검색하여 한동안 돌아다닌 결과, 네이버에서 골라 낸 ID eliscian 님의 글이 가장 적절한 것 같아, 이 글의 서두 부분만 우선 인용해 보겠다.

A: 반미 시위 하는 녀석들은 다 빨갱이야.

B: 왜요?

A: 뭘 왜요야. 그냥 다 빨갱이야.

B: 이유가 있을 것 아닌가요?

A: 당연한 거에 무슨 이유야.

위와 같은 대화를 하지 않기 위해서 수학이 필요합니다. 수학은 크게 논리와 계산을 밑바탕으로 하는 학문입니다. 불행하게도 우리나라에서는 논리보다는 계산에 치중하는 교육을 하고 있기에 계산만이 수학인 줄 착각하는 사람들이 많습니다. 글을 쓸 때에 논리정연한 문장을 구사하는 것, 대화 중에 상대방을 이해하고 내 의견을 정리해서 표현하는 것, 토론에서 논지를 놓치지 않으며 핵심에 접근해 가는 것 이런 것들이 수학적 훈련에 의해서 얻어지는 눈에 보이지 않는 결과물들입니다.

이것은 적어도 나의 탐구 범위 안에서는, '수학을 왜 배우는가?'에 대한 최고의 설명이다. 설명을 덧붙인다면 그야말로 췌사贅辭나 사족蛇足이 될 것 같다. 이번에는 바로 그『수학의 정석』머리말에 나와 있는 '수학을 가르치는 목적'을 읽어 보자.

수학은 논리적 사고력을 길러 준다. '사람은 생각하는 동물'이라고 할 때, 그 '생각한다'는 것은 논리적 사고를 이르는 말일 것이다. 우리는 학문의 연구나 문화적 행위에서, 그리고 개인적 또는 사회적인 여러 문제를 해결하는 데 있어서 논리적 사고 없이는 어느 하나도 이루어 낼 수가 없는데, 그 논리적 사고력을 기르는 데는 수학이 으뜸가는 학문인 것이다. 초등학교와 중고등학교 12년간 수학을 배웠지만 실생활에 쓸모가 없다고 믿는 사람들은, 비록 공식이나 해법은 잊어버렸을망정 수학 학습에서 얻은 논리적 사고력은 그대로 남아서, 부지불식중에 추리와 판단의 발판이 되어 일생을 좌우하고 있다는 사실을 미처 깨닫지 못하는 사람들이다.

이 두 인용문을 읽고, 수학에 대해 기왕에 간직하고 있던 생각과 뭔가 다르다는 느낌을 드는 독자들이 꽤 많을 듯하다. 관점에 따라 의견이 달라지겠지만, 수학 교육에서 보태기나 빼기 같은 계산 능력은 아주 작은 부분일 수 있다. 그보다 훨씬 더 본질적인 수학 교육 목적은 논리적 사고 능력의 향상이다.

그리스 수학의 기초를 닦은 피타고라스가 수학자이기 이전에 유명한 철학자였으며, 이름난 철학자로만 알려져 있는 탈레스, 파스칼, 데카르트, 러셀 같은 사람들이 사실은 저명한 수학자이기도 하다는 것이나, 자신이 세운 철학 학교 아카데미아 입구에 '기하학을 모르는 자는 이 문을 들어서지 말라'는 현판을 내걸었다는 플라톤이 그의 유명한 동굴의 우화에서 "수학만이 영혼의 눈이 멀고 타락한 인간을 다시 일깨워 동굴의 어둠으로부터 벗어날 수 있도록 해 준다"고 언명(!)한 것은, 수학이 어떤 것인가에 대한 이해를 도와준다.

그렇다면 책 읽기는 수학 공부에 어떤 도움을 줄 수 있는가? 수학 교육의 목적은 논리적 사고 능력의 향상이다. 이 정리를 뒤집어 보면 답이 나온다. 광범위한 책 읽기를 하다 보면, '머리'의 확장과 더불어 특히 언어 자극을 통해 논리적 사고 능력이 향상되고, 그 능력은 곧 수학적 추론 능력의 향상으로 이어진다.

이렇게 독서는 모든 경우에 대응할 수 있는 능력을 키워 준다. 단지 재미를 위해서도 제쳐 둘 수 없는 책 읽기는 활용 방법에 따라서는 전능의 도깨비방망이가 될 수도 있다. 책 읽기를 통해 기대해 볼 수 있는 이 두 가지 효과는, 요즘 식으로 표현해 보자면 종합적 사고 능력에 바탕을 둔 '통합 교과적'이어서, 현재 시행되고 있는 수학 능력 시험 제도에 딱 들어맞는다. 내 집의 경우, 말하자면 '수능 세대'가 되는 셋째가 알 만한 사람들에게 소문난 그 태평스러움에도 불구하고 그 혹독한 경쟁 체제에서 살아남을 수 있었던 이유 중 하나는 바로 이 독서 체험을 통해 얻은 '수능 체질' 덕분이었다.

셋째의 경우

우리 집 분위기부터 설명해야 할 듯하다. 나의 '직업' 때문이었겠지만, 우리 집에는 책이 많았고, 나는 언제나 쓰기 아니면 읽기가 일과나 마찬가지였으며, 아내도 책 읽기를 즐겨 하고 있었기에, 아이들의 독서 습관도 자연스러운 것이어서, 어린 시절 놀이의 상당 부분이 책 읽기였다. 나는 또 학교 성적보다는 책 읽기에서 아이들을 인지해 주는 쪽이었으니까, 나의 그런 태도가 아이들의 책 읽기를 부추기는 역할을 했을 듯싶다. 아이들은 꽤 많은 책을 읽었다.

셋째의 경우, 우연한 이유로 자료가 남아 있어 자세하게 이야기해 볼 수 있다. 첫 번째 자료는 셋째가 중학교 1학년 때, 학교에서 무슨 문집을 만든다고 셋째의 담임께서 내게 청하셔서 이런 글을 썼는데, 아무래도 아이를 너무 노출시키는 것 같아 다른 글 하나를 써 보냈고, 두 글이 모두 아직까지도 내 컴퓨터에 남아 있다. 보내지 않은 글을 여기 옮겨 적겠다.

우선 우리 집 문화에서, 너에게 보내는 이런 편지가 새삼스러운 것이 아니라는 이야기부터 적어 두기로 하자. 아버지의 잔소리란, 아버지라는 직업을 가지게 된 사람으로서 피해서는 안 되는 의무 가운데 하나이겠지만, 모든 의무가 대개 그렇듯이 그다지 달가운 것일 수 없기에, 설날과 생일날, 이렇게 한 해에 두 차례, 그렇게 정해 놓고 한데 모아서, 그리고 더러는 그럴 필요가 있을 때마다 수시로, 너와 네 누나들에게 편지를 주어 온 게 벌써 여러 해 되었으니까 말이다.

네가 초등학교 5학년 때였던가. 어느 날 저녁 식탁에서였다.

"문명과 문화를 발달시키고, 인간이 이 세상에서 누리는 삶의 품질을 향상시키는 원동력이 무엇이라고 생각하니? 이건 바퀴벌레 IQ만 돼도 맞힐 수 있는 거다."

나는 이런 문제를 냈다. 누나들이 어리둥절해하고 있는 동안에 먼저 정답을 이야기했던 것은 너였다.

상상력, 이라고.

누나들이 깜짝 놀라며 박수를 쳤지.

나는 오늘 이 소중한 기회에 상상력에 대해 다시 이야기해 보고 싶다.

상상력은 문명이나 문화를 발달시키는 것뿐만이 아니다. 인간으로서 이 세상에서 누려 볼 수 있는 모든 보람, 모든 즐거움의 원동력도 결국은 이 상상력이다. 상상력은 말하자면, 한 인간이 이 세상에서 누리는 삶을 풍부하게 하는 원동력이다. 굳이 덧붙여 둘까? 건강한 상상력, 이라고. 왜냐하면 이 세상에는 건강하지 않은 상상력도 있으니까 말이다.

그렇다.

건강한 상상력은 실로 중요하다.

이것이 요즘 들어 더 중요하게 생각되는 것은, 이토록 중요한 상상력을 모두가 아주 소홀히 여기고 있기 때문이다. 상상력은 훨씬 더 공들여 길러져야만 한다.

내가 너에게 여러 가지 경험이나 독서를 권해 온 것은 네가 어린 시절부터였다. 네 몫의 삶을 더 풍부하게 하기 위한 원동력으로서의 상상력을 길러 주기 위해서였다. 너 자신이 또 책 읽기를 즐겨 하는 편이었다. 그리하여 너는 그동안에 평균적으로 많은 독서를 해 온 셈이다. 올해 들어 네가 읽은 책만 기억나는 대로 한번 손꼽아 볼까?

박종화 선생의 다섯 권으로 된 『삼국지』, 윌리엄 골딩의 『파리 대왕』, 올더스 헉슬리의 『어떤 신세계』, 막심 고리키의 『어린 시절』, 『세상 속으로』, 『나의 대학』, 위기철의 『아홉 살 인생』, 움베르토 에코의 『장미의 이름』, 그 밖에 정채봉과 스티븐 호킹과 아인슈타인도 읽었으며, 여덟 권으로 된 『파브르의 곤충기』도 읽었지. 숄로호프의 일곱 권짜리 소설 『고요한 돈 강』도 읽었던가? 아, 그렇구나. 메리 히긴스 클라크의 저 아슬아슬하기 짝이 없는 탐정 소설도 몇 권 읽었지. 앙드레 지드의 『전원 교향악』도 읽었던 것 같다.

너는 또 만화를 통해서나마 사서삼경을 읽었고, 『자본주의와 공산주의』를 읽어 애덤 스미스의 '보이지 않는 손'을 설명할 수 있게 되었다. 언제였던가, "모든 크레타 사람은 거짓말쟁이라고, 한 크레타 사람이 말했다"라는 구절이 어느 책에 있던가? 하고 아버지가 궁금해할 때, 그 책을 찾아 펼쳐 보여 주었던 것은 너였다.

나는 네가 당연히 해야만 하는 학교 공부 외에, 아버지 서가에

꽂혀 있는 이런저런 책들을 찾아 읽는 것을 아주 기쁘게 생각한다. 너는 더러는 시험 보는 날 무슨 과목을 치르게 되는 줄도 모르는 경우도 있었다. 그런 무심함은 한편으로는 조금 더 주의를 기울일 필요가 있다고 생각되기도 하지만, 다른 한편으로는 다행스레 생각하기도 했다.

학교에서 치르는 시험에 대비한 공부보다도 여느 때의 학습이나 생활 태도가 더 중요하며, 학교 성적에 너무 매달리는 것은 그다지 바람직하지 않다 믿고 있기 때문이다. 대학 입시 제도가 바뀐 뒤, 요즘 들어 교과서 이외의 독서를 이전에 견줘 권장하고 있는 것은 매우 다행스러운 일이다. 네 나이 시절에 많은 경험, 많은 독서를 하는 것은 건강하고 왕성한 상상력을 기르고 키우기 위해 다른 무엇보다도 중요한 자양분이 된다고 믿고 있기 때문이다.

나는 네가 앞으로도 될 수 있는 대로 많은 책을 읽어 주기를 바란다. 그리하여 책이 펼쳐 보여 주는 넓디넓은 세계에서 신바람 나는 모험을 되풀이하여 경험하며, 너의 삶을 쌓아 올려 가며, 너를 낳아 키워 주고 있는 이 세상을 위해 네가 할 수 있는 이바지가 무엇일 수 있는가에 대해 진솔하게 생각해 보는 생애를 살아가게 되기를 바란다. 그리고 물론 바삐, 신명 나게 놀기도 해야겠지. 좋은 선생 모시고, 좋은 친구들과 어울려 마음껏 놀고, 마음껏 공부하고, 마음껏 읽을 수 있는 너의 이 시절이 얼마나 값진 것인가 하는 것을, 네가 알아차릴 때쯤이면, 너의 이 시절은 이미 흘러가 버린 뒤가 될 것이다.

아들아.

나는 너의 능력과 슬기를 믿는다. 그 믿음은 나의 기쁨이고 나를 격려하는 힘이다. 우리 가족은 서로 격려하는 전우다. 상상력이 메말라 버리지 않는 한, 너와 나 앞에 펼쳐져 있는 이 세상이란 얼마나 신명 나는 것이겠는가? 네가 지니고 있는 상상의 능력으로 한번 상상해 보아라. 가슴과 발바닥이 근질거리지 않느냐? 자, 힘차게 나아가자, 나의 작은 대장아!

1993년 11월 27일

정성을 다하여

아버지가 썼다

이 글에는 셋째의 그때까지 생활이 대충 함축되어 있는데, 돌이켜 짚어 보자면, 그러니까 중학교 1학년 시절에 그만한 독서를 했다는 것이나, 그 이전에 그만한 독서를 할 수 있는 능력이 축적되었다는 것이나, 모두 대견스레 생각된다. 이를테면 『장미의 이름』이 예가 되겠는데, 내게는 그 소설이 별로 재미없었다. 왜냐하면 읽으면서 술술 이해되지 않았기 때문이다.

그런데 중학교 1학년짜리에게는 아마도 어려운 것일 이 소설을, 셋째는 아주 재미있어 하며 거푸 두 차례 되풀이하여 읽어, 그 소설에 나오는 수도원의 복잡한 지도를 상세히 기억하는 상태가 되었다. 내가 일부러 확인해 보기까지 했는데, 아이는 마치 우리가 살고 있는 동네 골목길을 설명하는 것 같았다. 전문 독자라 할 수 있을 내게 도무지 이해되지도 않는 그 소설을, 아이는 완전히 소화해 낸 셈이었다. 비슷한 시기에 대한 셋째 자신의 기억이 있다.

2012년, 네팔 여행 중 포카라에서 가족들에게 보내온 메일에 들어 있는 것인데, 이런 내용이다. (이 기억에는 학교 성적 같은 것에 연연해 하지 않은, 셋째의 당시 마음도 묻어 있다. 성적에 대한 이런 태도의 당연한 결과일 듯한데, 셋째는 초등학교부터 고등학교를 끝낼 때까지 우등상 종류를 한 번도 받은 적이 없다. 그러나 연합고사나 수능 모의고사 또는 본고사에서는 언제나 최상위 0.5퍼센트 안에 들었다. 이 대목 주제와 연관되는 것이어서 적어 둔다.)

중학교 2학년 때 국어 수업에서 독후감 숙제가 있었어요. 저는 『우리들의 일그러진 영웅』을 읽고 써서 냈죠. 그런데 며칠 뒤에 선생님이 점수를 매기고 나눠 주면서 저는 빵점이라고 하시더군요. 제가 쓴 게 아니래요. 제가 썼을 리가 없대요. 틀림없이 어디서 베꼈을 거래요. 너무 잘 쓴 독후감이라는 얘기죠. 저는 아무 말도 안 했습니다. 첫째로는 항의하기 귀찮았고, 둘째로는 기분이 나쁘지 않았으니까요.　　　　　　　　　　　　　　— 2012년 5월 13일

그러니까 이후의 학업 성취도 갑자기 이루어진 것은 아니었던 셈이 될 텐데, 셋째의 그 이후 생활도 비슷했다. 우리 집 세 아이들 가운데 잡식성이 가장 강한 것은 셋째일 듯하다. 뭐든 멀쩡하게 '남아나는 게' 없는 유별난 호기심이나 사내아이다운 특징이 한데 어우러져 빚어낸 모습이었을 것 같다.

셋째에 대한 두 번째 자료는 셋째의 고등학교 1학년 때 독서 목록이다. 그해 한 학년 위였던 생질이 마침 이웃에서 살고 있기도 하여

내게 논술 지도를 받고 싶어 했고, 그래서 셋째까지 합류하여, 우리는 한 주일에 한 번씩 30분 정도 만나는 것으로 했는데, 내가 중복하여 권하는 것을 피하기 위해 작품 제목을 적어 두어 남아 있게 된 목록이다.

대충 적어 보자면, 열 권짜리 『태백산맥』이나 다섯 권짜리 『화척』을 비롯하여 『오셀로』, 『데미안』, 『멋진 신세계』, 『상록수』, 『무소유』, 『금시조』, 『아홉 켤레의 구두로 남은 사내』, 『안방에서 헤딩하기』, 『아큐 정전과 광인 일기』, 『바보 이반』(영문), 『강철 군화』, 『성냥팔이 소녀와 빨간 구두』(영문), 『생의 이면』, 『포 단편선』, 『미늘』, 『이노크 아든』, 『노래하는 역사』, 『피터 팬』(영문), 『캉디드』, 『크리스마스 캐롤』(영문), 『무정』, 『난장이가 쏘아 올린 작은 공』, 『로그인』, 『카오스의 세계』, 『1984년』, 『외톨이』, 『비명을 찾아서』, 『좁은 문』, 『달과 6펜스』, 『흐르는 북』, 『토니오 크뢰거』, 『광장』, 『이방인』, 『을화』, 『지상의 양식』 등이다. (영문 소설은 시사영어사에서 나온 손바닥 크기의 문고본으로 쉽게 읽힐 수 있도록 편집된 것들이었다.)

셋째는 그 밖에 나의 권고가 아니라 자신의 선택으로 『마계 마인전』이니 『은하 영웅 전설』이니 『퇴마록』이니 하는 것들도 읽었다. 그것들은 한 질이 일곱 권이나 열 권씩이기 때문에 한번 시작했다 하면 한 주일이나 두 주일은 그대로 부서진다. 더러는 중간고사를 볼 때에도 이런 책들을 가방에 넣고 다니는 경우를 목격하기도 했다. 이 참에 등교 준비를 하던 아이가 친구에게 전화를 걸어 "야, 오늘 시험이냐?" 하고 묻는 장면을 본 것도 그 무렵의 일이다. "오늘 시험이냐?" 그것은 셋째에 대한 기억 가운데 압권이기도 한데, 우리 부부는 말없이 그냥 서로 마주 보며 웃기나 했다.

2학년 2학기에 들어설 때쯤부터 어떤 판단에서였던가, 그전에 다니던 학원을 그만두었고, 3학년을 끝낼 때까지 다시는 학원에 나가지 않았을 뿐만 아니라, 지극히 예외적으로 아내가 강권 발동을 하여 독서실에 보냈을 만큼 수험 준비에 태평한 편이던 셋째가 또래들과의 경쟁에서 살아남을 수 있었던 것은 바로 그런 독서 축적 때문이었다고, 나는 이해하고 있다. 한 가지 덧붙이자면, 수능 시험에서 셋째는 수학에서 만점을 받았다. 이것은 독서를 통한 논리적 사고 능력의 향상이 수학 실력 향상에도 도움이 된다고 믿고 있는 내 판단의 근거 가운데 하나가 된다.

W의 실수 – 독후감

부모나 교사가 자식이나 제자에게 해 주어야 하는 것 가운데 가장 중요한 것이 책을 골라 주고, 그 책을 재미있게 읽을 흥미를 일구어 주는 것이라고 생각하는 내가 '가능한 한 재미있게 읽을 수 있는 책'을 책 선정 첫째 기준으로 삼은 것은 두말할 필요도 없다.

미국의 고등학교 1학년 독서 교재가 지금 내게 있는데, 국판 양장 800쪽쯤 되는 이 책은 상당한 독서 수준을 필요로 하는 구성이다. 그쪽 아이들에게 독서가 얼마나 강조되고 있는지를 짐작해 볼 수 있을 듯한데, 이 책 첫 쪽, 첫 줄은 이렇게 시작된다. "문학 작품을 읽는 데는 두 가지 이유가 있다. 그것은 즐거움(pleasure)과 통찰력(insight)이다."

비단 문학 작품만이 아니다. 모든 책 읽기에는 '즐거움'이 우선 전제되어야 한다. 우리 집 책 선택은 즐거움, 곧 재미가 첫째 조건이었다. 우선 재미있는 것을 골라 읽었다.

책 한 권(질)을 끝내면 책씻이 같은 행사를 벌여 책 읽기의 흥미를 돋우게 한 적도 있다. 초등학교 시절쯤에 아이들을 위해 산 책에는 맨 뒷장에 아이들 셋의 이름이 새겨진 고무도장을 찍고 그 옆에다 읽은 날짜를 적게 하기도 했다. 그 고무도장에 날짜를 적어 넣는 것이 아이들의 독서 흥미를 돋우워 주는 듯싶어, 내 첫째의 아이들에게 같은 고무도장을 만들어 주었는데, 아무리 눈여겨보아도 그 도장을 사용하는 것 같지 않았다.

아이들 어린 시절에 책 읽기 쪽에서 내가 저지른 실수 하나는 아이들로 하여금 더러 독후감을 쓰도록 한 거였다. 내가 이 실수를 깨달은 것은 셋째 때문이었다. 아마도 초등학교 4학년 때쯤이었을 듯한데, 어느 날 셋째가 정색하며 말했다.

"만일 계속 이러시면(독후감을 쓰라 하시면) 책 읽기를 싫어하게 될 거예요."

셋째의 주관적 의사 표현으로 가장 오래전 기억들 가운데 하나가 되는 그 소리를 듣는 순간, 나는 깜짝 놀랐다. 나 자신이 재미없는 책, 어떤 의무가 주어져 있는 책은 읽기 싫어하는 처지여서, 무슨 책이든 읽다가 재미없으면 딱 덮어 버린다. 나는 뉘우쳤고, 그때부터 우리 집에서는, 나중에 논술 연습을 위한 경우를 제외하고는, 독후감이니 하는 게 사라졌다.

그리고 그날로부터 오랜 시간이 지난 뒤에 존 홀트의 「교사들은 어떻게 아이들로 하여금 읽기를 싫어하도록 만드는가」를 읽게 된다.

나는 그의 글에서 오래전에 들은 바로 셋째의 목소리를 그대로 다시 들고 이마를 쳤다. 존 홀트의 이 글은 토씨 하나도 버릴 게 없다 싶을 만큼 명문인데, 이 대목 주제와 관련하여, 그중에서 꼭 필요한 부분만 간략하게 추려 소개하겠다. (혹시나 하는 마음에서 구글에 들어가 검색해 보니 이 글의 원문이 그대로 떠올라 왔다. 이 책을 읽는 독자 가운데 혹시 아이들의 어문 교육을 지도하는 교사나 자식들의 독서 지도에 특별한 관심을 가지고 있는 부모님께서 관심이 있으시면 구글에 들어가 'How Teachers Make Children Hate Reading'를 검색하여 읽어 보시면 된다. 다시 읽어 보았는데, 단지 문장 공부만으로도 읽어 볼 만한 글 같다.)

전통적인 어문 지도 방법은, 교사가 읽어야 할 책과, 읽어야 할 내용과 읽는 방법까지 학생들에게 제시한 다음에 책을 충분히 이해했는가를 일일이 확인하는 거였다. 홀트는 그 방법이 얼마나 잘못된 것인지를 그의 누나로부터 듣게 된다. 그 누나의 중학교 1학년짜리 아들은 그런 방법으로 강요당하기 전까지는 책 읽기를 좋아했고, 많이 읽었다. 그런데 그 이후로는 책 읽기를 멈췄다.

그것이 계기가 되어 홀트는 자기 제자들에게 독서와 관련하여 어떤 강요도 하지 않았고, 경쟁을 시키지도 않았다. 경쟁은 거의 언제나 거짓말을 하게 만들기 때문이었다. 그래서 읽고 싶은 대로 읽은 뒤 책 이름과 지은이와 책의 내용 한 줄만 적어 내게 했다. 이런 식의 실험을 4년 동안 한 다음에 홀트는 자신의 이론에 확신을 갖게 되었고, 다시 새 학년이 시작되었을 때 제자들에게 이렇게 말한다.

나는 지금부터 여러분이 이때까지 교사로부터 아마도 들어 보지 못한 이야기를 하겠다. 올해 여러분에게 많은 책을 읽게 하겠는데, 나는 여러분이 단지 즐거움을 위해 책을 읽기 바란다. 나는 여러분에게 책을 이해했는가 묻지 않을 것이다. 여러분이 책을 즐길 만큼 이해했고, 더 읽을 흥미를 느꼈다면, 나로서는 만족한다. 나는 마지막으로, 여러분이 읽기를 시작했다고 해서 꼭 끝까지 읽기를 요구하지 않을 것이다. 30~40쪽쯤 읽은 다음에 읽기 싫을 경우, 덮어 버리고 다른 책을 읽어라. 나는 여러분이 즐기는 한, 여러분의 책이 쉬운가 어려운가, 짧은가 긴가는 상관 않는다. 더 나아가, 나는 나의 이런 의견을 편지로 써서 여러분의 부모에게 보내, 여러분의 독서에 대해 여러분의 부모가 신경 쓸 필요가 없도록 하겠다.

홀트의 이 방법은 놀라운 성공을 거둔다. 두말할 것 없이 책 읽기에서도 절대적으로 강조되어야 하는 것은 역시 자발성이다. 자발성 없이 이루어지는 것은 아무것도 없다. 부모나 교사들은 자식이나 제자들이 스스로 흥미를 느껴 책 읽기를 할 수 있는 장치에 대해 궁리해야 한다. 자발성 자극만 성공한다면 그다음에는 순풍에 돛 단 듯한 상태가 될 수 있고, 그렇게만 된다면 엄마는 '고3 엄마 고생 엄마' 같은 해묵은 형틀로부터, 자식은 '지옥 터널'로부터 기분 좋게 벗어날 수 있다. 그다음에는 새 세상이 될 수 있다. 약장수의 허풍 같은가? 천만에! 나는 지금 체험치를 적고 있다.

부모가 보여 주기

다음으로 넘어가기 전에, 책 읽기에서 부모의 역할에 대해 조금 적어 두어야 할 것 같다. 부모들이 자기 자식에게 해 줄 수 있는 가장 값진 봉사는 볼 만한 책을 골라 주는 일이다. 우리나라에서 가장 큰 오프라인 서점인 교보문고에 입고되는 신간이 하루 평균 200권쯤 된다는 이야기를 듣고 놀란 적이 있다. 신간이 그토록 많으리라고는 짐작해 볼 수 없었다. 그 많은 책이 양서良書일 수는 없고, 성장 단계 별로 아이들에게 맞는 책은 따로 있다. 그러므로 교사나 부모가 자기 제자나 자식에게 읽을 만한 책을 골라 주는 일은 더 중요해졌다.

그토록 값지고 중요한 일을 수행하기 위해서는 우선 자신의 보는 눈을 단련시켜야 한다. 그것은 동시에 자신의 삶을 더 값지게 하는 것이므로, 자신의 '보는 눈'을 문제 삼는 것은 더 중요한 것일 수밖에 없다. 요즘 '어머니 독서 클럽'이나 '주부 책 읽기 모임' 같은 것이 많이 생기고 있다는 이야기를 들었다. 우리 사회의 발전을 뜻하는 반가운 소식이다. 기쁘다. 더 많이 생기기를 바란다. 더욱더 많이 생길수록 좋다. 우리 사회의 '업그레이드'를 위해서는 어머니들이 읽어야 하고 깨쳐야 하고 움직여야 한다. 모성보다 더 위대하고 더 강력한 것은 없다. 모성을 통해서만 우리 사회는 구원될 수 있다.

한 문단만 더 보태겠다. 자식들이 아직 어릴 때, 놀이동산 가듯이 대형 서점 나들이를 함께해 보시기 바란다. 유아 책 코너와 어린이 책 코너에 가면 바닥에 철퍼덕 앉아 책을 읽고 있는 크고 작은 아이들을 볼 수 있는 그런 곳이 처음이라면, 아이들은 놀이동산에 간 것만큼이나 두 눈이 휘둥그레질 것이다. 그것은 곧 지적 세계에 대한 새로운 개안이 될 수 있고, 그 개안으로부터 놀라운 진전이 이루어질 수 있다.

서울에 산다면, 특히 교보문고 광화문점을 권한다. 서울이 아닌 다른 곳에 산다 할지라도 혹시 서울에 오는 기회가 있으면 아이들을 데리고 그곳에 가 보시기 바란다. 나 자신이 그곳에 더러 간다. 내 정신의 노화老化 속도를 늦추는 데 도움이 된다고 믿기 때문이다. 갈 때마다 감동한다. 나의 감동이 나의 행동을 수상쩍어 보이게 했던가? 나는 두 차례나 책 도둑 의심자로 몰려 가방 조사를 받아야 했다. 나는 이른바 재벌, 그런 사람들에게 호감을 느끼지 못하고 있는데, 그 금싸라기 땅에 별로 돈 되지 않을 교보문고를 세운 신용호 교보생명 회장만은 존경한다. 교보문고는 나의 외국인 친구들에게 뽐내는 단골 자랑이다. 이봐, 대한민국에 이런 게 있다고!

짜르지 마세요!

좋은 만화가인 박광수 씨가 한창 활동하던 오래전 어느 날 텔레비전에 나와서 "마흔 살까지만 일하고, 그다음부터는 놀기만 하겠다"고 했다. 부러워라. 나는 혼자 중얼거렸다. (나도 사실은 마흔 살을 넘어 직장을 그만두면서부터 내내 놀기만 한다. 내게 쓰기는 노동이 아니라 놀이이기 때문이다.) 박광수 씨가 요즘 눈에 잘 띄지 않는 것을 보면 약속한 대로 어디선가 잘 놀고 있는 듯하다. 놀아라. 평생 죽어라 일할 이유가 없으니까.

박광수 씨가 내 관심권에 머물게 된 것은 그의 작중 인물들이 좀 모자라 보일 만큼 참 순박해 보여서였는데, 참 순박해 보이는 그 사람들이 때로는 부르짖기도 한다. 그중 하나가 지금 내 책상 앞에 붙어 있다. '짜르지 마세요!'

가위질로 가지런히 다듬어진 푸른 풀밭에 삐죽 솟아올라 있는 풀잎 하나의 부르짖음이다. 그림 중에 커다란 가위를 치켜든 남자 어른이 넥타이를 기운차게 휘날리며 서 있다. 그림에 있는 글을 옮겨 적어 보겠다.

선생님……, 선생님의 잣대에서 벗어난다고 전부 잘라 버리는 것은 옳지 못합니다. 선생님, 당신이 힘드시다는 것을 우리는 잘 압니다. 하지만 전 조금의 수고를 더 부탁드리고 싶습니다. 선생님 귀를 조금만 더 크게 여시고 이야기를 들어주십시오. 그리고 학교가 좀 더 따뜻한 곳이라는 것을 그들이 알게 해 주십시오.

아이들이 어린 시절에 쓰던 공책 표지에서 오려 낸 것이니까, 이 그림의 명성을 알 것 같다. '광수 생각'이라는 제목으로 나온 단행본 등에서 이 그림이 일으킨 큰 동감과 파장에 대해 이미 읽고, 들은 바도 있고, 이 그림을 비닐 코팅하여 부적처럼 가방에 매달고 다니는 고등학교 여학생을 본 적도 있다. 공감이 얼마나 크면 그것을 자기 가방에 매달고 다니겠는가. 이 그림에서 아이들의 울분에 찬 함성을 듣는 것은 어려운 일이 아니다.

글의 내용으로 보아 '선생님'이 분명할 듯싶은 그 남자 어른이, 내 눈에는 그대로 '아버지'로 보이고, 인용문 중의 '선생님'은 '아버지'로, '학교'는 '가정'으로 읽힌다. 그러면 이런 글이 된다.

아버지……, 아버지의 잣대에서 벗어난다고 전부 잘라 버리는 것은 옳지 못합니다. 아버지, 당신이 힘드시다는 것을 우리는 잘

압니다. 하지만 전 조금의 수고를 더 부탁드리고 싶습니다. 아버지 귀를 조금만 더 크게 여시고 이야기를 들어주십시오. 그리고 가정이 좀 더 따뜻한 곳이라는 것을 그들이 알게 해 주십시오.

이 인용문에는 두 가지 메시지가 있다. 하나는 획일이고, 다른 하나는 냉기다. 나는 획일보다는 냉기 쪽에서, 이 글을 통해 내 아이들의 목소리를 듣는다. 인큐베이터가 차(冷)면 그 안에서 생명이 유지될 수 없다. 아이들이 자라는 가정도 마찬가지다. 가정도 적당히 따뜻해야 한다. 가정을 적당히 따뜻하게 만드는 것은 오로지 부모 책임이다. 아이들이 낯설어 하지 않을 만큼, 그래서 서둘러 집을 떠나고 싶어 하지 않을 만큼 가정을 따뜻한 곳으로 만들어야 한다. 나는, 내가 권력자 노릇을 했던 나의 '가정이 좀 더 따뜻한 곳'이라는 것을 내 아이들이 느끼도록 했어야 했다. (미안하다, 아이들아!) 반면에 우리 교육의 대표적 병폐인 획일, 그쪽에서는 자책하지 않아도 될 듯하다.

획일, 그 함정

우리 교육의 문제점으로 획일화가 지적된 것은 오래전부터이고, 수없이 되풀이되었지만, 획일화 현실은 그대로다. 이 글을 쓰기 위해 내가 모아 놓은 스크랩 중에 미국으로 유학 간 한국 젊은이들의 좌담(중앙일보, 2007년 6월 5일)이 있는데, 이 좌담의 키워드도 '획일'이었다. "대부분의 유학생은 입시 위주의 획일적 한국 교육을 견딜 수 없었다"고 했다.

그중 일부는 어렸을 때 미국 교육을 경험해 한국과 미국 교육의 차이를 잘 알고 있었다. 이들은 한국 학교를 벗어난 것을 '천만다행'으로 여기고 있었다. 한 조기 유학생 출신은 한국 학교생활을 '끔찍했다'는 말로 대신하기도 했다. '획일', 이 표현에는 젊은이들의 진취성을 아예 고사시키는 모든 것이 들어 있다. 학교는 벽돌 공장이 아니고 벽돌 공장이어서도 안 될 텐데, 우리 아이들은 어쩔 수 없이 벽돌이 되어 가고 있다.

여러 해 전, 고등학교를 열일곱 살인 1학년 때 자퇴하고 벤처 기업을 창업하여 성공한 젊은이가 텔레비전에 나와서 하는 이야기를 들었는데, 그의 이야기 중에는 대충 이렇게 기억되는 대목이 있었다. (그때 그는 스물두 살인가, 그랬다.)

선생님들이 입으로는 개성의 시대다, 창조적이 되어야 한다, 그러면서도 실제는 꼭 같기를, 순종하기를 강요하거든요. 머리 모양, 옷, 신발 같은 것뿐만 아니라, 책도 꼭 같은 것을 꼭 같은 방법으로 읽어야 하고, 꼭 같은 시험지로 시험을 봐서 성적순으로 줄을 세우고, 그런 기준에 맞지 않으면 엎드려뻗쳐 시켜 놓고 몽둥이로 때리고……. 제가 하고 싶은 것은 꿈도 꾸어 볼 수 없었거든요. 그래서 절이 싫으면 중이 떠나야 한다고, 제가 떠났죠……. 물론 불안했죠. 그러나 제가 하고 싶은 것을 마음대로 할 수 있다는 것으로 만족했습니다……. 후회요? 왜 후회를 합니까?

스물두 살이면 대학교 2학년이나 3학년쯤 될 나이인데, 그가 이룩하고 있는 인식이나 표현의 수준은 원숙한 40대의 그것으로 보일 만큼 조리가 정연했고, 확고했고, 그리고 우뚝했다. 부러웠다.

"학교에서 우리들의 이야기를 단편 영화로 만들려고 했어요. 그런데 선생은 그런 쓸데없는 짓 하지 말고 공부나 하라고 그랬어요. 영화를 만들려면 학교를 그만둬야 했어요. 그래서 그만뒀죠."

대충 이렇게 기억되는 이야기를 하던 어린 여자도, 가정과 학교, 양편 모두에서 우리네 제도가 10년 동안 공들여도 주지 못할 것을 이미 얻고 있어 보였다.

과연 교육이 왜 필요한 것일까?
의문이다.
매우 심각한!

어린아이들은 눈을 뜨고 있는 시간 내내 가만히 있지 않는다. 쉴 새 없이 먹고, 움직이고, 싼다. 그것은 바로 생명의 생명다운 역동성이다. 이 세상 그 무엇보다 더 찬연하게 아름다운 이 역동성은 나이를 보태 가면서 그 아이를 끔찍이 '사랑하는' 어른들의 공들인 손길에 의해 다듬어지고, 마침내는 표정도 움직임도 없는 마네킹 같은 존재로 변모되어 간다.

성경 첫머리에 있는 창세기 첫 장면의 혼돈은 상징적인데, 그 혼돈은 바로 새로운 창조의 역동적 바다다. 그 혼돈이 없다면 창조도 없다. 한 생명으로서의 인간에게 있어 혼돈 속의 방황은 인간적 성숙과 발전을 위한 그 무엇보다도 더 값진 것일진대, 오늘 우리 아이들은 그런 값진, 필수적인 체험을 할 수 없다. 왜냐하면 '혼돈', '방황' 그런 것은, 어른들 눈으로 볼 때 위험천만한 것으로서 서둘러 가위로 싹둑 잘라 내지 않으면 안 되는 삐죽 내민 풀잎에 지나지 않기 때문이다.

짜르지 마세요! 절박한 그 부르짖음.
그런데 귀 기울여 들어주는 사람은 하나도 없다.
그것이 문제다.

그런데 제도는 어쩔 수 없다 할지라도, 어쩔 수 없는 제도, 그 범위 안에서 부모들이 거들어 줄 순 있다. 우리 부부의 시도들이 한 예가 될 수 있을 듯한데, 부모들이 기왕의 제도에 대해 조금 덜 겁을 집어먹고 자식들을 격려해 준다면, 자식들은 그 병적 획일에서 조금이나마 자유스러워질 수 있다.

가련한 자식들이 제도의 노예가 되지 않도록 부모들이 도와주자.
세상을 향한 나의 호소다.
이 대목을 굳이 적어 놓는 나의 이유다.

학원, 그 만성 종양

앞에서 『부모 vs 학부모』 이야기를 하면서 잠깐이나마 심각하게 말한 바 있지만, 지금 대한민국에서 아이를 키우는 부모들이 일상적으로 안고 있는 최대 고민은 사교육이다. 자기 자식을 학원에 보낼 것인가 말 것인가! 이 고민으로 말미암아 그 부모도, 그 자식도 정신질환 상태가 될 만큼 고민, 고민 또 고민한다. 그리고 대부분 항복, 하는 심정쯤으로 보내는 쪽으로 현실 타협을 한다. 그래서 만들어진 거리 풍경 하나가 있다. 우리에게는 지극히 예사로운 것인데, 다른 나라 어머니에게는 실로 놀라운 게 되었다. 그 어머니의 소리를 들어 보자.

(프랑스의 기업인이며 어머니인) 그녀는 서울에 도착하고 며칠이 지난 뒤부터 고개를 갸우뚱했다. 거리에서 도무지 청소년들을

볼 수 없었기 때문이다. 보통날의 오후에도, 해 진 뒤에도, 주말의 낮에도, 저녁때에도 아이들은 없었다. 참으로 희한한 일이었다. 그들은 어디로 갔는가. 마술 피리를 따라 어디론가 사라졌는가. 그녀는 묻기 시작했다. 그래서 사정을 조금씩 알게 되었다. 새벽밥, 보충 수업, 학원, 영어 과외, 수학 과외, 속셈 학원, 삼당 사락, 입시 지옥……. 그녀는 분노하기 시작했다. 급기야 그녀의 분노가 폭발했다. "당신들은 망가질 거예요. 정말 지옥이군요. 이거야말로 억압이고 학대입니다. 억압과 학대가 있는 곳엔 혁명이 필요합니다……."

—홍세화, 『쎄느 강은 좌우를 나누고, 한강은 남북을 가른다』

이 글을 읽고 내가 이내 공감하게 된 것은, 앞에서 이야기한 바 있는, 셋째와 함께 제주도에 갔을 때의 경험이 있었기 때문이다. 온갖 짓궂은 짓을 다 하며 한창 뛰어놀아야 할 청소년들이 시야에서 사라진 이런 풍경. 무시무시하다. 그런데 진실로 무서워하는 사람은 없는 듯하다. 대개의 사람들이 스스로 무시무시한 그 풍경 가운데 하나가 되고 있는 것으로 보아 그렇다. 정말 혁명이 필요한 것일까? 혁명으로 바뀔 수 있을까? 그보다는 특히 어머니들의 각성이 필요해 보인다. 깨어 있는 어머니들이 학원 장사꾼으로부터 자기 자식을 기어코 해방시킨 예를 나는 여럿 알고 있기 때문이다.

어머니들, 힘내세요!
장사꾼들한테 속지 마세요!

당신 자식, 믿으세요!
그런 어머니들이 많아요!

불법 고액 과외라뇨?

강남 고액 과외 여전⋯⋯. 교습비 기준 유명무실, 아파트 임대해 불법 고액 과외 적발, 고액 과외 교습자 자금 출처 조사, 고3 고액 과외 실태를 말한다. 월 최소 250만 원, 연휴 논술 특강 200만 원, 교육 당국, 골리앗 사교육 잡겠다. 사교육 시장 총 규모 30조 넘어, 공교육 위협, 입시·보습 학원 수 2만 7000개, 5년 사이 두 배로 늘어⋯⋯.

이 대목을 시작하기 전에 인터넷에 '고액 과외'를 검색하니 이런 제목들이 우르르 솟아오른다. 2000년에 '고액 과외 금지는 위헌'이라는 헌법재판소 판결이 있었는데 '불법 고액 과외'라는 게 무슨 뜻인가? 잘 모르겠다. 하여튼 그것이 불법이든 합법이든, 과외는 그야말로 광란 상태다. 세계에서 사교육비가 가장 많이 들어간다는 일본보다 우리는 서너 곱절을 더 지출하고 있다는 이야기를 들은 것이 헌재의 그 판결 전이었으니까, 그때로부터 10여 년이 지난 지금은 그보다 훨씬 더하리라 짐작된다. 날로 더 늘어 가는 학원으로 보아 그렇다. 이런 현실은 비단 가계 부담뿐만 아니라, 사회 전체 그리고 국가의 미래를 위하여 결코 장난이 아니다.

사교육비, 억대 연봉자도 버겁다.
　　　　　　　　　　　　　　　　　　　—한국일보, 2015년 3월 2일

고액 과외 단속이니 하는 이야기가 되풀이되고, 그에 걸맞을 만한 엄포도 강도 높게 발사되었지만, 그거야말로 개가 들어도 할 수 없이 헛바람을 내뿜으며 웃을 일이다. 우리네 관료들의 상투적 엄포는 학원 경영자의 치열한 상혼이나, 자기 자식과 관련된 일이어서 더 치열한 학부모들의 보안 의식에 견줘 볼 때, 그야말로 '새 발의 피' 격이다. 망국병이라 하여 과외에 철퇴를 내려치듯 했던 1980년대 초에는, 당시 이른바 신군부가 정권 차원에서 단속하여 과외 교사를 적발하는 경찰관에게는 특별 포상 제도까지 있었지만 그래도 과외는 푸르렀다.

강남의 유명 강사는 법의 감시를 피해 가며 사적 네트워크를 통해 학생들을 받는데, 그 강사의 강의를 듣기 위해서는 그 네트워크에 이름을 올려 둔 다음 기다려야 한다. 더러는 몇 달씩. 다른 무엇보다도 돈이 주인인 자본주의 사회에서 제 돈 써 가며 제 자식을 남달리 가르치겠다는 데 어떻게 금지하고 단속한단 말인가? 어쩌면 그다지 머잖은 미래에, 이미 망가져 있는 학교가 그나마 아주 쓸모없는 것이 되는 풍경을 우리는 구경하게 될는지도 모른다. 어느 현직 교사가 말씀한다.

교사 임용 시험은 임용 고시라고 불릴 만큼 어려워요. 몇 해씩 재수도 하거든요. 현직 교사는 그 어려운 임용 시험을 거쳐 어쨌거나 실력이 검증된 사람들이에요. 임용 시험에 떨어지면 학원을 돌아다니게 되죠. 그런데 학생들이나 학부모님들은 학교 교사들보다 학원 선생들을 더 믿어요. 아이들을 가르치다 뒤통수를 맞은 듯한 경험을 하는 때가 더러 있어요. 뭘 가르치면, 학원 선생님은 그렇게 가르치지 않던데요, 하니 말이에요.

불안 신드롬 – 부모를 위한 학원

그런 줄 알면서도 학원에 보내느냐 마느냐 하는 우리 부모들의 고민은 계속된다. 『아이들은 길에서 배운다』(류한경, 조선북스, 2014)에도 이 문제에 대해 심각하게 고민하는 엄마 이야기가 나온다. '사교육보다는 산 교육'이라는 육아 신념을 실천하고 있는 이 책의 엄마는 자기 자식들을 학원에 보내는 대신, 그 돈으로 방학 때마다 아이들과 함께 국내외 여행을 다닌다.

인터넷에서 검색해 보면 이내 알 수 있는데, 이 책 저자의 고민과 실천에 대해 실로 많은 엄마들이 감동적 동감을 표시한다. 자신도 같은 실천을 하겠다는 굳센 의지 표명도 드물지 않았다. 하나의 책에 대한 이토록 뜨거운 반응은 쉽지 않다. 그것은 이 문제에 대해 엄마들이 얼마나 고뇌하고 있는가를 뜻할 텐데, 아, 그러나 어찌하랴. 대개의 엄마들은 현실에 굴복하는 쪽을 택한다.

그 시작은 어린이집 시절이 되고, 대학 입학이 대충 그 끝이 된다. (요즘은 대학생도 과외를 받는다는 소리가 들리고 있지만.) 부모들은 '밀어 줘야 한다'고 생각한다. 자신들이 '밀어 주지' 않아서 자기 자식이 다른 아이들에게 빠지기라도 할세라 불안해한다. 부모들은 모든 희생을 무릅쓴다. 그것이 부모들의 불안 심리를 부추긴다. 이 불안 심리를 상인(학원)들은 놓치지 않는다. 잽싸게 낚아채 그 불안 심리를 냅다 증폭시킨다.

우리 집에는 지난해 중학교에 들어간 아이(첫째의 딸)가 있다. 아이는 태어난 뒤에 바이올린, 클라리넷, 라인 댄스, 종이접기 같은 것을 배우러 다니기는 했지만, 학교 수업과 관련된 학원에는 단 한 시간도 나간 적이 없다. 아이가 중학교에 입학한 뒤, 나와 이런 대화를 나눴다.

"너희 반에 중1반에 다닌 아이들이 몇이나 되는 것 같니?"
"거의 모두 그런 것 같은데?"
"그 아이들과 너와 차이가 나는 것 같니?"
"별로 그런 것 같지 않은데?"
"그런데 왜 학원에들 그렇게 다니는 걸까?"
"지네 엄마들이 나가라 하니까 그냥 나가는 거지 뭐."

위 인용의 마지막 문장. 아이의 비판이 무섭게 느껴졌다. 그래 봐야 아직 어린 아이 눈에도 그렇게 보이는 부모들의 불안이 사회적 현상이 된 지는 이미 오래다. 부모 되는 사람들은 실체도 없는 막연한 불안감에 사로잡혀, 가계에 분명 버거운 모든 출혈을 무릅쓰고(학원비가 부담스럽지 않은 가정은 극소수에 지나지 않을 것 같다), 어떻게든 자기 자식들을 학원 의자에 앉혀 놓으려 한다. 학교마저 지겨운데 학원까지 다녀야 하는 현실에 대해 아이들이 넌덜머리를 내고 있는데도 그 부모들은 학원을 좀처럼 포기하지 못한다.

들입다 쉽게 끓어오르고 이내 식어 버리는 대한민국은 2015년 5월 초에도, 한 번 더 우습게 떠들썩했다. 무시무시했다. 열 살짜리 아이가 '학원 가기 싫은 날'이라는 제목으로 쓴 동시 한 편 때문이었다. "학원에 가고 싶지 않을 땐, 이렇게 엄마를 씹어 먹어. 삶아 먹고 구워 먹어. 심장은 맨 마지막에 먹어. 가장 고통스럽게." 사람들은 이 동시의 '잔혹성'에 대해서만 열을 올려, 그런 시를 쓴 아이와 그런 시를 출판한 부모와 출판사를 무서운 어조로 욕해 댔을 뿐, 이제 겨우 열 살짜리로 하여금 이런 동시를 쓰게 한 '잔혹한 현실'에 대해서는 꿈쩍도 하지 않았다. 사실을 사실 그대로 이야기하면 위험한 대한민국에서, 이 아이는 사실을 사실 그대로 묘사한 죄로 패륜아의 상징처럼 되어 버렸다.

그런데, 그런데 말이다, 어디 이 아이 하나만인가? '공부에 숨 막히는 초등학생들' 등, 앞에서 이미 누누이 적어 놓은 것처럼, 이 땅에 살고 있는 대개의 아이들이 공부를 싫어하는 것처럼 학원도 싫어한다. 사실을 사실 그대로 표현하느냐 마느냐 하는 차이뿐, 대개의 아이들 가슴속에는 패륜 충동이 이글거린다. 그러나 아이들은 그토록 치열한 온갖 넌덜머리에도 불구하고, 숨이야 막히든 말든, 어떤 방법으로든 기어코 학원에 앉혀질 수밖에 없다. 사교육에 대한 원성과 탄식이 드높은데도 앉혀질 수밖에 없게 되어 있기 때문이다.

세계 어느 다른 나라에도 없는 이런 공정은 주로 어머니들에 의해 주도된다. 세태에 겁을 집어먹고 어쩔 수 없이 '마마보이'나 '마마걸'의 '마마'가 된 어머니들은 그것을 자기 자식에 대한 지극한 사랑의 실천으로 생각한다. 그때 그 어머니들을 사로잡는 것은 '자식은 엄마하기 나름'이라는 속설이다. 자신이 소홀히 하여 자기 자식이 남에게 빠지게 될는지도 모른다는 불안감은 하도 무시무시해서 다른 것을 돌아다볼 여유가 없다. 그래서 우리 부모들은 어쩔 수 없이 'Toxic Parents'가 된다. 표현만으로도 끔찍한 독친. 자기 자식에게 독이 되는 부모! 그래서 자기 자식으로 하여금 '잔혹한 모반 충동'을 금하지 못하게 하는 명색 부모!

우리의 잘못된 교육열과 망가진 교육 제도에 의해 생겨나 조금씩 크기를 불려 가며, 바야흐로 우리 아이들 미래를 결정하는 교육이라는 거대한 생체를 죽여 가고 있는 학원은, 적어도 그 상당 부분은, 학부모들의 불안 심리에 기생하는 만성 종양과 같고, 교육 제도에 대한 불신과 더불어 그 만성 종양은 더 악성화되어 가고 있다.

날로 막중해지고 있는 학부모들의 불안 심리는 그 종양의 고성능 배양기와 같다. 학원은 불패, 불멸이어서 줄기차게 늘어난다. 교회 십자가나 술집 네온사인보다 학원 간판이 더 많아졌다. 그래서 생긴 우스개가 느느니 학원이고, 비디오방이다. 학원은 자선 사업 단체가 아니다. 상업적으로 살아남기 위해서 어떻게든 손님을 끌어들여야 한다.

상혼商魂, 곧 치열한 장삿속이 발동될 수밖에 없다. 상혼이란 가장 악독한 인간 정신을 뜻한다. 무기상이나 마약 밀매 상인만은 아니다. 이윤을 위해서라면 무슨 짓이든 마다하지 않는다. 이윤의 극대화를 목표 삼는 악독한 장삿속 앞에서는 모든 정의, 모든 신념이 맥을 추지 못한다. 우리네 정치가 요 모양 요 꼴이 되어 있는 것도, 종교 단체가 썩어 문드러지는 것도, 거액의 찬조금을 바치지 않고는 사립 학교 교사가 될 수 없게 된 것도, 입시 부정이 끊이지 않는 것도, 임플란트나 개복 출산이나 척추 수술 비율이 세계에서 가장 높은 것도, 광우병에 대한 두려움에도 불구하고 미국산 쇠고기를 먹어야 하는 것도, 결국은 악랄한 장삿속 때문이다.

단지 돈을 벌기 위해 학원을 세워 운영하는 그 사람들에게 온통 불안 신드롬에 사로잡혀 있는 어머니들은 좋은 먹이가 된다. 놓쳐서는 안 되고 놓칠 리도 없다. 어머니들은 두부나 콩나물을 살 때도 한 푼의 가치에 대해 심각하게 고심하고, 나라에서 내라는 세금에 의문을 품기도 하고 불만을 표명하면서도 학원에 들어가는 돈은 아낌없이 낸다. 낼 형편이 되지 못하면 파출부 같은 부직을 해서라도 돈을 만든다.

어느 고등 법원장이 사표를 내며 하는 말이, 자식 학원비 때문에 아내를 더 이상 파출부 시킬 수 없기 때문이라 했고, 금은방을 털다가 붙잡힌 도둑의 변은 '아이 학원비 때문'이었다. "내 자식도 남의 자식처럼 버젓이 학원에 보내고 싶었다." 도둑은 눈물을 줄줄 흘리고 있었다. 언젠가 사교육비 관련 특집 기사에서, 우리네 부모들이 '행복은 성적순이고 성적은 투자 순'이라는 미신을 믿고 있다는 내용의 글을 읽은 적이 있다. 주변을 살펴보면 정말 그런 듯싶다.

또 그런 미신이 아니어도 불안 신드롬은 실로 강력하다. 부모들은 자식들을 위해서보다는 자기 자신의 불안감을 달래기 위해 어떻게든 자기 자식을 학원에 앉혀 놓으려 한다. 그렇다. 이 문장을 한 번 더 쓰겠다. 특히 초등학교나 중학교 정도에서 두드러지는데, 아이들 상당 부분은 그 어머니의 기획과 강제에 의해 학원에 나간다. 그렇게 하지 않고는 불안감을 견뎌 낼 수 없기 때문이다.

맨 앞에서 논의한 세 가지 독이 주로 아버지에 의해 실천되는 데 견줘, 학원이라는 종양 같은 늪에 자기 자식을 빠뜨리는 실천은 주로 어머니들에 의해 이루어진다. 그래서 극성 엄마가 탄생하고, 고3 엄마 고생 엄마를 피해 갈 수 없게 된다.

학원이 날이 갈수록 번성하는 것은 어머니들의 바로 그런 심리 때문인데, 그렇다고 그 불안감이 쉽게 달래지지 않는다. 불안감은 끝도 없이 증폭된다. 학원은 그런 어머니들의 돈을 갈퀴로 긁듯 긁어 모아 더러는 노름판에 쏟아붓기도 하고(어느 유명 학원장이 거액 도박 혐의로 체포된 적이 있다), 더러는 환락가에 뿌려 대기도 한다(어느 유명 학원장이 필리핀 유흥가에서 사고를 친 적이 있다). 입시 학원 재벌이 생겨난 나라는 우리나라밖에 없다는 이야기를 들은 적이 있다. 집권자가 누구든, 정부 정책을 요약하자면 '사교육을 억제하여 공교육을 살리자'가 될 텐데, 사교육은 오히려 번성 일로에 있어서, 몇 해 전만 해도 없던 '돼지엄마'라는 신종 직종이 위세를 발휘하고 있어서 "'돼지 엄마' 갑질에 가랑이 찢어지는 보통 엄마들"(헤럴드경제, 2015년 5월 6일)이라는 신종 갑질까지 등장했고, 대치동에는 시골 학생들을 위한 금·토·일 특강으로 아파트 전셋값까지 덩달아 올라가 버렸다. 그렇다면 학원이란 도대체 어떤 곳인가?

학원의 실상

자신들의 불안감을 달래기 위해 어떻게든 자기 자식을 학원에 앉혀 놓으려 하는 어머니들은 자식들이 그 학원에서 무엇을 얼마나 배우고 있는가 하는 것은 실질적인 면에서 그다지 관심이 없다. 나는 학원들이 밀집한 강남의 학원들을 일부러 돌아다녀 본 적이 있다.

한 반에 수십 명, 더러는 100여 명씩 들어가는, 그러니까 좀 싼 학원 경우에는 우선 아이들 출석률이 나쁘다. 그러면 그 아이들은 어디에 있는가?

학원에 간다고 집에서 나와 학원 주변에 있는 피시방이나 오락실 같은 데 틀어박혀 있다. 아이들은 그곳에서 시간을 때운다. 또 강의 실에 앉아 있는 아이들도 졸거나 딴 짓 하는 경우가 많은데, 강사는 물론 출석률이니 아이들의 해찰이니 하는 것에 크게 신경 쓰지 않는 다. 왜냐하면 그들에겐 그런 의무가 없기 때문이다. 강사들은 자기 전용 마이크를 들고 이 교실에서 저 교실로, 이 학원 저 학원으로 옮겨 다니며 자기 시간만 때우면서 매상이나 올리면 그만이다. 그들은 '뛴다'는 표현을 쓴다. 요즘 한 주일에 열대여섯 타임이나 뛰다 보니 까 정신이 없어, 하고.

이런 폐단을 알고 있는 부모들을 위해 양산되는 것이 이른바 소 수 정예, 고액 과외다. 몇 해 전만 해도 그렇지 않았던 것 같은데 이 제는 학원이 생겼다 하면 거의 예외 없이 '소수 정예'라는 플래카드 를 내건다. 요즘 우리 아파트 입구에는 이런 플래카드가 내걸려 있 다. '3·4·5세 Kids 소수 정예 놀이방.' 기가 칵 막힌다. 소수 정예 놀 이방이라는 게 도대체 무엇일까?

소수 정예를 내세운 학원은 앞 문단文段 경우와는 달리 출석과 숙 제와 성적 관리를 한다. 그중에는 아이들에게 체벌을 가하고, 더러 는 피자나 아이스크림 따위 먹을 것을 사 주기까지 하는 극성 강사 도 있다. 그것은 아이들을 독려하기 위한 목적도 있지만 자신의 명 성 관리를 위한 측면이 더 강하다.

언젠가 내 외가 제사에 갔던 길에 이런 장면을 목격했다. 내게 질부가 되는 그 집 안주인이 받는 전화 내용이 좀 이상스러웠다. 거실에 앉아 있던 사람들 눈길이 그쪽으로 쏠렸다. 전화를 끊고 나서 질부는 어이없어 하는 웃음을 머금은 채 설명했다. "아이 학원 선생인데요, 아이가 제사 때문에 집에 가야 한다고 하니까, 누구 제사냐? 할아버지 제사면 가지 않아도 된다, 그런 제사까지 다 참사参祀하고 어떻게 대학 가냐, 집에 전화해서 못 간다고 해라, 그러더래요." 그때 그 아이는 중학교 2학년이었다.

그렇다면 효과는 어떨까?

대법원의 과외 금지 위헌 판결로 한창 떠들썩하던 2000년 5월 2일자 동아일보에 이런 기사가 실렸다.

교육부의 1999년도 교육 통계 연보와 지난해 12월 '사교육비 실태 조사' 결과를 종합 분석한 결과 인문계 고교 졸업생의 4년제 일반 대학 진학률은 광주가 85.1퍼센트로 가장 높았으나 이 지역 학생의 '보습 및 입시 학원 과외'와 '개인 및 그룹 과외' 비율은 각각 28.5퍼센트, 12.4퍼센트로 전국 13개 지역에서 6위에 그쳤다. 반면 과외 비율이 전국에서 압도적으로 높은 서울은 진학률이 56.7퍼센트로 꼴찌였다.

그래서 이 기사의 제목은 '대학 가고 싶으면 과외하지 마?'가 된다. 통계라는 것은 관점과 목적에 따라 그 결과가 딴판으로 나올 수 있지만, 이런 조사 결과는 나의 경험이나 분석치와 같다.

나의 경험이나 들은 이야기를 바탕으로 적어 본다면, 많은 아이들을 함께 수용하는 이른바 종합반의 경우는 효과가 거의 없을 뿐만 아니라 아이들이 부모의 눈을 합당하게 피해 곁길로 새게 만드는 좋은 기회를 제공하기도 한다.

비록 단기적인 것이라 할지라도 그 효과를 부정할 수 없는 소수정예반의 경우에 경계해야 할 것 하나는 우열의 분별이 없는 반 편성이다. 비슷한 학원 난립으로 인해 대부분의 학원이 우열반을 편성할 수 있을 만큼 '고객'을 끌 수 없으니까, 현재의 중고등학교가 그렇듯, 우열의 구분 없이 한 교실에 집어넣는다. 이렇게 반이 편성될 경우, 강사는 그 중간쯤을 표적하게 되고, 따라서 그 아래나 위는 큰 효과가 없다. 그렇다면 이 사교육 광란 시대에서 어떻게 해야 할 것인가?

대안

첫째 대안은 방목이다. 적어도 초중등학교 정도까지는 재미있는 책이나 찾아 읽게 하면서 그냥 놀게 내버려 둔다. 광란 상태의 사교육 굴레로부터 해방시킨다는 것만으로도 얻는 게 큰 데다, 이 기간 동안의 자유로운 독서 축적은 그 이후의 학업을 위해 기름진 땅이 될 수 있다. 그리고 대학 입시라는 제도적 현실이 바투 다가온 고등학교 시절이 되면, 현실의 틀에 맞추어 나가는 노력이 필요하다.

그런 필요를 충족시키기 위한 대안 중 하나가 텔레비전 과외다. EBS(교육 방송)뿐만이 아니다. 케이블 텔레비전의 여러 채널에서 각 학년별로, 더구나 우열반까지 편성하여, 국·영·수뿐만 아니라 초중고등학교에서 배우는 거의 모든 과목을 방송하고 있다. 나는 내가 이해할 수 있는 이를테면 국어나 영어 과목을 일부러 들어 보았는데, 어느 학원의 강의보다 더 좋아 보였다.

2014년 11월 13일에 치러진 수능은 '물수능'으로 악명이 높았는데, 아마 앞으로도 그럴 것이다. 왜냐하면 정책 당국자가 학부모들로부터 욕 얻어먹을 짓을 하려 들지 않기 때문이다. 그런 만큼 EBS 강의 효과는 더 커질 수밖에 없다.

내가 방송 프로그램에서 가장 먼저 손꼽고 싶은 것은 강사들 수준이다. 어쨌거나 텔레비전에 나올 정도의 강사들이라면 그 판에서는 빠지지 않는 분들이 아니지 않겠는가? 이른바 '스타 강사'라는 분들도 눈에 띈다. 텔레비전 과외의 또 하나 장점은 시청각 효과의 극대화다. 화면에는 여러 가지 그래픽까지 등장하여 설득력을 높여 준다. 흡사 독선생을 마주하고 있는 듯한 것도 텔레비전 과외의 장점일 듯하다. 영어 수업 경우, 능력 있는 원어민 강사가 꼭 함께하는 것도 마찬가지다. 또 텔레비전 과외 경우에는 녹화하여 한 번 더 들을 수 있고 불가피할 경우에는 뒤에 들을 수도 있다. 그 밖에 학원에 오가며, 드물지 않게는 곁길로 새는 바람에 낭비해야 하는 시간도 득으로 손꼽아야 할 것이다.

나는 이런 장점들을 손꼽아 보인 다음, 내 집 아이에게 물은 적이 있다. 그런 장점에도 불구하고 왜 텔레비전 과외를 하지 않고 학원들을 찾는 걸까? 아이는 대답했다. "우선은 감시 감독하는 사람이 없으니까 제대로 하지 않게 되고, 그리고 애들이 모두 학원에 가니까 안 가면 어쩐지 불안하기도 하고."

그러니까 자발성이라는 것이 원천적으로 불가능하도록, 아주 어린 시절부터 감시 감독에 길들여진 체질과 악독한 장삿속에 의해 부추겨진 막연한 불안 심리 때문에 엄청난 비용과 학습 효과에 대한 의문에도 불구하고 학원에 나가게 되고, 그 바람에 학원은 더 성세를 구가하고 있다.

요즘 어린이 조기 교육이 눈에 띄게 기승을 부리고 있어, 이 대목을 시작하기 전에 텔레비전에서 교육 관련 각 채널을 일부러 뒤져 시청해 보았는데, 이를테면 요즘 유행하는 유치원이나 초등학교 어린이들을 위한 영어 교육도 텔레비전은 아주 잘, 아주 다양하게 준비해 두고 있다. 선행 교육이니 조기 교육이니 하는 것이 아이들의 정상적인 지적 발달을 오히려 방해한다는 허다한 비판에도 불구하고 그런 교육이니 하는 것이 꼭 필요하다고 믿고 있는 부모들이라면 이런 시도를 해 볼 수 있을 것 같다.

어머니들끼리 돌아가며 맡는 '품앗이 과외' 이야기를 들은 적이 있는데, 비슷한 또래들을 텔레비전 앞에 함께 모이게 한 뒤, 어머니들 가운데 하나가 놀이하는 식으로 아이들의 분위기를 북돋워 준다. 이런 모임에서 시중에 나와 있는, 효과적으로 편집된 교재들을 활용하는 것도 좋은 방법이 될 수 있다.

나는 또 그 또래 아이들을 가르치는 학원에도 가 보았는데 첫 번째 문제점은 영어를 가르칠 자격이 없는 교사들이었다. 그들 가운데 상당수는 '안다는 것과 가르친다는 것은 별개다'를 모르고 있어 보였다.

요즘 부쩍 높아지고 있는 영어 학습 붐을 타고, 더러는 영어를 전공하지도 않은 사람들이, 더러는 단지 영어권에서 좀 살다 왔다는 것만으로 아이들을 쥐어짜고 있어서 보기에 민망스럽기까지 했다. 아무리 잘 안다 해도 교수법을 몰라서는 학습 효과를 기대할 수 없다. 그들에 비하면 텔레비전의 여러 프로그램들은 역시 그 분야에서 내로라하는 전문 강사들을 모신 데다 상당한 제작비도 들이고 있기 때문에 학원의 그것에 비교해 볼 수도 없어 보였다.

이 경우에도 문제 풀이의 열쇠는 어머니들이 가지고 있는 학원에 대한 미신이다. 집에서는 하지 않으므로 학원에 보내야 한다는 것은 자발성에 대한 불신 때문인데, 그것은 곧 위장 기능에 대한 불신으로 소화제를 먹는 것과 마찬가지다. 시간이 지나면서 소화제의 단위는 더 높아져야 하는 것처럼, 지금 어린 그 아이들이 대학 입시 준비의 최종 단계인 고등학생이 된 다음에는 자발성은 아예 불구 상태가 되고, 정말 공부를 해야 할 대학에 들어가면 'Vacation Camp'에서 느긋하게 휴가를 즐기는 사람이 될 수밖에 없다. 그 해악이 얼마나 지독한가?『사자, 포효하다』에 상세히 적어 두었다.

왜 그런 선택을 해야 하는가. 발상의 전환이라는 표현을 더러 듣는데, 아주 조금만 생각을 달리해 보아도 소화제를 사용하지 않고 자식을 키우는 길을 선택할 수 있다.

지나치게 길어지지 않도록 하기 위해 학원에 대한 나의 소견을 두 갈래로 나눠 요약한다. 첫 번째는, 상인들의 상혼에 놀아나지 않는 쪽이 되어 보시기 바란다. 이미 적었듯이, 그토록 조바심할 이유가 없다. 사교육이 아무리 광란 상태라 할지라도 나는 내 길을 가겠다, 그쯤 결기를 세워 보면 경제적 손실 방지부터 아이들의 자유로운 영혼까지, 여러 면모에서 얻는 게 많을 수 있다. 사교육이 광란 상태인데도 그런 부모들이 꽤 있다.

두 번째는, 그런데도 불구하고 신경이 쓰인다면, 수학 능력 시험도 EBS 방송 중심으로 출제되고 있으니, 학원 대신 집에서 텔레비전이나 인터넷 과외의 도움을 받아 가며 공부하는 것이 훨씬 더 효과적이다. 비단 EBS만이 아니다. 여러 케이블 채널에서 수준 높은 강의를 내보내고 있다. (나에게 빈 말씀을 하지 않을 전문가 몇 분에게 물어보았는데, 그분들은 이들 사이트를 검색해 본 다음, 학생이나 부모님들 입장에서 이보다 더 나은 과외를 기대하기는 쉽지 않을 거라는 의견들을 주셨다.)

또 자발성 – 자극 제도

그런데 대안으로 제시한 이 경우에도 문제 풀이의 열쇠는 역시 자발성이다. 자발성 없이는 백약이 무효다. 그러므로 부모들은 이런 자극 제도(incentive system)를 궁리해 볼 수 있다. 하나는 아이들이 필요로 하는 타율을 학원이 아니라 부모님들 자신에 의해 설정한다. 말하자면 아이들의 시간 관리를 부모들이 맡는다. 이 경우에 아이들과 의논하여 합의하는 것은 그리 어렵지 않다. 아이들 자신이 그럴 필요를 느끼고 있기 때문이다. 그다음에는 아이들이 합의된 시간을 지켰을 경우, 보너스를 준다. 만일 성적 향상이 있을 경우에는 조금 표 나는 보너스를 준다. 용돈 정도가 아니라 아이 이름으로 된 통장을 만들어, 학원비의 3분의 1이나 아예 절반쯤, 아이의 미래를 위해 비축해 두는 것도 한 방법이 될 수 있다.

이것이 결코 최선의 방법은 아니다. 그러나 현실을 감안할 때, 부모와의 대화 증진을 포함한 여러 면모에서 차선의 방법은 된다. 설령 합의된 시간을 지키지 않았을 경우에라도 '너는 뭐가 되려고 이 꼴이냐'라는 식의 타박은 절대 안 된다. 그것은 감정적 대치의 지름길로, 아이를 반발하게 하는 것 외에는 득이 될 게 없다. 설령 그럴 경우에 부딪친다 할지라도 입에 물 한 모금 문 채, 아이 스스로 움직일 때를 기다린다. 강제로는 절대 안 되고 자식을 이기려 드는 것도 삼간다. 자식을 자기 뜻대로 하려 들 경우, 더 큰 실패를 경험할 수밖에 없다. 자발성은 생명이다. 비단 공부만이 아니다. 자발성의 확보 없이 이루어지는 것은 아무것도 없다.

학원은 교육 기관이 아니다

우리네 현실에서 학원은 결코 '교육 기관'이 아니다. 현재의 학원은 가장 저급한 가게에 지나지 않는다. 불량 식품을 파는 가게보다 더 저급하다. 그것은 학원에서 강사 생활을 하고 있는 분들 자신이 인정하는 바이다. "학원 선생이 어디 선생이냐?" 그런 자조를 머금지 않는 학원 강사는 아마 드물 것이다. 내 아이 가운데 하나가 스승의 날, 자신이 수학을 배우고 있던 학원 강사에게 카네이션을 달아 드리며 선물을 드렸을 때, 그 선생이 눈물을 글썽거렸다는 이야기를 아이로부터 들은 적이 있다. 대개는 생업 때문에 학원 생활을 하고 계실 분들께 참 죄송스러운 표현이 되겠지만, 교사로서의 소명감이나 자부심이 지워져 있는 '교사'에게서 '교육'을 기대하기는 어렵다.

또 우리네 학원의 상당 부분은 강사들의 학력이나 경력을 속이는 것부터, 아이들로부터 한 푼이라도 더 알겨내기 위해 잔수마저(학원비 한도를 정하자, 교재비 등의 명목으로 돈을 더 받아 내는 것 등) 무릅쓰지 않는 것까지, 그 하나하나가 비교육적이다. 본질적으로 학원비로 대표되는 사교육비가 공교육비보다 더 들어간다는 것은 결코 정상이 아니다.

우리가 지향하는 선진, 어느 나라치고 그런 나라는 없다. 학원으로 말미암아 '유능한' 교사들이 학교를 떠나 학원을 향하는 것까지 감안한다면, 학원에 보낼 것인가 말 것인가 하는 부모님들의 고민은 더 무거울 수밖에 없다. 이 경우에마저 다른 무엇보다도 어머니들의 결단이 필요하다. 그 괜한 불안 신드롬에서 벗어나시라. 최소한 시도라도 해 보시라. 그렇게 간곡히 권하고 싶다. 얼마든지 가능하다. 나는 체험적 입장에서 이렇게 단언한다.

이석범 작가의 장편소설 『윈터스쿨』(살림, 1996)은 우리 학원이나 교육 현실에 대해 부분적이나마 날카롭게 묘사해 보여 주고 있다. 그런데 인터넷 서점을 검색해 보니 절판된 듯하다. 이토록 좋은 소설이 왜 절판되었을까? 도서관을 통하면 읽을 수 있다. 학원 때문에 고민하는 어머니들에게 일독을 권한다. 그저 재미를 위해서도 읽어 볼 만하다.

촌지에 대한 짧은 명상

첫째 아이의 초등학교 입학 뒤, 우리 부부가 가장 먼저 당면한 문제는 속설에 대한 우리의 대응 태도를 결정하는 거였다. 봉투를 주지 않으면 아이에게 불이익이 돌아온다는 속설은 우리 부부를 꽤 거북하게 했다. 대단치도 않은 생애를 살아가면서 마음에 거리끼는 부정한 거래를 할 필요까지 있겠는가 하는, 우리 부부가 얼마만큼은 고집스레 지켜 온 염결廉潔의 가치를 깨뜨리는 것은 쉬운 일이 아니었다.

더구나 상대는 우리가 이 세상 그 무엇보다도 사랑하는 아이에게 정신의 자양을 공급해 줄 '스승'이었다. 부모 되는 사람보다 더 많은 시간을 내 아이와 함께하면서, 더 많은 영향을 내 아이에게 줄 분이었다. 그런 대상에게 다랍고 음흉한 뜻이 담겨 있는 봉투를 어떻게 바친단 말인가? 아니, 그런 뜻을 어떻게 내 손으로 내민단 말인가?

지금보다 훨씬 더 젊었던 우리는, 그래 봤자 대단치도 않은 염결성 때문에 아이의 장래를 망치는 게 아닌가 싶어 한없이 망설였으나 끝장에는 아이의 스승에게 그럴 수는 없다는 쪽에 서기로 했다. 하다 하다 안 되면 전학을 시켜서, 속설에 복종하는 새로운 시작을 도모하리라. 초짜 부모인 우리 부부는 그때 조금은 비장하기까지 했다.

그러나 뜻밖이었다고나 할까, 세상이 아무리 어떻고 속설이 어떻다 할지라도 아이의 스승께만은 그럴 수 없다는 우리의 그런 태도는, 그 뒤 우리 아이들의 선생님들께서 우리 부부에게 심어 준 참 감사한 확신에 힘입어 셋째가 고등학교를 졸업할 때까지 변함없이 지켜졌다. 우리가 그때까지 살고 있던 곳은, 적어도 소문대로라면 그런 쪽에서 '악명'이 드높은 이른바 8학군이었지만, 우리는 세 아이 모두를 봉투 따위 없이 학교에 다니게 했다. 아이들이 임원이 되면 향응을 베풀고 촌지를 바치는 게 상례처럼 되어 있다지만, 내 아이들 경우, 상례라는 그런 쪽이 된 적은 없고, 대학 입학 원서를 쓰기 위해 담임과 상담하러 가면서 빈손으로 가는 '법'이 아니라고 했지만, 우리는 그런 '법'을 따른 적이 단 한 번도 없다.

그런데도 우리 아이들은 어떤 선생님으로부터도 조금쯤이나마 수상쩍어 할 만한 일을 단 한 번 당하지 않은 채, 합당하다고 생각되는 칭찬과 꾸중을 고르게 받으며 바람직하다고 여겨지는 학교생활을 했다. 첫째의 고등학교 때 선생님들 가운데 몇 분은 아이가 졸업한 뒤에도 때로 전화를 걸어 주시고, 부직 알선 등의 배려를 아끼지 않으셨다.

셋째의 담임 한 분은, 아이가 학기 중에 저지른 중요한 잘못 하나를, 학년이 끝난 뒤에 찾아간 나에게 "알고 계시는 게 좋을 듯하다"고 귀띔해 주시며, 아이와의 약속이라면서 "아는 척은 하지 않는 게 좋겠다"는 의견까지 들려주셨다. 제자에 대한 각별한 사랑 없이는 불가능할 귀띔이었다.

그 선생님을 포함하여 아이들 선생님들 가운데 여러 분의 성함을 나는 아직도 기억하고 있다. 그것은 그분들에게 느낀 감사함 때문일 것이다. 나는 이런 경험을 통해서도 세상은 무성한 소문과 달리 아직까지는 성한 구석이 많고, 그런 만큼 성심을 다해 살아 볼 만하다고 생각하고 있다.

내 생애는 온통 후회투성이여서, 문득문득 주먹을 부르쥐게 되고, 그때마다 실제로 등에 식은땀이 내배게 되는데, 그래도 내가 잘했다 싶은 것 몇 낱은 있다. 그중 하나가 내 아이들을 촌지 없이 키워 냈다는 사실이다. (자모회 회원으로서 할당되는 그것은 냈다. 그것마저 내지 않을 순 없었다. 그러나 자모회의 그런 모금 기능도 없어져야 한다. 더 나아가 성적이 나은 아이들의 자모들만 따로 모임을 갖는, 그런 제도도 없어져야 한다. 왜냐하면 자모회에 속하는 아이들과 그렇지 못한 아이들 사이에 금을 긋기 때문이고, 그 금이 상처의 근원이 될 수 있기 때문이다. 사실상 돈을 걷기 위한 자모회는 그 자체가 악이다.)

교사를 믿자

마음 켕길 수밖에 없는 봉투를 내밀지 않고도 지낼 수 있었던 것이 우리 부부, 우리 아이들만의 행운이었을까? 그렇지 않을 것이다.

왜냐하면 나의 세 아이들이 담임으로 모셨던 선생들만 해도 한두 분이 아니라 언뜻 손꼽아 보아도 서른여섯 분이나 되기 때문이다. 나의 첫째 아이도 마찬가지다. 첫째는 자기 자식들을 물론 촌지 없이 키우고 있다.

나는 이런 실증적 체험치를 바탕으로, 절대다수의 선생님들이, 내가 내 자식에 대해 근심하는 것만큼이나 근심하며, 충정을 다해 자기가 맡은 아이들을 가르치고 있다고 굳게 믿고 있다. 더구나 예절이니 도리니 명예니 하는 것을 염두에도 두어 볼 수 없을 만큼 아이들을 아예 망가뜨리고 있는 오늘의 현실에서 교직은 소명감 없이는 감당해 내기 어려운 직업이다.

나는 물론 학교의 부패나 악덕 교사의 존재를 부정하는 것은 아니고, 또 모든 교사들이 내 아이들의 스승님들 같다고는 믿지 않는다. 그러나 오늘의 교사들이 사람들의 수군거림이나 언론의 보도 같다고도 생각하지 않는다. 사람들의 수군거림이나 언론의 보도는 일쑤 부풀려진다. 촌지에 대해서도 마찬가지다.

언제였던가, 어느 신문에 '촌지 망국론'이 대짜배기 기사로 실렸을 때, 당시 고등학교에 다니는 셋째에게 소감을 물었다. 아이의 대답은 간명했다. "과장 같아요." 나도 아이의 말에 동감했다. 중학교에서 교사 생활을 한 적이 있는 막내 여동생도, 없다 할 순 없지만 소문 같지는 않지, 라는 의견을 주었다.

촌지도, 학원의 경우와 마찬가지로, 괜한 불안감에 의해 부추겨지는 면이 크다. 다른 부모들은 갖다 바쳤다는데, 우리만 빠질 경우 우리 아이만 차별받는 게 아닌가? 입시 원서 쓰러 가는 부모들이 빈손으로 가는 법이 없다는데, 만일 빈손으로 갔을 경우…… 부모들의 그런 막연한 불안 심리는 촌지 문화를 더 번성하게 한다. 그러니까 촌지는, 만일 그것을 죄악이라 한다면, 교사와 부모, 양편 모두의 잘못이라 할 수밖에 없다. 문제는 저 막연한 불안감의 극복이다. 학원이 번성하는 이유부터, 하여튼 괜한 불안감은 만악의 근원이다.

어느 교사의 분노

서울 한 초등학교 임 모 교사(36)는 최근 교사 회의에서 동료 교사와 1분 5초 분량의 동영상을 지켜봤다. 서울시 교육청이 촌지를 근절하자는 취지로 제작한 동영상이었다. 초등학교 교실에서 홀로 울고 있는 학생이 동영상에 등장했고 이어 학교 복도, 교실, 주차장에서 촌지를 주고받는 교사·학부모의 모습이 이어졌다. 교사와 학부모는 손을 맞잡고 크게 웃다가 카메라가 비추면 화들짝 놀라기도 했다. 임 교사는 "동영상을 보는 내내 얼굴이 화끈거렸다. 동료 교사도 모두 '혹시라도 학생들이 볼까 무섭다'는 반응이었다"고 말했다.   —중앙일보 2015년 3월 20일

나도 이 비디오를 보고 분노했다. 비단 내 아이들의 스승들만이 아니다. 이 나라에서 온갖 어려운 여건에도 불구하고 헌신하고 있는 대다수 교사들에 대해 이보다 더 악질적인 모욕은 없다. 도대체 그의 이토록 치명적인 망발이 어떻게 나온 것일까. 정말 이해할 수 없다.

명예 훼손 이야기가 자주 나오는데, 이런 경우는 그런 죄목에 걸

리지 않는가? 그런 법이 없다면 일부러 만들어서라도 '적법'한 이런 폭력을 응징해야 한다. 우리 사회 미래 담당자인 아이들을 키워 내고 있는 교사들을 이토록 무참하게 짓밟는 것은 대한민국의 미래를 짓밟는 것과 같다. 이런 경우가 간과되어서는 절대 안 된다.

순금이 있을 수 없는 것처럼, 모순 없는 사회는 불가능하다. 그러나 촌지를 바치지 않는다 하여 자기 제자에게 불이익을 주는 그런 파렴치한 교사의 존재 가능성은, 내가 체험적으로 장담하건대, 건널목을 건너다 사고를 당하는 그런 정도보다 오히려 낮다는 쪽이 되어도 좋다. 더구나 자식들에 대한 일이기에, 사실 믿는다는 게 괜히 두려움이 느껴지는 현실이기는 하지만, 그래도 교사들은 믿자. 설령 믿었다가 당하게 된다 할지라도 교사는 믿어야 한다. 교사는 우리 사회 최후의 보루다. 나는 그렇게 믿고 있다. 나의 이런 믿음은 내 아이들을 가르쳐 주신 여러 선생님들이 내게 심어 준 참 황공한 신념 덕분이다. 정말, 촌지는 잊어야 한다. 그것은 자식들의 자부심을 손상시키면서 사회를 망가뜨리는 지극히 어리석은 범죄 행위다.

촌지, 잊어도 좋다.
잊어야 한다.

느그가 바쁜 아이들

다음 마당으로 넘어가기 전에, 여흥 삼아 나의 집 이야기를 짤막하게 한 꼭지 더 적겠다. 내가 그랬던 것처럼 상쾌함 느끼시기를 바란다. 나의 세 아이가 어떻게 자랐는지는 누누이 이야기했는데, 그렇다면 그 아이들의 아이들은 어떻게 자라고 있는가? 또는 그 아이들은 자기 아이들을 어떻게 키우고 있는가?

첫째는 두 아이를 키우고 있는데(현재 중2와 초6), 이 아이들은 지금까지 공부하는 학원에는 단 한 번도 나가지 않았다. 그 대신, 첫째는 아이들 학원 보낼 돈을 모아 방학마다 국내외 여행을 다닌다. 가장 최근에 간 곳이 두 달 동안의 뉴질랜드 여행이다. 그 여행을 떠나기 전에, 나는 두 아이 ☆수와 ✿수에게 제안했다.

"너희 둘이 각각 두 주일에 한 번씩 메일을 쓰면, 머니와 버지(우리 부부에 대한 아이들의 호칭)는 한 주일에 한 번씩 너희들 소식을 들을 수 있다. 그렇게 해 줄래?"

"알았어."

'알았어'라는 대답 자체가 매우 미온적인 것이기는 했지만, 결국 여행 도중 둘이 엽서 하나에 몇 자씩 적은 것이 한 번 온 것 외에는, 메일은 한 번도 오지 않았다. 그래서 나의 '분노'를 첫째의 휴대 전화 메시지로 이렇게 전했다. '임스애끼들아. 어찌하여 메일을 한 번도 보내지 않느냐. 이대로 여행을 끝내려는 거냐! 버지 지금 진짜 뿔났다. *끄렁끄렁!*' 그다음에 내가 받은 것은 첫째의 메시지였다. '흐흐, 노느라 바빠서요.' 말로는 이루 표현할 수 없을 만큼 상쾌한 이 메시지를 받고 나는 이런 메시시를 보냈다.

엄마가 그러는데 ☆수와 ✿수가 노느라 바빠서 머니와 버지에게 메일을 쓸 시간이 없단다. 같은 또래 다른 아이들은 죽어라 공부하느라고 바쁜데, ☆수와 ✿수는 죽어라 노느라고 바쁘다고? 이것은 버지가 지금까지 들어온 모든 말 가운데 가장 기쁜 것이다. 메일 보내지 않아도 상관없다. 부디 더 바쁘게 놀기 바란다. 그리고 지금이 너희들의 생애에서 가장 좋은 때가 아니기를 바란다. 왜냐하면 인간의 생애에서 가장 좋은 때는 언제나 미래에 있어야 하는 것이기 때문이다. 남은 한 주일, 아아아주주주주 바쁘게 놀기 바란다. ☆수와 ✿수 만세!　　　　—2015년 2월 22일 오전 10:28

자기 자식에게 독이 되는 부모들(Toxic Parents)은 자기 자식을 다른 자식과 비교하여, 그 자식으로 하여금 부모의 사랑을 받는 데 충분하지 않다는 것을 느끼게 한다. 이런 비교는 그 자식으로 하여금 부모의 사랑을 되찾기 위해 무슨 일이든 하게 만든다.

Many toxic parents compare one sibling unfavorably with another to make the target child feel that he's not doing enough to gain parental affection. This motivates the child to do whatever the parents want in order to regain their favor.

—Susan Forward

대부분의 아이들을 괴롭히는 것은 같은 놈이었다. 바로 '그 집 아이'라는 놈이다. 그 집 아이는 대한민국 학생들의 공적이다. 그 집 아이는 공부를 잘하는데, 그 집 아이는 서울대도 갔다는데, 그 집 아이는 상 받았다는데, 그 집 아이는 도무지 부모 속을 썩이지 않는다는데, 기타 등등, 이런 식이다.

—박현욱

허다한 시행착오들

허다한 시행착오들

한 인간의 생애에서 가장 공을 들이는 것은 무엇일까? 생업으로서의 직장은 중요하지만, 그것은 그래 봐야 의무에 지나지 않는다. 밥벌이를 위해 어쩔 수 없이 몰두한다고 할까. 그러나 자식에 대한 것은 다르다. 완전히 자발적이며, 온갖 정성을 다한다. 그런데 지내 놓고 보면 아쉬운 것투성이다. 시행착오라고나 할까. 자녀 양육이란 정답도, 매뉴얼도 없는 것이었기에 그럴 수밖에 없었다.

나는 중고등학교에 다닐 때, 수학이 그렇게 골치 아프고 어려웠다. 그런데 차라리 수학이 쉽다는 사실을 아이들을 낳고 나서야 깨달았다. 수학은 정답이 있으니 틀리면 다시 풀면 되고, 그래도 모르면 해답지를 볼 수도 있고, 선생님한테 물어볼 수도 있다. 하지만 아이 키우기는 정답이 없다. 주어진 조건도 다 다르고, 틀렸다고 다시 키울 수도 없다. 가장 힘든 것은 누구한테 물어봐도 수학처럼 딱 떨어지는 답이 없다는 것이다. 그래서 육아는 더 막막하고 어렵다.　　　　　　　　　　　—류한경,『아이들은 길에서 배운다』

　자식을 키우고 있는 사람이라면 아마도 모두 같은 생각일 듯싶다. 그럴 경우, 타인의 경험이 적어도 참고가 될 수는 있다. 부모 노릇을 대충 끝내 가고 있는 셈인 내가 겪어 낸 것들, 당신에게 생각해 볼 거리나마 되기를 바라며 생각나는 대로 적어 보겠다.

아버지의 굳은 얼굴

내가 내 자식들에게 점수를 가장 많이 잃은 것은 아마도 굳은 표정 때문이었을 것 같다. 납 인형 같아 보이던 「죽은 시인의 사회」와 「샤인」의 아버지가 나에게 결코 지울 수 없는 모습이 된 뒤, 어느 날이었다. 나는 이런 정리 하나를 만들어 보았다.

부모 노릇의 성패는 그 자식에게 기억되어 있는 부모의 얼굴 모습으로 결정된다.

어머니는 대개 다른 듯한데, 아버지는 그 자식들에게 굳은 얼굴로 기억되어 있는 경우가 흔하다. 사모곡은 많지만 사부곡은 드문 게 그 증거다. 기억에서 굳어 있는 얼굴이 그리움의 대상이 되기는 어렵다. 사부곡은 자연 드물 수밖에 없다. 우리나라의 전통적 자식 교육관은 '엄부자모嚴父慈母', 곧 '엄한 아버지, 자애로운 어머니'라 할 수 있을 듯하고, 그 때문인가, 대개의 자식들에게 아버지의 얼굴은 굳은 모습이다. 내 식으로 해석해 보자면 그것은 아버지로서 실패를 뜻한다. 그렇다면 내 아이들의 마음에 새겨진 나는 어떤 모습일까?

아리랑 텔레비전에서 한국 젊은 여자들과 같은 또래 주한 미국인들이 모여 두 나라 가족 관계에 대해 이야기하는 것을 본 적이 있다. 그들이 나눈 이야기 중에는 서로 다른 게 많았지만, 비슷한 것들도 적지 않았다. 거기에는 아버지에 대한 느낌이 포함되어 있었는데, 그들 대화 가운데 하나는 이런 거였다. "자기 아버지 같은 남자를 만나게 될까 봐 결혼하지 않으려는 여자들도 있다." 이 말이 나오자마자 여자 출연자들이 모두 동감하여 고개를 끄덕이며 다투듯이 마구 재잘거렸다. 한 시간쯤 이어진 그 프로그램에서 출연자들이 가장 수다스러워졌던 게 바로 그 대목이었다.

딸을 둘이나 모시고(?) 있는 아버지로서 그 대목을 마음 켕겨 할 수밖에 없었기에, 그 뒤 어느 날 가족들이 모두 모여 있는 자리에서 우스개처럼 기교적으로 눙친다고 눙쳐 슬그머니 그 이야기를 꺼내 보았다. 그때 내가 간절히 기대하던 답은 물론 '우리 아버지는 아니야'였다. 그런데 달랐다. 그 당시 결혼 전이던 첫째가 슬며시 가로되, "우리 아버지는 그 정도는 아니야". 첫째의 문장은 내가 바라는 문장과 꼭 같은 구문에 낱말 두 낱만 더 끼워 넣은 것에 지나지 않지만, 그 뜻은 크게 달랐다.

둘째가 대학에 다니던 시절 어느 일요일이었다.

그날 저녁 식탁에서였다.

이런 대화가 오갔다.

(내 일기의 기록이다.)

"아빠가 내 오수 중에 나타나서 내 안면을 방해했어."

"내가 어떻게 네 오수 중에까지 나타났단 말이냐?"

"길이 막혀서 늦었는데 아빠가 왜 늦게 왔느냐고 막 야단치는 거 같았어."

'야단쳤어'가 아니라 '야단치는 거 같았어'가 조금쯤은 편안한 느낌이기는 했다. 나는 말했다.

"요담에 아빠가 네 꿈속에 천사 같은 모습으로 나타나거든 이야기해 줄래. 그러면 내가 아주 기뻐하며 일기장에 적어 두겠다."

—1997년 1월 26일

이미 적어 놓은 것처럼, 아이들이 어린 시절부터 나는 엄부이기를 아예 포기했다. 그것은 아버지가 되기 전부터의 다짐이었다. 그래서 아이들에게 체벌 같은 폭력은 행사하지 않았고, 설거지나 집 안 청소 같은 것도 우리 가족들 가운데 내가 가장 많이 하는 쪽이었다. 직장 생활 하던 시절에도 집에서 저녁을 먹는 경우가 흔해 아이들과 함께하는 시간도 많았다. 앞에서 잔소리 끊기 다음에 나 자신을 심부름꾼으로 낮춰 버렸다고 했지만 심부름 수준의 잔시중은 아이들의 어린 시절부터였다.

아이들이 학교에 간 뒤, 잊고 간 준비물이 있어 전화가 오면 그것을 학교까지 배달해 주는 일은 내 몫이었고, 갑자기 비가 내리는 날의 우산 배달도 역시 내 일이었다. 대치동에서 송파동으로 이사 간 다음, 나는 셋째가 고등학교를 졸업할 때까지 4년 동안 아이들 등하교를 도왔다. 둘째 경우에는 잡지사 기자 노릇을 할 때 야근이 잦았는데, 대개는 자정 넘은 시간에 아이를 태우러 갔다. 이런 아버지 쉽지 않다고, 나는 생각한다.

그러나 아이들 쪽에서 볼 때, 나는 엄부의 범주를 벗어나지 못했다. 이를테면 나는 폭행 같은 짓은 물론 하지 않았지만, 온화한 표정을 보여 주지는 못했다. 이는 본질적인 것이 되겠는데, 내 표정은 부드럽지 못하다. 내 사진에는 부드럽게 웃는 얼굴이 없다. 사진을 찍는 사람이 웃어 보세요 해서, 조금 웃는 시늉을 짓다 보면 표정이 일그러진다. 그러니까 내 본디 얼굴은 딱딱하고, 관점에 따라서는 차게 보일 수도 있다.

굳이 변명을 해 보자면, 이것은 성장 환경 탓일 수 있다. 안동이라는 토양 탓일 듯한데, 나의 집안 어른들은 하나같이 근엄하여 우스개 같은 게 드물었고, 언제나 절대 순종해야 했다. 어른들 뜻에 조금이라도 어긋나면 체벌이 내려졌다. 그리고 열두 살도 채 되기 전부터 감당해 내지 않으면 안 되었던 세상살이에서 내가 만난 타인들은 모두 나보다 힘이 셌다. 조심해야 했다. 수틀리면 얻어터지게 마련이었으니까. 나의 생애 내내 그랬다. 내 표정이 부드럽게 되기는 어려웠다. 그러나 그 연원이야 무엇이든, 나는 바로 그런 얼굴을 나의 아이들에게 보여 줄 수밖에 없었다.

그래서 아이들에게 어떤 계도의 기능을 해야 한다고 판단될 때, 접근 방법을 궁리해 보게 되고, 물론 아이들로 하여금 겁을 집어먹게 해서는 안 된다는 마음에서 우선 표정부터 어조까지, 내 나름으로는 될 수 있는 대로 온화한 것이 되도록 애쓰게 된다. 그런데 장면이 펼쳐지고 나서야 비로소 확인하게 되는 것은 아이들이 느끼는 두려움이었고, 조금 자란 뒤에는 거부감이나 저항감이었다.

굳이 표현해 보자면, 아이들 느낌 면에서 볼 때, 나는 '민주주의자의 탈을 쓴 전제주의자' 같은 존재였다. 요즘 유행하는 말로, '무늬만' 민주주의자였던 셈이다. 그런데 사실은 앞에서 이야기한 「아버지라는 이름의 약자」 경우처럼 많은 아버지들이 머리로 생각하는 대로 실천하지 못하고 있다. 결과적으로 볼 때, 나도 그랬다. 이런 것 적고 있기 참 쓰라리지만, 사실이다.

자식들의 독립 선언

다음(daum) 국어사전에 이런 뜻풀이가 있다.

품 안의 자식

자식이 어렸을 때는 부모의 뜻을 따르지만 자라서는 제 뜻대로 행동하려 함을 비유적으로 이르는 말.

그러니까 부모의 품을 벗어날 만큼 자란 뒤, 자식은 덤빈다. 덤비지 않는 것은 자식이 아니다. 설령 간섭하지 않고 잔소리하지 않는다 할지라도 자식은 덤빈다. 부모보다 더 똑똑한 척하고, 더 힘센 척하고, 더 잘난 척하는 그것은 자식으로서의 본능이나 버릇 같다.

거짓말로 부모를 속이는 것부터 시작하여 세상살이를 익혀 나간다는 이야기를 앞에서 한 적이 있다. 어린 생명들은 부모에게 그렇게 덤비는 것으로 시작하여 세상에 덤벼, 자기가 살아갈 길을 획득한다. 만일 부모에게 덤비지 않는다면 어딘가 고장 나 세상에 덤빌 힘도 없는 아이일 수 있다. 부모는 스파링 파트너 같은 것일 수 있다. 부모는 오히려 감사한 마음으로 자기 자식의 샌드백 노릇을 해준다. 그러면 된다.

자식들이 부모에게 덤비는 그것이야말로 사실은 독립 선언이다. 자아의 눈뜸. 자식은 종속물로서가 아니라 독립된 개체로서 자기를 주장하며, 부모 대 자식이라는 수직적 관계가 아니라 인간 대 인간이라는 평등한 관계로 바라보려 한다. 또 자식은 자신의 신체와 인식의 형성 과정에서 부모로서는 도무지 이해할 수 없는 방황을 하게 된다. 그것은 개체로서 불가피한 통과 의례다. 부모는 존중할 수밖에 없다. 이 세상 그 어느 대상보다도 더 사랑하는 자식과 등 돌리고 살지 않기 위해서라도 이런 슬기는 긴요하다.

그런데 모든 식민 지배자가 그렇듯, 부모 되는 사람도 자식의 독립을 선뜻 인정하게 되지 않는다. 인정하기에는 독립 능력에 대한 불신이 너무나도 확고하다. 자신이 손을 뗄 경우, 자식은 틀림없이 잘못될 것 같다. 자식의 덤비기와 함께 부모의 보호 본능은 오히려 더 치열해진다. 더불어 자식의 덤비기는 조금씩 더 거칠어지고 교묘해진다. 거짓말이나 눈속임 같은 것도 이때 생긴다. 부모와 자식 사이의 투쟁은 정해진 순서나 마찬가지다.

미운 일곱 살, 자아에 눈뜨기 시작하다

'미운 일곱 살'이라는 속설이 있다. 부모와 자식 사이의 투쟁은 자식들이 자아에 눈뜨기 시작하는 일곱 살쯤에 이르러 구체화된다. 이런 과정은 나이를 보태 가면서 차츰 더 심해진다. 더러는 부모의 인내심을 시험하듯 어깃장을 되풀이하기도 한다. 품에 안겨 오줌 싸던 날이 바로 어제 같은 자식이 두 눈 똑바로 뜨고 덤빌 때, 부모 속이 뒤집히지 않는다면 오히려 이상스러운 일이 될 것이다. 속 터진다는 표현. 실제로 숨이 막히는 증세를 느낄 수도 있다. 눈물이 쿡 치솟을 때도 있다. 그러나 상황은 그쯤에서도 끝나 주지 않는다.

일단 시작되면 덤비기는 이어진다. 더러는 집적거리듯이 부모를 일부러 건드리려는 일종의 도발 행위도 곁들여진다. 복장이 터지고 억장이 무너질 소리를 서슴지 않을 때도 있다. 사내애가 더하다고 하지만, 경우에 따라서는 딸애 때문에 더 애를 태우는 집안도 드물지 않아, 어느 쪽이 덜하다 더하다 할 수도 없을 듯한데, 바로 이때가 부모와 자식 간 평생 우의를 결정짓는 갈림길이 된다.

만일 이 지점에서 부모가 충분히 섬세하지 못하여 식민 지배를 계속하려 할 경우, 어쩌면 평생 회복될 수 없을지도 모를 상처를 쌍방 모두에게 남기는데, 이 대목에서도 부모는 실수하는 쪽이 되기 쉽다. 곧 식민 지배 의지를 사수하여, 자신의 뜻대로 자식이 복종해 주기를 기대하고, 요구하기 때문이다.

'뜻대로'의 '뜻'은 곧 '욕망'이다. 세상일이 욕망대로 되지 않는 것은 당연하다. 그런데도 사람들은 당연한 그것으로 말미암아 시달린다. 자식에 대해서도 그렇다. 부모 뜻대로 움직여 주는 자식이란 있기 어렵다. 그것은 어쩌면 거의 불가능한 목표일는지도 모른다. 이렇듯 반듯하게 분별하고 있으면서도 사실적 실천은 어렵다. 내가 어느덧 다 자란 내 아이들에게 아직도 더러 느끼게 되는 섭섭함을 찬찬히 분석해 보면 결국은 내 뜻, 내 기준에 대한 불복이 최종적으로 검출된다. 그만큼 식민 지배 의지는 포기할 수 없는 그 무엇이다.

부모가 그럴수록, 그리고 자식들이 나이 들어 갈수록 부모들은 그다지 드물지 않게 인간적 모멸감이나, 더 지독하게는 배신감을 느껴, 마침내는 '내가 저를 얼마나 사랑했는데'라든가, '죽도록 키워 놔 봐야 아무 소용 없어'라는 식의 상투적 푸념과 탄식을 입에 달고 있게까지 된다. 자기 품에 안겨 오줌 싸던 녀석이 두 눈 똑바로 뜨고 덤비다니! 그것은 아닌 게 아니라 속 뒤집히고도 남을 일일 수 있다. 그다음에는 '무자식 상팔자론'이 이어진다.

그것은 오로지 부모 잘못이다. 우리와 일본의 해묵은 갈등 가운데 하나는, 일본은 지난날 한국에 많은 것을 베풀었다는 것이다. 그것은 한국인의 입장에서 보자면 분노를 참을 수 없는 망언이다. 그것은 비단 한국과 일본의 관계만이 아니다. 식민 지배자의 수고를 인정하는 식민지 주민은 없다. 부모와 자식 관계도 마찬가지다.

조금이나마 슬기로운 부모라면 대충 그 지점쯤부터 우선 명령 문법을 포기하고 의논조가 되는 것부터 자식의 주권을 존중하는 쪽이 되어, 자식의 완전 독립에 대비할 필요가 있다. 나이 먹어서도 커다란 몸을 제 부모에게 기대는 정신 박약아 같은 경우는 극단적인 예가 되겠지만, 만일 일곱 살이 되어도 덤비지 않는 자식이 있으면 부모는 그 자식의 정신적 발달에 대해 조금이나마 근심하는 쪽이 되는 게 옳다. 일곱 살의 미운 모습은 성장의 명백한 증거로서 오히려 기뻐하여 특별히 기리면서 자식을 하나의 독립된 개체로 멀리 보며 존중할 준비를 해야 한다. 한데 그게 쉽지 않다. 그게 문제다. 나 자신도 쉽지 않은 바로 그 문제 풀이에서 걸렸다.

나는 독립된 개체로서 자식들의 권능을 존중하고, 아이들 결정과 선택을 바라보려 했지만, 자식들의 느낌과 기억은 다르다. 얼마 전, 다른 그것을 확인해 볼 기회가 있었다. 둘째 아이 결혼 문제 때문에 이야기하는 자리에서였다. 다른 모든 경우와 마찬가지로 둘째가 이미 결정한 내용을 듣고 있던 자리였다. 그 앞에 어떤 이야기가 있었는지 잘 모르겠는데, '부모의 허락', 그런 이야기가 나왔다. 나는 반문했다. "단지 너희들 결정을 바라보고 있기나 했을 뿐, 내가 너희들의 어떤 일을 허락했던 적은 없었던 것 같다." 그러자 셋째가 나를 좀 놀리려는 듯한 표정이 되어 말했다. "아버지 생각에는 그러셨던 거죠."

그 장면에서 '야, 새꺄! 이 세상에 나만 한 아버지가 어디 쉽냐?' 이를테면 이렇게 들이받고 싶었으나 꾹, 삼켰다. 들이받아 봐야 본전 찾기도 어렵다는 헤아림보다는, 그것이 아마 자식들의 오해만은 아닐 것이라는 체념 때문이었다. 되풀이된 나의 다짐과는 달리, 역시 무늬만 민주주의자였던 나는 자식들이 자신들의 사실적 독립을 수긍할 만한 수준에까지는 이르지 못했다. 내 의식을 지배하고 있는 전체주의적 의지는 예의 이성적 '다짐'에 훨씬 우선하는 것이었던 셈인데, 자식들의 사실적 독립을 인정하지 않은 그것이 나와 자식들 사이에 이루어진 갈등의 시작이었다는 것을, 나는 자식들을 대충 다 키워 내고 난 다음에야 비로소 알아차렸다. 비슷한 이야기를 항목을 달리하여 조금 더 해 보겠다.

이미 쌓아 올린 장벽

자식들은 말을 막 배우기 시작할 무렵부터 줄기차게 묻기 시작한다. 왜? 왜? 왜? 꼬리에 꼬리를 무는 이 질문은 끝이 없다. 어른들은 귀찮고 성가셔 죽겠어 한다. 그런데 어느 날 문득 느끼는 것이지만, 아이들은 부모를 향해 입도 떼지 않게 된다. 일부러 다가가 말을 걸어도 마치 말을 아끼기라도 하는 것처럼 예나 아니오로 기계적으로 끊어 답하며, 찬 기운이 섬뜩하게 감도는 데면데면한 얼굴로 어서 물러가 주기를 거의 명시적으로 바란다.

그래서 몇 마디나마 대화를 더 들어 보고 싶어 깊은 고심 끝에 개발해 낸 수법이 네, 아니오로 대답할 수 없도록 질문하기였다. 이를테면 '오늘은 수요일인가?' 대신에 '오늘이 무슨 요일이니?' 하는 거였다. 그래 봤자 저 위대한 독재자들의 대답 부피는 별로 늘어나지 않는다.

셋째가 대학에 입학하여 집을 떠난 뒤에, 아내는 가끔 시퍼런 표정이 되었다. 왜? 하고 내가 물으면 잔뜩 부은 목소리로 대답했다. 아이의 목소리나마 들어 보기 위하여 그럴 만한 건을 일부러 만들어 전화를 걸었는데, 앞뒤 인사도 없이, 예, 아니오나 되풀이하고 있다가 인사도 없이 전화를 똑 끊더라……. 익히 예상해 볼 수 있던 대답이기에 나는 큭 하고 웃는다. 아내는 볼멘 표정이 되어, 남 속 터져 죽겠는데 왜 웃어, 한다. 나는 대답한다. 당연한 걸 속 터져 하는 게 우습잖아.

나는 아내의 그 심정을 이해할 수 있다. 나도 마찬가지 경험을 되풀이한 때문이었다. 어떤 형식으로든 아이와 만나기 위해, 역시 그럴 만한 건을 일부러 만들어 이메일을 보낸다. 거기에는 집 안 풍경 묘사 같은 약간의 너스레도 덧붙인다. 그런 나의 시도에 대해 예, 아니오 식 회신이라도 오면 그것은 천운에 속하는 것이고, 과연 수신이 되었는가 하는 게 의문스러운 경우가 태반이었다. (요즘은 '수신 확인' 기능이 있지만, 그때만 해도 그런 게 드물었다. 물론 셋째만은 아니다. 아이들 셋 모두가 꼭 같았다.)

그런데 바로 그 아이들이 자기 친구들을 대할 때는 180도 달라진다. 우리 부부가 살펴볼 수 있는, 이를테면 전화로 자기 친구들과 이야기를 나눌 때 보면, 아이들 표정과 표현이 그토록 다양하고 풍부할 수가 없다. 그런데 전화를 끊고 나서 제 부모를 향하는 표정과 눈빛에는 어느덧 조금 전의 그 다양, 그 풍부, 그 색채는 이미 지워지고 없다. 냉랭하다. 기계 인간 같다.

또 우리 부부가 빠진 저희 3남매끼리 모였을 때는 화제가 풍성하고 윤택하다. 더러 보면, 저희들은 이야기를 서로 나눴는데, 저희들의 부모 되는 우리 부부가 알고 있어야 할 것들인데도 모르고 있는 경우도 뒤늦게 알게 된다. 그러던 어느 날, 또 그런 경우가 우리 부부에게 닥쳐왔을 때, 나는 아내를 향해 불쑥 말했다. 왕따 됐네! 아내의 대답. 글쎄 말이야. 야속한 마음을 먹어 봐야 아이들과 부모의 거리가 더 멀어지기나 할 뿐, 아무 소용도 없다. 당연한 것처럼, 왕따 된 그 상태를 감수해야 한다. 그것이 우주의 질서니까.

물론 우리 집 풍경만 그런 건 아니다. 언제였던가, 아내가 모처럼 만에 자모회(셋째의 고등학교 2학년 시절 자모회 회원이던 어머니들이 따로 모임을 만들어 지금도 정기적으로 만난다)에 다녀와서 이런 이야기를 했다. "아무개 엄마가 그러데. 자기가 별 대수롭지도 않은 잔소리를 한마디 했더니 자기 아들이 방으로 들어가 문을 쾅 닫는데 그만 눈물이 쑥 빠지더라고. 그랬더니 다른 엄마들 입에서 비슷한 경험들이 줄줄이 쏟아져 나오잖아. 그래서 아이고 나만 그런 게 아니었구나, 그런 생각이 들데."

그래서 자모회니 하는 데를 잘 나가지 않던 아내는 그 뒤부터 자모회에 열심히 나가고 있다. 같은 입장에 있는 어머니들의 그런저런 말씀들이 자신에게 위로도 되고 격려도 되면서, 아이들을 어떻게 대해야 하는가 하는 지혜도 얻게 된다면서. 그러니까 집집마다 부모들은 자신들이 죽을힘 다해 가며 키운 그 자식들로부터 거의 예외 없이 왕따를 당하고 있는 셈이다. 왜 그럴까? 이 질문에 대한 답은 간단명료할 수 있을 것 같다.

닐의 절망

귀찮도록 다가와 목에 감기며 줄기차게 물어 대던 아이들로 하여금 아예 딱 담을 쌓아 올리게 한 것은 부모 되는 사람 쪽에서 보자면 자업자득이다. 줄기차게 간섭하며, 쉰내가 날 만큼 되풀이하는 빤한 계몽 투 잔소리, 그런 정도만도 아니다. 우리 대화의 텍스트로 삼고 있는 「죽은 시인의 사회」에서, 자기가 열망하는 연극 출연을 하지 말라는 명령을 자기 아버지로부터 받은 열일곱 살 소년 닐 페리는 자기가 따르는 스승 존 키팅을 찾아가 다음과 같은 절박한 대화를 나눈다.

> 닐: 아버지가 연극을 그만두라 하셨어요. 제게 연기는 모든 것이에요. 아버지는 몰라요. 아버지는 저를 위해 제 인생을 자기 뜻대로 하려 해요. 아버지는 제가 무엇을 원하는가 절대로 묻지 않아요.
>
> 키팅: 연기에 대한 너의 열정을 네 아버지께 말씀드린 적이 있니?
>
> 닐: 저는 할 수 없어요.
>
> 키팅: 왜?
>
> 닐: 아버지께는 (선생님께처럼) 이렇게 대화할 수 없어요.
>
> 키팅: 그러나 아버지께 말씀드려야 한다.
>
> 닐: 저는 아버지가 뭐라 말씀하실 것인지 알고 있어요. 연기는 일시적 변덕이다. 그렇게 말씀하실 거예요. 너 자신을 위해서 잊어라. 그렇게 말씀하실 거예요.
>
> 키팅: 너는 노예가 아니다. 연기가 일시적 변덕이 아니라면 너 자

신의 확신과 너 자신의 열정으로 네 아버지께 증명해 보여라.
그러고도 아버지께서 너를 믿지 않으시면 학교를 떠나, 네가
원하는 무엇이든 할 수 있다.

닐: (눈물을 닦는다.) 이 연극은 어쩌고요? 공연은 내일 밤이에요.
(키팅 선생을 바라보는 닐의 눈에 눈물이 그렁그렁하다.)

키팅: (안타깝지만 다소 엄격한 어조로) 내일 밤 이전에 네 아버지
께 말씀드려야 한다.

닐: 더 쉬운 방법은 없나요?

키팅: (역시 같은 어조로) 없다.

닐: 저는 덫에 치였어요(I'm trapped).

키팅: 아니, 그렇지 않다. (그 얼굴에 안타까운 표정이 조금 더 짙
어진다.)

I'm trapped. 이 말을 할 때, 닐의 표정은 아예 절망적이다. 임박
한 비극을 예고하는 것 같다. 그리고 닐은 결국 그 덫으로부터 벗어
나지 못한다. 막중한 두려움과 그에 따른 주저에도 불구하고 자신이
하고 싶은 연극 공연을 한 다음, 자기 부모에게 끌려갔고, 그날 밤
아버지 서재에서 아버지의 권총으로 자살한다. 사실은 타살이다. 바
로 그 부모에 의한! 독친의 한 전형!

비단 이 경우만은 아니다. 모든 청소년의 자살 이유는 비슷하다.
그리고 문제가 되는 것은 자살만이 아니다. 자살이라는 극단 이전에
수많은 고민 과정이 있다. 지금 우리 아이들은 거의 예외 없이 그 고
민 과정에 노출되어 있다. 『부모 vs 학부모』가 그 증거 가운데 하나다.

부모 언어의 5금(禁)

역시 대개의 부모들이 경험할 듯한데, 아이들이 처음부터 자기 부모를 의논 대상에서 제쳐 두는 것은 아니다. 한 생명의 생애에서 최초의 의논 대상은 당연히 자기 부모다. 아이들은 자기 문제를 부모에게 투정이나 하소연처럼 가져온다. 그럴 경우, 그 부모가 해서는 안 될 말에는 이런 게 있다.

1) 강요하고 명령하는 말
2) 경고하거나 위협하는 말
3) 설교하는 말
4) 도덕적 행동을 요구하는 말
5) 충고하거나 논리적으로 설득하는 말

자식이 의논해 올 때 일단은 자식의 투정이나 하소연에 동감부터 표하고 아이를 위로해 주기부터 해야 하는 그 장면에서 대개의 부모들은 아이의 눈높이에서 아이의 입장이 되어 아이의 이야기를 들어 줌으로써 아이와 느낌을 함께하는 것이 아니라, 아이의 이야기 가운데 아이의 불찰 부분을 꼬집어 지적하면서 설교를 하거나, 도덕적 행동을 요구하거나, 논리적으로 설득하려 든다. 더구나 부모가 만들어 놓은 틀을 아이가 벗어나려는 기미를 보이기라도 하면(닐이 의사가 되기를 바라는 부모의 뜻과는 달리 연기자가 되겠다 한 경우처럼) 사정없이 '안 된다'고 한다.

그러니까 자식의 입장에서는 괜한 의논으로 말미암아 잔소리만 듣고 새로운 금제禁制만 만들게 된 셈이다. 투정이나 하소연하는 얼굴을 향한 그것은 곧 면박이다. 그런 경험이 결국 부모를 의논권 밖으로 밀어낸다. 왜냐하면 자신이 의논했을 경우 부모가 어떤 반응을 보이고 무슨 말을 할 것인지 환하게 알고 있기 때문이다. 닐 페리의 말 – **저는 아버지가 뭐라 말씀하실 것인지 알고 있어요.**

모든 게 그렇듯이, 부모가 자식들로부터 왕따가 되는 것도 자업자득인 셈이다. 내가 앞에서처럼 그랬던가, 확실하지 않다. 그렇지 않으려 했기에 그렇지는 않았을 것 같다는 것은 자기 위안일 듯하다. 부정할 수 없는 사실은 내가 어느 날부터 이 글을 쓰고 있는 지금도 아이들에게 의논 대상이 되지 못하고 있다는 것이다. 그 '어느 날'이 언제였는지는 잘 생각나지 않는다.

그나마 뒤늦게 잔소리를 끊는다고 끊었고, 개전의 정도 보이는 노력을 기울였지만, 그러나 그것이야말로 소 잃고 외양간 고치는 격이었고 사후 약방문이었다. 나는 내 아이들과 평등하고 친밀한 우의를 함께 나눌 수 없는 실수를 이미 저질렀고, 그 바람에 아이들과 나 사이에는 나로선 어찌해 볼 수도 없는 정서적 장벽이 이미 높직이 쌓아 올려 있었다. 내가 가까이 가고 싶어 교태(과장이 아니다)를 좀 지어 봐도 아이들은 네, 아니오 식의 의례적 대꾸나 마지못한 듯 해 줄 뿐, 나의 접근을 좀처럼 허락하지 않는다. 일종의 면박이다. 그러면 나는 항복, 하는 심정으로 잠자코 물러나서 열심히 표정 수습을 한다. 지난날에 대한 회오는 크지만, 그것은 돌이킬 수 있는 그런 게 아니다. 시대는 또 이미 아이들의 몫이 되어 가고 있고……

이제 나에게 남아 있는 선택은 아이들의 통찰과 이해를 기다리는 것뿐이다. 나 자신의 지난 자취를 깊이, 쓰라리게 반성하며, 아이들이 나에 대한 자신들의 기억에 조금씩이나마 밝은 빛깔을 섞어 주기를, 그러면서 저희들 스스로의 뜻으로 나를 향해 다시 다가와 주기를 기다리는 수밖에는 다른 선택이 없다. 『주홍 글씨』를 쓴 너새니얼 호손(1804~1864)의 이런 말이 있다.

　행복은 한 마리 나비다. 쫓으면, 나비는 언제나 당신의 손길 저 너머에 있다. 그러나 당신이 잠자코 앉아 있으면, 나비는 당신에게 와 앉을는지도 모른다.

　Happiness is a butterfly, which when pursued, is always just beyond your grasp, but which, if you will sit down quietly, may alight upon you.

비단 행복만이 아니다. 모든 인간관계에서도 마찬가지다. 한쪽에서 쫓아가면 다른 쪽에서는 도망친다. 자식과의 관계도 다를 게 없다. 서둘러, 더구나 조급하게 다가가면 자식들은 더 멀어진다. 기다려야 한다. 나비가 내게 다가오지 않는다 하여 그 나비를 향해 무슨 소리나마 내 볼 수 있는 것도 아니다. 왜냐하면 나비는 저희들 세계를 바삐 훨훨 날아다니고 있는 중이므로.

이중 잣대

(식탁에서) 음식 부스러기를 바닥에 흘리지 않도록 다들 주의해야 했지만 결국 가장 지저분한 곳은 바로 아버지 의자 밑이었지요. 식탁에선 오직 식사에만 열중해야 했으나 아버지는 손톱을 자르시거나 연필을 깎으셨고 이쑤시개로 귀를 청소하셨지요. 제발 부탁드리는데, 아버지, 제 말을 오해하지 말아 주세요. 이러한 것들은 그 자체로서는 전혀 대수롭지 않은 사소한 일들이었을 거예요. 그러나 그것들은 아버지가 제게 내리신 계율을 아버지 스스로 지키시지 않게 되었을 때 비로소 저를 짓누르는 힘으로 작용하기 시작했습니다.

　　―프란츠 카프카 지음, 이재황 옮김, 『아버지에게 드리는 편지』
　　　(문학과지성사, 1999)

자기 아버지에 대한 아들의 관찰이 섬뜩하게 느껴지는 이 책을 읽으며, 이를테면 인용문 같은 대목에 이르렀을 때, 나는 찔끔하는 심정이 되어 나를 돌아보게 된다. 나는 어땠던가? 내가 이렇지는 않았던가? 그렇지는 않았던 거 같은데……. 그렇게 생각되는 것은 자기 위안 같은 것일는지도 모른다.

비단 정치인이니 하는 사람들만이 아니라, 어른들 사회의 상례적인 이중성을 혐오해 온 나는 이중적이기보다는, 적어도 아이들 앞에서는 수범垂範이 되려고 애썼다. 그것 역시 생각만이었던가. 잘라 말할 수 없다. 아니, 딱 잘라 말해야 할 것 같다. 왜냐하면 나는 바로 앞에서 무늬만 민주주의자였다는 고백을 이미 한 바 있으므로.

자라고 있는 아이들이 가장 의문스러워하는 것은 어른들의 이중 잣대다. 아무리 보아도 옳은 어른은 드물거나 아예 없어 보이는데, 그들은 옳은 소리만 골라 하고, 따르지 않을 경우에는 가혹한 체벌도 마다하지 않는다.

웃겼어! 아이들은 돌아서서 핑 이렇게 말해 버린다. 그것은 명시적 비웃음이다. 꼰대가 웃겨, 진짜! '꼰대'는 교사도 되고 아버지도 된다. 아이들이 반항하는 것은 '옳은 소리' 때문이 아니라, 자기 입에서 나온 '옳은 소리'를 스스로 지키지 않는 교사나 아버지에 대한 반감 때문인 경우가 많다는 이야기를 어느 교사로부터 들은 적이 있다.

앞에서 인용한 카프카의 글대로라면, "그것들은 아버지가 제게 내리신 계율을 아버지 스스로 지키시지 않게 되었을 때 비로소 저를 짓누르는 힘으로 작용하기 시작했습니다"가 된다.

그것은 국민들이 이를테면 정치인의 말을 시큰둥해하는 것과 마찬가지다. 이렇게 자신들의 성장 과정에서 가까이 접하는 부모와 교사가 말 따로 행동 따로일 때, 아이들은 처음에는 의혹을 느끼고, 그러다가 마침내는 어른들과 사회에 대해 불신감을 키워 나가게 된다. 자라고 있는 아이들에게 가장 유해한 교육 환경은 말 따로 행동 따로인 교사와 부모들이라 할 수 있고, 그 아이들에게 가장 큰 불행은 성장 과정에서 존경하는 스승과 부모가 없다는 것이라 할 수 있다.

앞에서 인용한 하인스 워드의 경우, '들려주지 않고 보여준' 것이 굳이 이야기하자면 하인스 워드를 계도했다. 자식에게 이중 잣대를 들이대지 않도록, 그리하여 어떻게든 그 생명에게 수범이 되도록, 부모는 죽을힘을 다할 수밖에 없다. 자식을 포기하지 않고 있다면 말이다. 그런데 그게 쉽지 않다. 그것이 문제다.

가난 연습

　내가 이 세상에서 부러워하는 사람은 참 많은데, 모두 지우고 그 중 딱 하나만 남기라면 서슴지 않고 고를 사람이 나와 동갑내기인 윤구병 선생이다. 그는 그야말로 자기 소신에 따라, 자기가 원하는 삶을 실천해 냈고, 그 실천은 세상을 위해 큰 보탬이 되었다. 바로 그 윤구병 선생의『조그마한 내 꿈 하나』에 이런 대목이 있다.

　여덟 살 때 육이오를 맞아 나이 서른에 이르기까지 스무 해 남 짓 나는 무척 어렵게 살아왔다 해도 과언이 아니다. 요즈음도 가끔 내가 넉넉한 집에서 큰 어려움 없이 자랐다면 지금쯤 어떤 사람이 되어 있을까 생각해 보는 때가 가끔 있다. 아무리 요모조모로 따져 보아도 얻은 것보다 잃은 것이 더 많았을 성싶다.

직장을 옮기면서도 지방 근무 조건을 달았을 정도로 나는 서울을 싫어했다. 그런데 새 직장 생활 1년 반쯤 뒤 서울 본사 근무 명령을 받았다. 그러니까 본사로 옮기든가, 아니면 다른 직장을 찾아봐야 했다. 나는 일단 나 혼자 서울에서 생활하며 구직을 해 보았으나 쉽지 않았다. 한 해 뒤, 나는 먼저 서울로 이사한 다음 차근차근 직장을 찾아보기로 했다. 결국 서울이면서도 서울 같지 않은 곳을 찾았고, 마침내 대치동에 이삿짐을 풀기로 했다. 1978년, 그때는 대치동이 버스 종점이었고, 개포동은 논밭과 야산이라, 집에서 10분만 걸어 나가면 그대로 시골 풍경이었다. 그런데 불과 몇 해 지나지도 않아서 모든 풍경이 변하여 대치동은 부자 동네의 대명사 같은 게 되었다.

요즘은 그런 게 눈에 띄지 않는데, 그 시절에는 해마다 봉급생활자가 받는 봉급 통계가 발표되었다. 나는 그때 국세청의 그 통계로 봉급을 가장 많이 받는 상위 2.5퍼센트에 속해 있었다. 그러니까 우리나라 월급쟁이 97.5퍼센트는 수입이 나보다 적었다는 이야기가 된다.

그런데 그중 상당수가 월급쟁이이거나 일정한 직업이 없어 보이는 이웃들 대부분은 나보다 훨씬 더 잘살았다. 아이들은 장난감이나 군것질거리 또는 몸에 걸치는 옷가지나 외식과 관련된 또래들과의 대화에서 주눅을 느껴야 했다. 외식 산업이 가장 발달한 곳이 역시 강남일 듯한데, 아이들은 제 친구들이 어떤 식당에 가서 무엇을 먹고 왔다는데, 어떤 친구는 어느 식당에서 1인당 얼마짜리 생일 파티를 했다는데 하는 이야기를 하곤 했다. 아이들이 자라면서 나의 집과 다른 집의 소비 수준 차이는 더 눈에 띄었다.

우리 부부는 고민했다. 아이들에게 내핍과 검소의 가치를 심어 주어야만 할 듯했다. 그런데 아이들을 주변 또래들과 너무 차이 나게 하는 것은 오히려 역효과를 일으킬 것 같았다. 맹자 어머니 식으로 집을 옮기지 않는 한, 주변 풍경에 대강이나마 맞추려 들 수밖에 없다는 결론은 불가피했다. 그때부터 이른바 '가난 연습'은 시작되고, 내용으로 보아 둘째가 고등학교 1학년이던 시절, 나는 어느 잡지의 청탁을 받아 '가난 연습'이라는 제목으로 이런 글을 쓰게 된다.

"이 물뿌리개가 아직도 있네."

아버지 생신을 맞아 오랜만에 친정 나들이를 한 누이동생이 제 딸애의 머리 손질을 해 주기 위해 물뿌리개를 집어 들며 그렇게 말했다.

"그거 아직 한 10년은 더 쓸 수 있을 거 같지 않니?"

신문을 뒤적거리고 있던 나는 그쪽을 바라보며 한마디 툭 던졌다.

"아이구 참, 이 집 같으면 물뿌리개 장수 굶어 죽겠네."

누이동생은 과장스러운 투로 말하며 조그맣게 웃었다.

누이동생이 내 집에서 새삼스러워하는 것은 손잡이가 부러진 그 물뿌리개만은 아니다. 하도 오래되어 줄을 고무테이프로 몇 번씩이나 감아서 쓰고 있는 다리미며, 추가 고장 나 김이 치솟아 올라 한창 돌아가다 보면 어디론가 날아가 버리곤 하는 압력 밥솥이며, 이사 다니느라 여기저기 다 부서져 버린 싸구려 장롱이며, 목이 건들거려 부목을 대 놓은 전기스탠드며, 내가 1968년에 등단작을 쓴, 30년쯤 된 고물 나무 책상이며, 일일이 손꼽아 보자면 한이 없을 정도이다. 괜한 궁상이 아니라, 일부러 공들여 피우고 있는 궁상의 자취들이다.

며칠 전, 고등학교 1학년인 둘째가 말했다.

"내가 8학군에 산다는 게 그다지 행복한 게 못 되는 것 같아요."

나는 요즘 대학 입시 제도가 바뀌어 내신 성적 반영 비율이 높아졌다는, 그런 쪽에서 어떤 근심을 하고 있는 게 아닌가 하고 지레짐작했다.

"넌 여기나 다른 데나 내신 걱정 하지 않아도 되는 게 아니니?"

"아니, 그게 아니라요……."

그다음에 이어진 아이의 설명은 전혀 딴 거였다. 이 동네에서 함께 학교에 다니다가 강북의 어느 학교로 옮겨 간 친구를 오랜만에 만나 이야기했는데, 그 친구가 가로되, 이 동네 아이들과 새로 이사 간 동네 아이들은 의식 면에서 확실하게 차이가 난다, 그런 거였다.

"이를테면 요즘 너희들 또래의 의식은 사는 동네에 관계없이 그다지 바람직하지 않은 게 아니니?"

아이의 그런 문제 제기를 한편으로는 놀라워하며 나는 반문했다.

그러자 아이는 자기가 이런저런 기회에 만나 본 다른 동네 아이들과 이 동네 아이들의 확실하게 다른 면모에 대해 이야기했다. 그 중에는 검소함이나 인간적 진솔함, 남의 어려움에 대한 이해나 자신의 고통에 대한 인내 능력, 그런 게 들어 있었다.

내가 이 동네에 자리 잡았던 것은 살기 좋다든가, 8학군이라든가 하는 이유 때문은 아니었다. 당시 내 직장의 본사가 있던 소공동과 공장이 있던 수원과 딱 중간 지점이어서 어느 곳으로 출근하든 교통이 편리하리라는 계산에서였다. 그게 벌써 16년 전이었고, 그때만 해도 이 동네는 이토록 요란스럽지 않았다. 길도 제대로 나 있지 않고, 몇 분만 걸어 나가면 과수원이며 논밭이 있어서 이른 아침 산책이라도 나가면 바짓가랑이에 이슬이 묻고는 했다.

언제부터인가 잘 알 수 없으나 이 동네는 자식의 앞날을 생각하는 슬기로운 어버이라면 근심을 하는 게 마땅할 법하게 바뀌어져 버렸다. 차를 가지고 있는가 하는 게 아니라, 무슨 차를 몇 대 가지고 있는가 하는 것이 아이들의 질문이 되었고, 국민학교 아이들의 생일 모임을 요즘 돈으로 1인당 만 원쯤 드는 장소에서 갖는 게 드물지 않은 게 되었으며, 중고등학생들의 학원이니 하는 것도 '소수 정예', 그런 표찰이 붙어서 고액을 바쳐야만 하며, 자주는 아니지만 친구들과 어울리면 롯데 어드벤처나 아이스 링크에 가서 하루 몇만 원쯤을 써야만 한다. 과소비라 생각하면서도 같은 또래들이 대개 그렇게 하니까 빠지기 싫다는, 일종의 시샘이나 야릇한 경쟁 심리에서 그렇게 쫓아가게 되곤 하는 것이다.

내가 아이들에게 언제부터 가난 연습을 시킬 필요를 느꼈던가, 잘 알 수 없다. 더 많은 소유, 더 많은 소외라는, 소유와 소외의 공식을 굳이 들먹거려 보지 않는다 할지라도 무한정한 소유 지향은 인간에게 바닥 모를 소외라는 극단적인 불행을 안겨 주게 된다. 내가 지금의 생활에 감사함을 느껴 부족감도 소외감도 그다지 느끼지 않은 채, 내가 하고 싶고 내가 할 만한 일을 골라 하며 그런대로 보람을 느끼며 살아가고 있는 것은 어쩌면 내 어린 시절에 경험했던, 검소할 수밖에 없었던 생활이 내게 은연중에 심어 준 어떤 덕성 때문일 것이다. 그런데 이 동네에서 부족함 느끼지 않은 채 자란 이 아이들의 장래는 어떤 것일 수 있을까.

괜한 근심일는지 모른다.

나는 내 아이들에게 가난을 연습시켜야 한다고 생각하여 궁상의 자취를 언제나 눈에 띄게 하려는 것 외에도, 일상의 씀씀이에서 너무 심하지 않을 만큼 결핍을 느끼게 해 오고 있다. 그것이 실천이 아니라 그런 식의 연습이 되었던 것은, 만일 실천하면서 이 동네에서 살 경우, 아이들에게 더 해악적일 수 있다는 근심 때문이었고, 내가 이 동네를 떠나지 않으면서 가난을 연습하는 정도로 아이들의 미래를 생각해 보려 했던 것은, 집을 구한다든가 이사를 간다든가 하는 번거로움을 마음 내켜 하지 않았던 것보다는, 세태로 미루어 헤아려 보건대, 어디를 가든 마찬가지가 아니겠는가 하는 판단에서였다. 그런데 둘째의 이야기를 듣고 보니까 나의 판단이 잘못이었던 듯했다.

그다음 날쯤, 대학에 다니는 첫째에게 물었다. 둘째가 그렇게 느낄 정도라면 이 동네에 계속 살 것인가를 재고해 봐야 할 듯한데 넌 어떻게 생각하니? 하고. 큰아이는 그런 것을 느낀다는 자체가 백신 기능을 할 테니까 너무 근심하지 않아도 괜찮지 않겠는가 하는, 내가 들어 좀 편안할 듯한 답을 했지만, 글쎄, 어쩐지 두렵기만 하다. 어떻게 해야만 할까?

우리보다 훨씬 더 잘사는 나라 사람들의 일상적 풍경에 견줘 보아도 우리네의 일반적 소비 수준은 지나치다 생각했던 것 외에, 이 대목 서두에서 인용한 윤구병 선생의 말씀처럼, 내가 이만한 생활에서 나마 감사함을 느끼는 것은, 내 어린 시절에 경험했던, 검소할 수밖에 없었던 생활이 은연중에 심어 준 어떤 덕성 덕분이라 믿고 있다. 또 『에밀』에서 읽어 볼 수 있는 J. 루소의 이런 말씀에 대한 동감도 확고했다.

> 가난한 자에게는 교육이 필요 없다. 그의 생활 환경 자체가 그에게 교육을 강요하기 때문에 그 밖의 교육이 따로 필요 없는 것이다. 반면에 부자가 그의 생활 환경에서 받는 교육은 그 자신을 위해서나 사회를 위해서나 부적당한 것이다.

우리 옛말에도 '부잣집 자식 똑바르기 어렵다'는 게 있다. 부자에 대한 단순한 시샘만은 아닐 듯하다. 우리나라에서도 소문난 어느 부잣집의 여섯이나 되는 자식들이, 그 부모 되는 분들의 독특한 훈육 방법 덕분에 인간적으로 참 훌륭하게 되어 있는 모습도 보았고, 부잣집 자식들이라 하여 모두가 똑바르지 않게 되는 것은 아니지만, 부잣집 자식들은 '괜찮은 인간'이라는 관점에서 볼 때 여러 가지 위험 요소를 간직하고 있는 것만은 부정할 수 없을 듯하다.

2014년 막바지에 대한항공 집안의 '잘난' 딸 하나 때문에 '부잣집 자식'들의 도덕적 해이(moral hazard) 현상이 사람들 입에 자주 오르내리게 되었지만, 우리 현실에서 이런 경우는 사실 특별한 게 아니다. 몇 해 전, 이른바 '매값' 소동을 벌였던 어느 재벌의 아들, 그 눈빛은 인간의 것 같아 보이지 않았다. 잘사는 집 아이들 가운데 상당 부분이 보여 주고 있는 지나친 소비 풍조와 약자에 대한 오만한 눈빛, 그리고 자신의 누림에 대하여 감사함을 모르는 태도 등은 사회와 그 자신, 양편 모두를 위해 불행해 보인다.

또 한 가지 내가 주목한 것은 우리의 낭비나 과소비 풍조였다. 절제가 미덕이라면 낭비는 악덕이다. 다른 대상도 아닌 자기 자식에게 악덕을 가르쳐야 할 이유는 결코 없다. 가난 연습은 불가피한 선택이었다. 그렇다면 왜 실천이 아니라 그런 식의 연습이 되었던가? 우습지만, 그것도 부모 되는 사람으로서 고심 끝에 내린 결정이었다. 만일 가난을 실천하면서 그 동네에 살 경우, 아이들에게 더 해악적일 수 있다는 근심을 우리 부부는 떨쳐 버릴 수 없었다.

아전인수식이 될는지 모르겠지만, 이런 실천이 아이들에게 긍정적인 영향을 주었다고 믿고 있다. 그 한 예가 두 딸이 결혼할 때 풍경이 되겠다. 딸 하나 시집보내면 기둥뿌리가 뽑힌다. 우리네 결혼 문화를 상징하는 이런 속설이 있지만, 우리 딸 둘이 결혼할 때, 우리 부부는 단 한 푼도 지출하지 않았다. 우리 부부가 내내 애써 온 '자립'의 결정판이 될 것이기에, 냉정할 정도로 금을 긋고 있었다. 아내를 통해 지출되는 비용도 있었는데, 그것마저 아이들로 하여금 부담하게 했다. 이 과정에서 갈등, 그런 것은 없었다. 서로에게 그렇게 길들여져 있는 게 우리 집 고유 질서였기 때문이다.

고학력자는 결혼 비용이 더 든다. 이것도 결혼과 관련된 우리네 속설의 하나지만, 우리 아이들 경우에는, 아마도 당대의 어느 누구보다도 더 적은 비용으로 결혼식을 치렀다. 혼수 고민, 그런 것은 물론 없었고, 웨딩 사진이니, 오징어 뒤집어쓰고 신부 집에 가서 피우는 소란이니, 자동차에 울긋불긋 치장이니, 그런 것도 없었으며, 신부 화장이니 하는 것도, 본디 화장을 별로 하지 않는 편인 아이들이 당일 조금 색다르게 머리 손질을 한 게 전부였다. 예물은 자매 모두, 요즘 돈으로 10만 원쯤 갈 듯한 가장 간단한 커플링을 만들어 신랑과 신부가 교환했다. 예식장도 첫째는 동문 회관, 둘째는 우리 가족과 인연이 있는 어느 시골집 마당을 빌려서 치렀다. 돈을 아끼려는 게 아니었다. 단지 어린 시절부터 자기들의 몸에 밴 습관, 그런 것에 충실하면서, 굳이 남들이 하는 그대로 따라가려 들지 않았을 뿐이다. 남이 장에 간다고 거름 지고 장에 갈 수는 없다. 이것이 아이들의 신념이었다. 아이들의 그런 신념과 실천, 아이들이 우리 부부의 품을 떠나면서 우리 부부에게 주고 간 큰 선물이었다.

앞 문단의 풍경 묘사를 보고 내 아이들로부터 나쁜 의미에서의 구두쇠, 그런 인상을 받으실는지도 모르겠는데, 그렇지는 않다. 돈에 대한 태도는 이를테면 취미 생활을 위한 지출로 가늠해 볼 수 있을 듯한데, 아이들은 그런 쪽에서 상당한 지출을 하고 있다. 이를테면 꽤 많은 돈이 들어가는 국내외 여행을 즐기는 것이 그 예가 될 듯하다. 우리 가족이 모두 그렇기는 하지만, 두 아이들도 같은 또래들 가운데 가장 많은 여행을 한 축에 든다. 길게는 6개월씩 이어진 그 여행도 최저 지출의 배낭여행이었다. 그러므로 돈에 대한 두 아이의 태도는 '실질적'이라는 평가가 적절할 것 같다. 그리고 우리 부부의 그늘에서 머문, 그들의 성장 과정이 이런 태도 형성에 영향을 주었다고 믿고 있다. 당신이 사랑하는 자녀들에게 염결과 가난의 가치를 체험하게 하시라. 그렇게 권면하고 싶다.

용돈을 얼마나 줄 것인가

가난 연습에 대한 궁리는 이를테면 아이들 용돈 문제 쪽으로 이어진다. 우리 집 경우, 역시 자립 의지 함양을 위해, 아이들이 대학에 들어가면서부터 경제적인 면에서 대충 자립 체제로 나아가는 것으로 했는데, 그전까지 우리 부부가 가장 궁리를 많이 한 항목 가운데 하나가 용돈 문제였다. 앞에서 이야기했듯, 우리나라의 일반적인 형편이나, 우리 자신의 형편에 비해 너무 잘사는 동네에 살고 있다는 것도 우리의 이쪽 궁리를 더 무겁게 했다. 어느 정도가 적당할까?

나는 그 답으로서, '너무 궁하지 않은 정도'라고 금을 그어 보았다. 그러니까 '적당히 궁한 정도'는 예의 '가난 연습'을 위해 필요하다는 게 나의 판단이었다. 그런데 이런 판단에 혼란이 일게 되는 경우는 흔하다. 이를테면 하교하는 아이들이 저희들끼리 길을 걸으며 떡볶이를 먹고 있거나 아이스크림을 빨고 있는 장면을 보게 될 때가 그렇다. 내 아이들은 돈이 궁해 저런 군것질도 못한 채, 제 친구들 입만 바라보고 있는 게 아닌가. 그런 생각을 하면 세상 빛깔이 갑자기 침침해 보인다.

언젠가 박동규 선생이 텔레비전에 나와서 이런 이야기를 했다. 자신의 어린 시절에 어느 빵집 앞에서 손가락을 입에 물고 서 있는데, 그 아버지 되시는 박목월 선생이 다가와 손을 잡아 집으로 함께 가게 되었다는. 그러니까 그 아버지께서 버스를 타고 지나가다 아들을 보고 버스에서 내려와 그런 장면이 만들어진 것이다. 그때 그 아버지의 심정은 어떤 것이었을까? 박동규 선생 이야기에, 아버지가 빵을 사 주거나 했다는 말이 없는 것을 보면, 그 시간에 아버지 주머니에는 그럴 만한 돈이 없었을 것 같다. 해방 뒤는 거의 모든 사람에게 어려운 시절이었다.

우리는 결국 우리 부부의 기준으로 볼 때, 약간 후한 쪽으로 주기로 하고, 겉으로는 쥐어짜는 시늉을 지어 보이면서도 여러 명목으로 주머니를 채워 주는 쪽이 되었다. 적어도 군것질하는 제 친구들의 입을 바라보게 해서는 안 된다는 생각에서였다. 다른 한편으로는 돈도 좀 쓸 줄 알아야 한다는 생각도 있었다.

내 또래들이 대개 그랬을 듯싶은데, 어린 시절에 더러 또는 자주 끼니를 걸러야 할 만큼 하도 가난했기에, 그 뒤 형편이 편 뒤에도 돈을 쓸 때 더러는 고통스러움을 느끼는데, 그게 그다지 좋은 현상 같지 않았다. 나는 가지 않았으면서도 아이들은 입장료가 비싼 공연장에 보냈던 데에는 그런 이유도 있었다. 그러나 받는 아이들 쪽에서 보자면 언제나 모자랐을 것이다. 그랬기를 바란다. 왜냐하면 앞에서 인용한 윤구병 선생의 경험이 말해 주는 것처럼, 그것이 자신들의 미래 체감 행복의 근거가 될 수 있을 것이므로.

그러면서도 지금 내가 후회하고 있는 것 가운데 하나가 바로 용돈 문제다. 가난 연습 외에 내게 다른 이유가 있었다면, 생존 위협이었다. 내 세대의 성장기에는 대부분이 가난했는데, 나의 가족은 그중에서도 더 가난한 편이었다. 끼니를 거르는 날이 드물지 않았을 만큼. 그래서 나는 아예 어린 시절부터 생존 위협을 느껴야 했다.

나 자신이 가정을 가진 뒤에도 마찬가지였다. 월급쟁이 시절에도, 앞에서 이야기한 것처럼, 적어도 국세청 통계를 본다면 적게 버는 것이 아니었고, 전업 작가가 된 다음에도 작가들 가운데 문필 수입이 적은 편은 아니었지만, 내가 봉양해야 하는 가족은 부모님과 아이 셋, 우리 부부, 모두 일곱이었다. 내게는 극히 버거운 짐이었다. 항상 무거운 부담감을 느껴야 했다. 예비니 비축이니 하는 게 거의 불가능했다.

1984년 내가 제목도 알 수 없는 병으로 의학적 포기 상태까지 간 적이 있었는데, 그때 나는 아내에게 돈이 얼마나 있느냐고 물어보았다. 6개월 치 생활비도 되지 않았다. 그리고 34평짜리 아파트 하나. 그러니까 의학적으로 포기된 그 상태에서 끝나 버린다면 내 가족은 생계 면에서 허허벌판에 내몰릴 가능성이 컸다. 혼수상태를 되풀이하며 무력하게 병상에 누워 있어야 했던 나는 더 절박할 수밖에 없었다.

그 뒤, 의학적으로는 설명될 수 없는 과정을 거쳐 되살아나기는 했지만, 그 당시의 절박감은 그대로였다. 그 바람에 아이들 용돈도 더 짠 게 되었을 텐데, 지금 되돌아보면, 제 부모에게 용돈을 받는 그런 시절이 그다지 길지도 않은 것인데, 좀 낫게 주었을 걸 하는 미안함, 크다. 그러나 시간은 이미 지나가 버렸다.

어머니의 위상

    이번 항목 고민은 어쩌면 특정 지역 문화와 관련된 것일는지도 모르겠다. 나는 자칭 무향민이다. 고향이라 할 수 있는 곳이 따로 없다. 출생지인 일본에서 첫돌을 지내고 돌아온 뒤, 외가가 있는 점촌에서 아마 서너 해 산 다음에는, 큰할아버지가 계신 대전 근교에서 소년기를 보냈기 때문이다. 그러나 아버지와 어머니가 경상북도 북부 출신이어서 그쪽 문화의 영향을 받았는데, 특히 아버지 고향인 안동은 '여자는 숨도 못 쉬게 한다'는 소리가 나올 정도로 여자에게 좀 심한 편이었고, 어머니도 그런 쪽에서 고생을 하셨다.

    그런데 냉정하게 이야기하여, 정도의 차이가 있을지언정 여자들을 홀대하는 현실은 특정 지역만의 문제가 아니다. 모계 사회라는 아마조네스 전설 정노를 제겨 두고 보기로 하자면, 문화권에 관계없이 남성 지배 체제가 확고한 세계에서 여자는 남자의 성욕을 충족시켜 주고, 아이를 낳아, 키워 주는 도구였다. 세월이 흐르고 인문이 발달하고, 더구나 열혈적인 여권 운동 덕분에 많이 바뀌었다고는 하지만, 아직도 남자들 의식에서 여자는 그런 대상에 머물러 있다.

그런 의식은 결국 여러 형태로 행동에 나타나고, 그런 현상에서 여자들은 피해를 당할 수밖에 없다. 그것은 매우 부당하게 보였다. 어머니 되는 사람의 인간적 존재를 위해서도 그렇지만 자식이나 집안 분위기 전체에 미치는 영향 면에서도 나쁘다고 생각했다. 육아의 중심은 어머니인데, 어머니가 홀대당해서는 그 중심 노릇을 제대로 할 수 없기 때문이다.

나는 또 딸을 둘이나 모셔(?) 키우고 있는 입장이었다. 딸들에게 '여자는, 아내는, 어머니는, 주부는' 죽어지내는 것이다, 그런 인식을 심어 주고 싶지 않았다. 그렇다고 합당한 인내마저 부정하는 인간상이 되어서는 안 될 일이었다. 나는 딸애들이 여자가 아닌, 또는 여자이면서도 당당한 한 인간으로서, 자기 개성을 살리면서도, 자기가 속한 공동체에 합리적으로 기여하는 역할을 할 수 있게 되기를 바랐다.

딸과 아들에 대한 차별이니 하는 것은 우리 부부의 마음에 아예 없었고, 혼자 배낭여행 떠날 때 그렇게 했던 것처럼, 여자라 하여 못하게 하는 경우 역시 마찬가지였다. 우리 품을 떠난 뒤에도 그들이 그런 사람으로 살아갈 수 있도록 하기 위해서는 그들의 개성과 인식이 형성되고 굳어지는 성장기에 적어도 가족권에서나마 남녀 차별, 그런 것을 조금도 느끼지 않도록 해야 한다고 생각했다.

그런 목적을 위해 가장 긴요한 것은 그들의 성장기 견문見聞이 되고, 장래의 롤 모델이 될 어머니의 위상부터 반듯해야 했다. 나의 그런 관점이 딸애들에게 어떤 영향을 미쳤는지, 달아 볼 수는 없지만 짐작해 볼 만한 근거는 있다. 딸애들의 사회생활이나 결혼 생활에 대한 관찰을 통해서인데, 소신의 실천부터, 여러 면모에서 살펴보아 잘해 내고 있는 듯하다. 감사하게 생각하고 있다.

남녀 둥둥, 가족 둥둥

앞에서 설거지 이야기를 한 바 있는데, 설거지를 비롯한 가사 노동에 나 자신을 포함하여 아이들 모두 나눠서 하게 한 것도, '어머니는 일하는 사람', 그런 인식을 갖지 않도록 하기 위해서였다. 아이들 있는 데서 부부 싸움을 하지 않으려 한 것은 물론, 내가 아내에게 거친 표현을 삼가려 했던 것도 같은 의도에서였다. 아내가 공부를 더 하겠다고 했을 때, 가사 노동 가운데 내가 맡는 부분을 조금 더 늘리면서까지 적극 뒷받침하려 했던 것이나 우리 가족 식탁에서 아내가 상석에 앉게 한 것도 같은 배려에서였다.

한 해에 딱 한 번, 아내 생일에 고급 호텔 뷔페에 갔던 것도 우리 집에선 어머니가 최고다, 라는 인식이 아이들 마음에 새겨지기를 바라는 마음에서였다. (호화로운 건물이나 진기한 음식 앞에서 내가 느껴야 했던 당혹감 같은 것을 아이들은 되풀이하지 않아도 좋도록, 고급 호텔이나 좋은 음식을 경험하게 하려는 목적도 있었다.) 그래서 해마다 아내 생일은 아이들이 기다리는 날이 되었는데, 가족 여행과 마찬가지로 이런 연례행사를 멈추게 된 것도 기동이 불편하신 부모님과 합솔하면서였다.

그러나 그렇다고 해서 한 가정의 주부가 편안해진 것은 아니다.

지금 아내는 벌써 무릎 관절에 고장을 일으켜 고생을 하고 있다. 수리가 쉽지 않은 것으로 보아 지병이 된 것 같은데, 아마 혹사의 결과 같다. 내가 척추 수술을 한 적이 있기에, 해외여행 때마다 아내가 나보다 더 무거운 배낭을 짊어지고 다녔는데(나는 6킬로그램, 아내는 9킬로그램 정도), 그것도 아내의 고장 이유에 보태진 것 같아 한없이 미안하다.

2011년 8월, 살갗을 태우는 듯한 햇살을 온몸으로 받으며 스페인 산티아고 길을 두어 주일 동안 함께 걸은 적이 있고, 그것은 우리 부부가 함께한 가장 황홀한 시간이었는데, 그때 아내는 20킬로미터 안팎의 하루 일정을 끝낸 다음 알베르게(숙소)에 도착하면 근육통이나 관절염 치료제인 케펜겔로 무릎 마사지를 했다. 그 길을 걷는 사람들은 대개 무릎이나 어깨, 발바닥 등 크고 작은 고장을 무릅쓰는 쪽이었기에 그것을 대수롭지 않게 여겼으나, 지금은 그 장면들이 후회막급하다.

그런데 비단 아내만이 아니다. 아내를 따라 통증 의학과에 가 보면, 거기 대기 중에 있는 환자들의 90퍼센트 이상이 나이 든 여자들이다. 90퍼센트 이상이! 여자들의 그런 고장이 가사 노동에 치인, 그러니까 가족에 의해 혹사당한 결과 같다. 그런 어머니를 보며 자란 딸은 또 그런 어머니가 된다. 가정에서 여자, 아내 또는 어머니의 역할에 대해 뭔가 근본적인 해결책이 제시되어야 할 것 같다. 결국 이쪽 고민도 나의 생애에서 해결하지 못한 것 가운데 하나가 되었다. 나의 딸이나 손녀는 그런 틀로부터 자유스럽게 되기를 간곡히 바란다. 왜냐하면 여자가 나이 들면서 관절이 망가지는 세상은 결코 좋은 세상일 수 없기 때문이다. 여자가 하나의 인간으로서 당당하게 살아갈 수 있는 세상이 되어야만, 인간은 인간다운 삶을 누릴 수 있다. 여자가 약자인 세상은 야만이다. 그런 의미에서 우리는 아직도 야만인이다.

자식들 우애는 부모에게 달려 있다

비단 형제의 난이니 하여 세상 사람들 이맛살을 찌푸리게 하는 재벌가 형제들만은 아니다. 형제 사이에 우애 좋은 경우가 쉽지 않다. 차츰 각박해지는 세월 따라 이기심이 극대화되면서 이런 현상은 더 심해지고 있는데, 그 이유의 상당 부분은 부모 탓이다. 부모가 그 자식들로 하여금 서로 경원하도록 만들었다.

사람들 눈에 우선 띄는 재벌가 형제들의 추잡한 싸움 역시 그 부모가 그렇게 만들었다. 그 부모는 자식들을 왕자로 만들 만큼 성공했지만, 자식 농사에는 결국 실패했다. 이건희 씨가 텔레비전 카메라를 향해 자기 형을 '이맹희 씨'라고 부르며, 치아를 갈아 대는 듯한 어조로 원색적인 비난을 퍼부을 때, 내 살갗에는 실제로 소름이 돋았다. 그들 여러 형제를 그렇게 만든 것은 그 아버지였다. 그리고 단언할 수 있을 듯한데, 이건희 씨 자신이 지금 자식 농사 실패하고 있다. 자식들을 경쟁시키는 것은 사냥개 조련술은 될 수 있을지언정 자식들 사이 우애에는 도움이 될 수 없다.

물론 그들만은 아니다. 우애가 망가진 형제들 경우, 그 원인을 더 듬어 올라가 보면 부모 탓인 경우가 많다. 자식들로 하여금 그들의 생애 내내 자기 형제들과 불화하게 만든 것, 명색 부모로서는 못할 짓이고, 해서는 안 될 짓인데, 그 못할 짓, 그 해서는 안 될 짓이 연면하게 이어지고 있다. 그것도 아주 흔하게.

편애

자기 자식들의 우애를 아예 포기한 부모가 아니라면, 하나 이상의 자식들을 함께 키우는 부모 입장에서 중요하게 관심해야 하는 것들 가운데 하나가 편애다. 편애는 자식들을 이간질하면서 부모에 대한 적의를 키우게 한다. 이런 해악의 극복은 쉽지 않다. 부모가 저울눈처럼 정확하게 꼭 같이 한다 해도 자식 입장에서는 다른 형제 몫이 더 커 보이게 된다. 그러므로 부모는 물질적인 것은 물론 눈길 같은 것마저 고르게 나누고, 편지를 써도 길이를 같게 할 만큼 각별히 주의할 필요가 있다.

교육학 교과서에 강단의 교사는 학생들을 향해, 시선의 균배부터 고른 관심을 보여야 한다는 대목이 있었던 것 같은데, 자식을 키우면서 그 말을 실감할 때가 많다. 편애는 사실적인 것이든, 자식들의 이기심 때문이든, 더 사랑하는 쪽과 덜 사랑하는 쪽 양편 모두에게 해악적이다. 이선 씨의 단편소설 「몰락」에는 어른들의 편애로 말미암아 최악의 파멸까지 경험해야 하는 상숙과 상남 자매의 이야기가 실감 나게 그려져 있다. 섬뜩하다.

부모가 가장 관심해야 하는 것은 어쩌면 관심과 사랑의 고른 나눔, 더 나아가 자식들로 하여금 부모로부터 받는 관심과 사랑에 차별이 없음을 느끼도록 해 주는 슬기일는지도 모른다. 언젠가 텔레비전 프로그램에서 그런 슬기를 확인한 적이 있다.

미국 이민 1세대로, 로스앤젤레스에 사는 그 할머니는 여섯이나 되는 자식들을 훌륭하게 키우고 다스려, 교민 사회에서도 아주 부러워하는 화목한 가정을 이루어 냈다. 그 비결을 묻는 기자에게 할머니는 이렇게 대답했다. "저는 뭐 별로 한 게 없습니다. 다만 뭐든 꼭 같게 했습니다. 뭘 줘도 꼭 같이 주고, 전화를 해도 꼭 같이 하고, 애들 집에 찾아가도 꼭 같이 찾아가고, 칭찬을 해도 꼭 같이 했습니다."

나의 이런 글을 일부러 찾아 애써 읽고 있는 당신, 평범한 할머니의 평범한 이 말씀을 천천히 음미해 가며 한 번 더 읽어 보시기를 권한다. 자신이 살아오는 동안 터득한 지혜가 배어 있는 이 소박한 말씀에, 당신이 일생 동안 받을 수도 있을 고통으로부터 당신을 구원해 줄 지혜를 얻을 수 있다. 인간의 생애에서 해야 할 일은 허다하지만, 결과적으로 보았을 때 자식 농사보다 더 중요한 일은 없고, 자식 농사라 할 경우, 형제간 우애보다 더 중요한 덕목은 없다. 형제간 드잡이판을 보시라. 당신 자식들을 그 꼴로 만들지 않는 지혜가 바로 이 할머니의 소박한 고백에 고스란히 실려 있다. 한 게 별로 없다는 그 할머니가 한 것은 그 할머니로서 할 수 있는 최선, 최상의 것이었다. 그 할머니의 업적은 위대하다.

분쟁

부모 되는 사람으로서 신경 쓸 수밖에 없는 것 중 하나가 자식들 사이의 분쟁, 곧 싸움이다. 싸우지 않는 자식은 없다. 성장 과정에서 싸움은 놀이다. 내 첫째의 아이들에게 "하루에 한 번만 싸워라" 하니까 ☆수(누나)는 "그럼 심심하잖아" 했다. ☆수의 지난해 새해 계획에는 '☆수(동생)와 한 주일에 한 번만 싸우기'라는 게 들어가 있었다.

자란 다음의 분쟁은 더욱더 그렇지만, 자라는 과정의 분쟁에도 부모는 개입하면 안 된다. 엄정 중립. 왜냐하면 개입할 경우 시시비비를 가려야 하는데, 그것이 먹혀들지도 않으려니와, 아이들에게는 누구 편을 든다는 편애 인식을 심어 주고, 그것이 자식들 사이의 감정을 악화시키는 동기가 되기 때문이다. 그런데 위키피디아 한국어판에 들어가 '양비론'을 검색하니까, "양비론을 펴는 것은 사회에 아무런 도움을 주지 않으면서 토론을 죽이는 행위라고 비판하였다"라는 홍세화 선생의 주장에 이어 이런 예가 나와 있다.

아이들에 대해 권위주의적이었던 한국 전통 사회에서는 부모들은 싸우는 행위를 그 자체만으로 둘 다 잘못했다고 양쪽을 똑같이 벌주었다. 반면, 프랑스 부모들은 싸움이 시작된 원인을 찾고 누가 더 많은 잘못을 했는지를 따져, 그 잘못한 점에 대해서 야단친다.

그러나 이런 시시비비가 자식들에게 긍정적인 것이 되긴 어렵다. 이미 시비가 빌어진 상태에서는 감정이 격앙되어 있기 때문에 이성적 시비 분별이 어렵기 때문이다. 그런 판에 부모로서의 권능을 발휘하여 반성을 강요할 경우, 자식이 그 자리에서는 어쩔 수 없이 항복한다 할지라도 앙금이나 오기나 적의는 오히려 더 옹글어진다. 자식들 분쟁에서 부모의 중립은 양비론도, 양시론도 아니다. 표현 그대로 중립이다. 자식들 스스로 결론에 이를 때까지 기다린다. 그것이 설령 최악의 것이 된다 할지라도 부모가 개입하는 것보다는 낫다.

비교하지 않기, 경쟁시키지 않기

같은 맥락의 이야기가 될 듯한데, 자식들끼리, 그리고 다른 집 아이들과 내 집 아이를 비교 대상으로 삼지 않으려는 노력도 일부러 기울였다. 어느 아동 심리학자의 글에서 읽은 것인데, 아이들이 가장 싫어하는 말 중에는, '네 형(동생)은 잘하는데 너는 이게 뭐냐', '이웃집 아무개 좀 봐라' 같은 것들이 있었고, 나는 곧이곧대로 동감했다. 요즘 우리 소설 재미없다는 게 나의 불만인데, 정말 재미있는 소설이 있다. 박현욱 씨의 『동정 없는 세상』(문학동네, 2001)이 그것인데, 줄기차게 미소를 머금게 하는 이 소설을 보면 이런 구절이 나온다. 앞에서 이미 인용한 바 있는데, 이런 글은 여러 번 읽어 아예 뼈에 새겨 둘 필요가 있다. 그러면 애꿎은 자식에게 심어 줄 치명적 상처를 예방해 줄 것이기 때문이다.

대부분의 아이들을 괴롭히는 것은 같은 놈이었다. 바로 '그 집 아이'라는 놈이다. 그 집 아이는 대한민국 학생들의 공적이다. 그 집 아이는 공부를 잘하는데, 그 집 아이는 서울대도 갔다는데, 그 집 아이는 상 받았다는데, 그 집 아이는 도무지 부모 속을 썩이지 않는다는데, 기타 등등, 이런 식이다.

자기 자식을 다른 형제나 다른 집 아이와 비교하는 것은 무심결에 자기 자식들을, 그리고 사이좋게 어울려야 할 친구들 사이를 이간질하는 것이며, 자기 형제나 이웃 아무개에 대해 씻을 수 없는 패배감을 심어 줄 뿐, 아무런 효과도 기대할 수 없다. 우리 부모들이 너무나도 쉽게, 그리고 흔하게 빠지는 함정이 바로 이 비교라는 이야기를 들은 적이 있는데, 나는 동감한다. 그것은 정말 너무 흔한 나머지, 너무 쉽게 생각되는, 그러면서도 그 영향은 결코 장난이 아닌, 참 고약한 함정이다.

ᄂᄼ 자신의 경우

나는 편애, 그쪽에서는 그다지 고민해 본 적이 없는데, 분쟁에 대한 부모의 대응 입장으로 보아 그쪽과 성격이 비슷한, 자식들 사이의 분쟁 쪽에서는 조금 갈등했다. 두루 동감하리라 짐작되는데, 같은 둥지에서 자라는 형제자매들 중 서로 싸우지 않는 경우는 없다. 어린 시절, 내 집 아이들 사이에 더러 분쟁이 일었다. 없다면 오히려 이상스러워해야 할 일이라 생각하면서도 티격태격하는 소리를 듣고 있노라면 속이 상했다. 그렇지만 더 많이, 더 심하게 싸운 형제간일수록 나중에 더 정답다는 말을 믿고 아무런 의견 표명도 하지 않으려고 애써서, 아이들 분쟁에는 한 번도 개입한 적이 없고, 그 분쟁을 이유로 야단치거나 한 적도 없다.

자식 분쟁에 개입할 경우, 부모의 개입이 공정하기 어려운 것은 부모의 판단 쪽 때문만은 아니다. 편애의 경우처럼 받아들이는 쪽의 수용 자세에 따라 불공정하게 전해질 가능성이 크고, 그것은 상황을 더 악화시킨다고 믿기 때문이다. 더러는 저희들끼리 티격태격하다가 나에게 판결을 청할 때가 있다. 그럴 경우, 내 대답은 정해져 있었다. "나는 모르겠는데에~?"

확신할 수 없지만, 어느 자식 앞에서 하는 다른 자식 칭찬은 그 아이에 대한 시샘을, 험담은 그 아이의 자만심을 부추겨, 결국은 형제 간의 이간을 조장하는 게 될 듯하여, 우리 부부는 한 아이 앞에서 다른 아이들의 칭찬이나 험담을 하지 않는 것은 물론 어떤 아이에 대한 의견을 다른 아이에게 묻지도 않는다. 그것이 아이들에게 편견을 심어 줄 가능성이 크기 때문이다.

내리사랑은 있어도 치사랑은 없다

앞에서 아이들을 위해 얼마나 공을 들였고 얼마나 인내를 바쳤는가에 대해 되풀이하여 적은 셈이지만 그것으로도 충분하지 않다. 내가 마음 내키지 않는 노동을 마다하지 않은 것은 말할 필요도 없으려니와, 내가 약간이나마 도덕적이 되었던 것도, 결국은 아이들 때문이라 할 수 있다. 만일 내가 부도덕한 짓을 했을 때, 내 아이들에게 어떤 재앙이 미칠까 하는 미신적 두려움보다 더 준열한 계율은 없었다. 타인에 대한 원혐怨嫌 같은 것을 품지 않으려 한 것도 그 원혐이 내 아이들에게 악영향을 끼치게 되는지도 모른다는 근심에서였다. 아이들은 한마디로 신앙의 대상이다. 이때까지 내 아이들보다 더 공경하고 더 흠숭한 대상은 없다. 아이들 이야기는 그대로 금과옥조다. 뼈아픈 예를 들어 보겠다.

내가 나의 생애에서 친구라고 생각한 대상은 하나밖에 없다. 1970

년대 초반, 직장 동료로 알게 된 그가 나를 어떻게 생각하고 있었는지는 알 수 없지만, 나는 이를테면 1984년, 내가 의학적으로 포기되었다는 것을 알게 되었을 때, 아내에게 어려운 일이 생기면 의논하라고 한 사람은, 내 형제가 아니라 그 사람이었다.

그런데 그가 가장 야비한 방법으로, 그에 대한 나의 철석같은 신뢰와, 세상 물정에 어두운 나의 미숙을 속속들이 악용했다. 내가 나의 생애 단 하나의 친구로 존중할 만큼 훌륭한 인간이었던 그가, 더구나 인생 거의 말년에 왜 그토록 형편없이 부서졌던가, 이유는 알 수 없지만, 최악의 배신이었다. 나는 어떤 희생을 치르든 그를 응징하겠다고 맹세했다. 아내는 말했다. "아무개 아빠, 정말 그럴 사람이 아닌데 그렇게 된 거, 불쌍하다 생각하고 잊어라. 잊지 않으면 당신 몸만 상한다."

그러나 잊을 수가 없었다. 타인에 대한 사소한 원혐마저 삼가 온 나로서는 타인에 대해 이토록 극단적인 오감惡感을 머금어 보기는 처음이었다. 그와 내가 절실하게 공유하고 있던 가치를 부정하지 않는다면 배신자는 살아 있는 시체에 지나지 않는다. 그토록 하찮은 존재가 된 그런 인간 하나 때문에 내 생애에 흠을 남겨선 안 된다 생각하면서도 나는 그 오감을 포기할 수 없었다. 세상을 이렇게나마 살아 내기 위해 내가 저지를 수밖에 없었던 수많은 오류들, 알게 모르게 남에게 준 상처들, 그 일부나마 이렇게 갚는 셈 치자. 그렇게 나를 달래려 해도 마찬가지였다. 나의 분노는 극단적이었다. 나의 생애에서 도저히 용서할 수 없는 인간이 딱 하나 있다면 바로 그였다. 어떤 희생을 각오하고라도 반드시 응징해야 했다.

그런데 결국 나의 맹세 실천을 포기하는 쪽이 되어야 했다. 셋째가 언제 돌아온다는 기약도 없이 두 번째 인도 여행을 떠나면서 내게 준 메일에 '아무개 아빠 일 잊으라' 했기 때문이었다. 내 자식들이 어린 시절부터 '아무개 아빠'라고 부른 사람이었다. 그의 배신은 자식들에게도 도저히 있을 수 없는 일이었다. 그런데 다시 인도로 떠나는 자기 심경을 피력하는 그 글에 어찌하여 그 문장 하나가 달랑 끼어들어 갔는지 알 수 없지만, 나는 그 말을 쉽사리 털어 내 버리게 되지는 않았다.

더구나 좀처럼 허튼소리를 하지 않는 과묵한 성격인 셋째의 그 말에도 불구하고, 아니, 잊을 수 없어 하며, 맹세의 결행을 다짐해 봐도 마지막 단계에서는 결국 셋째의 그 말에 걸려 멈추게 되고는 했다. 옛말 하나가 있다. 친구와는 돈거래를 하지 마라. 그러면 친구도 잃고, 돈도 잃는다. 그야말로 금언金言일 이 말씀을 나는 어겼다. 그 대가로 나는 양쪽 모두를 잃었다. 잃은 그것으로 내가 더 고통받아야 하는 것은 사실 돈보다는 친구다. 옛 말씀을 지키지 않은 당연한 응보로서 나는 그 고통을 평생 감내할 수밖에 없다. 셋째의 그 한 문장 앞에 무릎을 꿇으며, 나는 나 스스로에게 그렇게 일렀다.

사실 그를 다시 대면한다는 것을 두려워하고 있기도 했다. 그에게 배신당한 사람은 나 하나만이 아니다. 그는 배신해서는 정말 안 되는 사람까지 배신했다. 그리고 결국은 배신의 대가로 자신의 노후를 잘 지내고 있다. 상상만으로도 욕지기를 금할 수 없다. 내 생에서 가장 존중하던 그를 그렇게 가장 경멸하는 눈으로 바라보아야 하는 것, 두려울 수밖에 없다. 왜냐하면 그의 그 얼굴을 바라보았을 때,

내 감정이 필연적으로 흐트러질 것이기 때문이다. 개가 나를 물었다 하여, 나까지 개가 되어 으르렁거릴 수는 없는 것 아닌가. 당연히 포기해야 했다. 그가 살고 있는 도시에 발도 들여놓지 말아야 했다. 나에게 절대적인 것일 그 당위를 기어코 실천하게 해 준 것이 바로 셋째의 단 한 문장이었다. 어쩌면 지나가는 말이었을지도 모르는 셋째의 그 한 문장은 내게 그만큼 위력적이었다. 그래서 그가 스스로 개과천선하여, 과거에 우리가 공유했던 가치를 되찾게 되기를 바라며, 나는 그를 향한, 결코 포기할 수 없었던 나의 응징 의지를 결국 포기했다. 그 포기, 내 생애에서 내가 잘한 일 가운데 하나라고 생각한다. 셋째 덕분이다.

비단 나만도 아니고 인간만도 아니다. 모든 생명체의 제 새끼에 대한 사랑과 신뢰는 이토록 헌신적이고 절대적이다. 제 목숨도 아끼지 않는다. 우리 아파트 베란다에 비둘기들이 날아와 화단처럼 꾸며 놓은 곳에 알을 낳고 새끼를 깐 적이 있다는 이야기를 한 바 있는데, 그때 비둘기들은 알을 품고, 새끼를 키우고 있는 동안, 사람인 내가 다가가도 도망치기는커녕 눈동자를 벌겋게 한 채 날개를 푸드덕거리며 나를 위협했다. 나는 숙연한 기분이 되어 비둘기들을 쫓아낼 생각도 하지 못한 채 그 귀찮은 배설물 치우기부터 먹이 챙겨 주기나 목욕물 대령까지, 모든 뒷바라지를 해야 했다.

연어 이야기를 들은 적이 있다. 강원도 남대천의 연어는 모천母川에서 알을 낳기 위해 북태평양으로부터 8000킬로 이상을 필사적으로 헤엄쳐 와 알을 낳은 다음 죽는다. 누군가가 쥐를 가지고 실험했다. 고압 전류가 흐르는 나동선裸銅線을 사이에 두고 어미 쥐와 새끼 쥐를 갈라놓았는데, 어미 쥐는 벌겋게 달아오른 나동선에 몸이 닿으면 죽는 줄 알면서도 그 경계를 필사적으로 뛰어넘어 새끼들에게 다가갔다. 비둘기나 연어나 쥐만이 아니다. 모든 동물들의 종족 보존 본능은 그토록 징그럽다. 사람의 경우도 마찬가지다. 자식 사랑은 예외 없이 끔찍하다. 그러나 부모를 향한 마음은 그 최대치가 의무감이 되기 일쑤다. 염치없는 고백이 되겠지만, 나 자신은 그랬다. 나는 내 부모에게, 내 자식을 향한 정성의 10분의 1도 바치지 않았다. 과장이 아니다. 사실이다. 내가 패륜아이기 때문일까? 그렇지 않다고, 나는 생각한다.

그리고 이것이 더 중요한데, 이미 시대는 그런 쪽에서도 매우 확실하게 변하고 있다. 적어도 내 세대쯤까지는 정상이라면 대개는 그렇듯, 그것이 자식을 향한 것의 10분의 1이 되든, 100분의 1이 되든, 자기 부모를 모시기 위한 모든 수고를 바쳤지만, 자기 자식들로부터는 어림도 없다. 부모로부터 받는 것은 우리 식으로 하면서, 부모에게 주는 것은 서양식이 되어 가는 요즘 젊은 세대들에 대한 이야기들을 더러 듣게 되지만, 그것이 바람직한 것이든 바람직하지 못한 것이든, 시대의 그런 변화, 그런 현실을 부정하기는 어렵다.

자식에게 바친 물심양면의 희생에 대한 본전, 그런 것을 생각하는 것은 망발이나 마찬가지다. 자식을 위해 희생한 게 아니라, 자식으로 말미암아 누린 것이다. 그것이 정답이다. 유대인의 속담 하나를 소개하겠다. '부모에게 효도하지 마라. 너희들이 할 효도는 어릴 때 이미 다 하였다.' 자식 교육에 가장 공을 들이는 민족으로 알려진 유대인 속담인데, 그들에게는 이런 속담도 있다.

✧ 자식에게 의지하기보다는 살지 않는 게 더 낫다.

✧ 부디 자식에게 짐이 되지 않기를!

✧ 부모가 자식에게 주면 양편 모두 웃고, 자식이 부모에게 주면 양쪽 모두 운다.

이것이 무슨 뜻일까. 한번 눈여겨보시기 바란다. 감이 잘 잡히지 않으면, 한번 씹어 보시기 바란다. 이것은 자식에게 주는 교훈이 아니라 부모에게 주는 교훈이다. 자식들을 키우는 동안 부모들이 누린 황홀한 행복감, 그것만으로도 부모가 받아 마땅한 것보다 이미 더 많이 받은 게 된다. 그런데 더 바란다? 그것은 경우에도 빠진다. 내가 내 자식들에게 바라는 것은 나의 사체死體 처리, 그것뿐이다. 이미 그 이야기를 해 두었다. 그것은 내 손으로 할 수 없는 무엇이기 때문이다. 가장 간소한 절차를 거쳐 가루로 만든 뒤, 자네들과 자주 갔던 대모산 숲에 그 가루를 뿌려라. 그리고 제사니 그런 것, 생각할 필요도 없다…….

자식에 대한 사랑은 본질적으로 짝사랑이다. 아주 하찮은 정도라 할지라도 자기가 준 사랑에 상응하는 치사랑의 기대, 그것은 자식들과의 관계를 박살 내는 최종적인 장치가 될 수밖에 없다. 불렀을 때 대답이라도 제대로 해 주고, 미소나마 보여 주면 감지덕지할 일이다. 손해 보는 것 같은가? 그런 장사 못하겠다, 그런 생각이 드는가? 그것은 당신이 아직 자식으로 말미암은 고생을 덜한 탓일 수 있다. 이 이야기, 항목을 바꿔 좀 더 나눠 보자.

관심 – 사랑과 간섭 사이

사랑이 없으면 관심도 없다. 관심은 사랑의 증거다. 그런데 관심 표명이 받아들이는 쪽 느낌으로 보아 간섭이 되는 경우가 많다. 관심이 사랑이냐 간섭이냐 하는 한계는 매우 미묘하다. 자식과의 관계도 꼭 마찬가지인데, 체험적으로 볼 때 간섭 쪽이 되는 경우가 많았다. 부모 자식 사이는 그토록 미묘하다.

셋째가 초등학교 5학년 때, 어린이날이었다. 어린이날이니까 뭐라도 해 주어야 할 것 같아, 가까이 살고 있는 생질(6학년)까지 데리고 강화도 나들이를 했다. 그날 출발할 때부터 셋째는 잔뜩 부어 있었다. 강화도에 가면 좀 달라지겠지 했는데, 거기서도 마찬가지였다. 집에 돌아온 다음에 알게 된 것이었는데, 셋째가 그날 정작 하고 싶었던 것은 컴퓨터 게임이었다. 결국 나의 관심은 셋째가 하고 싶은 것을 방해하고 있던 셈이었다. 굳이 반성해 보자면 그날 출발 전에 셋째의 의사 타진을 해야 했다. 시행착오였다.

이런 시행착오는 사실은 그 뒤 내내, 그리고 지금까지도 이어지고 있다. 아이들 셋에게 여러 형태, 여러 기교로 관심을 표명한다. 그런 데 그 표명에 대한 반응은 미약하거나 아예 냉담하다. 사랑을 고백 했는데 면박을 당한 듯한, 그런 경우는 드물지 않았다. 허다한 시행 착오 끝에 여러 해 전에 이런 기준을 만들게 되었다.

1) 다가오기 전에는 다가가지 말자.
2) 궁금증도 갖지 말자. 이야기해 주는 것만 듣고, 묻거나 하지는 않는다.

사랑하는 자식에게 이런 기준을 실천하기란 쉽지 않다. 다가오기 전에는 다가가지 말자고 하지만, 아무리 기다려도 다가오지 않는다 면 어떻게 할 것인가? 교감의 기회가 전혀 없게 되는 거 아닌가. 자 식들이 집에 있을 때는 언제나, 겨울에도 방문을 열어 두었다. 닫혀 있는 방문이 내게 다가오려는 자식들의 발걸음을 막는 게 아닐까 하 는 마음에서였는데, 하지만 언제나 열려 있는 그 문으로 자식들이 들어오는 경우는 거의 없었다. 더구나 따로 떨어져 있을 경우, 종적 마저 알 수 없는 경우도 있다. 어쩌란 말인가. 다가갈 수밖에 없다. 셋째가 인도에 장기간 체재하고 있을 때, 도대체 어디서 무엇을 하 고 있는지 모르니 답답할 수밖에 없었다. 그래서 또 망설이다가 이 메일을 보낸다. 며칠이나 지나야 열어 보는데, 그래서 내 이메일 계 정에 수신 확인 표시가 되면, 응, 열어 봤군, 하고 안심한다. 그러다가 몇 글자나마 답 메일이 있으면 횡재라도 한 것처럼, 우리 부부는 "답이 왔어" 하고 흐흐거렸다.

이렇게 혼자서 밀고 당기는 과정을 되풀이하다 보니 관심도, 궁금증도 묽어졌다. 그래서 이 글을 쓰고 있는 요즘으로 보자면, 아내가 더러 들려주는 아이들 근황이나 듣고 있는 것으로 하고 있다. 궁금증이 조금 더 심해질 경우에는 아내의 옆구리를 찌르는 식으로, 아무개 어때? 하고 넌지시 아내 입을 열게 한다. 그런 세월에 이어지다 보니, 궁금해 못 견디겠는, 그런 경우는 많지 않다. 진전일까? 그보다는 아마 체념, 그런 쪽일 듯싶다. 조금 더 체념할 필요가 있다. 그러면 과보호니 잔소리니 하는 독을 실천할 기회가 없어질 것이므로.

부모는 거름이다

우리의 텍스트 가운데 하나인 「샤인」 이야기를 한 번 더 하자. 이 영화에는 자식에 대한 관심의 가장 잘못된 예가 나온다. 아버지 피터 헬프갓은 잔뜩 화나 굳은 표정으로 아들 데이비드를 윽박지르며 "아버지를 미워하지 마라(Don't hate your father)", "아무도 나처럼 너를 사랑하지 않는다(No one will love you like me)" 이런 말을 되풀이하여 외친다. 이렇게 외칠 때의 그 아버지 눈빛. 언제나 광기가 느껴진다. 아닌 게 아니라 정나미가 똑 떨어진다. 그 아들이 보면 더욱더 그럴 것 같다.

나의 글을 여기까지 읽어 온 당신, 아버지 되는 사람의 이 외침이 얼마나 무서운 독단이고, 이 독단으로 말미암아 양편 모두 얼마나 불행한 삶을 살아야 했는지 알아차리셨을 듯하다. 만일 그렇지 않다면 나의 부족한 필력에 대해 용서를 구해야 할 것 같은데, 아버지 피터는 실로 무서운 이 외침을 되풀이하며 아들 데이비드를 품에서 놓아주려 하지 않는다. 좋은 음악 학교에서 전액 장학금을 주겠다는 초청장이 왔는데도 피터는 보낼 수 없다고 한다.

데이비드가 자라서 마침내 자기 의사를 약간이나마 주장하게 되었을 때, 영국 왕실 음악 학교에서 다시 초청장이 왔고, 이때 데이비드는 아버지에게 항거한다. 아버지는 아들을 두들겨 팼지만, 아들은 기어코 떠났다. 그것으로 그들 부자 관계는 끝났고, 그 끝장으로부터 양편 모두에게 최악의 불행은 시작된다.

나는 이제 말할 수 있을 것 같다. 아버지 되는 사람의 마음에서 이를테면 '아버지를 미워하지 마라'라든가, '나처럼 너를 사랑하는 사람은 없다', 이런 생각들이 꿈틀거리고 있다는 것만으로도 그 아버지는 이미 참혹하게 패배한 것이라고. 그렇게 외친다고 그것이 사랑이 되는가? 당연히 멈춰야 한다. 그런데 멈추게 되질 않는다. 그래서 패배는 더 참혹한 게 된다.

「샤인」을 볼 때마다 나는 어쩔 수 없이 내 아버지를 생각하고, 내 아이들에게 비친 나를 생각할 수밖에 없게 되는데, 공교롭다고나 할까, 이 글을 쓰기 시작한 얼마 뒤에 케이블 텔레비전 채널을 돌리다 보니, 이 영화가 또 걸려들었다. 그때 화면에서는 피터가 미친 듯이 데이비드를 두들겨 패고, 데이비드의 어머니와 누이동생들이 서로 부둥켜안은 채 두려움에 떠는 장면이 펼쳐지고 있었다. 나는 그 장면을 더 보고 있을 수 없어 채널을 돌려야 했다. 이 세상 모든 아버지에게는 피터 같은 면모가 있는 게 아닐까? 끔찍했다.

정말 끔찍했다.

아, 어찌하여 세상의 아버지들은 그럴 수밖에 없는 것일까?

내 품에 안아, 나의 모든 것 바쳐 키운, 그러니까 나의 전권 행사가 마땅하다는, 이런 생각. 내 새끼이기 이전에 독립된 인격체라는, 간섭이니 훈육이니 하는 노력이 사실은 필요 없다는, 그렇게 믿고 있으면서도 무슨 망집처럼 포기할 수 없는 그 생각. 그것은 자식과의 관계를 망치는, 더 나아가 자식의 바른 성장을 결정적으로 막는 것일 수도 있다. 피터 헬프갓이 포기하지 못하고 있던 자식에 대한 관심은 쌍방 모두를 망치는 망집이고, 폭력이었다. (영화든, 소설이든, 실화니 하는 게 중요한 건 아니지만, 이 영화는 실화를 바탕으로 꾸며졌다. 아카데미상 시상식 실황 중계 방송에 실제 주인공 얼굴이 살짝 비친 적이 있는데, 영화의 그 사람과 흡사해 보였다. 섬뜩했다.)

자식에 대한 관심의 실천은 사랑이 아니라 의무다. 나는 이렇게 생각하고 있다. 그런데 내가 규정한 바 이 의무가 참 고약해 보이는 것은, 대개의 의무에는 반대급부적 권리가 제시되게 마련인데, 자식에 대한 경우, 권리는 없다. 앞에서 '부모는 자식의 갑이다'라고 한 바 있는데, 그것은 자식이 품 안의 존재일 때다. 자식이 그 품을 벗어난 어느 시점쯤부터 위계는 역전되어, 자식이 갑이 되고, 이런 위계는 다시는 뒤집히지 않는다. 자식은 영원한 갑이고, 부모는 영원한 을이다. 을에게 무슨 권리가 있을 수 있겠는가? 소유권을 주장할 수 없는 것은 물론 명령할 수도 없고, 가르칠 수도 없다. 그래서 '본능'이라는 개념 하나가 더 덧대어졌고, 그것은 '본능의 대상에 대한 관심은 사랑이 아니다'라는 쪽으로 발전한다. 그렇게 하면 피터의 외침, '아무도 나처럼 너를 사랑하지 않는다'가 얼마나 잘못된 것인지 증명된다. 이런 궁리를 거치고 나면, 마침내 다음과 같은 명제가 성립된다.

부모는 거름이다.

어쩌면 당신은 이 세상을 살아오면서 당신 자식으로부터 보다 더 억울한 일을 당한 적이 없는지도 모른다. 이 세상이 아무리 불공평하다 해도, 당신의 자식보다 더 불공평한 사람을 만난 적이 없는지도 모른다. 이 세상이 아무리 속 터지는 일투성이라 할지라도, 당신의 자식으로 말미암은 것보다 더 속 터지는 경우를 겪어 보지 못했을는지도 모른다. 그런데도 당신은 항변 한 번 제대로 해 보지 못했을는지도 모른다. 그렇다 해도 어쩔 수 없다. 왜냐하면 당신은 거름에 지나지 않기 때문이다.

거름은 식물의 뿌리에 의해 빨아들여져, 그 식물이 잘 자라도록 해 준다. 거름은 뿌리에 의해 빨아들여질 때를 기다리는 것밖에는 능동적인 어떤 역할도 주어지지 않는다. 부모라는 거름은 자식이라는 나무의, 또는 풀의, 또는 화초의 뿌리가 다가와 빨아들여 제 몸을 키워 주기를 기다리고 있어야 한다. 자식이라는 나무를, 또는 풀을, 또는 화초를 위한 거름인 부모는, 그 자식의 뿌리가 다가와 빨아들여 주지 않는다 해도 부모로서는 어쩔 수 없다.

부모는 철두철미하게 수동적 존재에 지나지 않는다. 속이 터져도, 뒤집어져도 참아야 한다. 실질적인 갑은 부모가 아니라 자식이기 때문이다. 슈퍼갑이라는 표현은 이미 있지만, 자식은 울트라 슈퍼갑이다. 그리고 당신은 당신이 당한 어느 갑질보다 더한 갑질을 바로 당신 자식으로부터 당할 수도 있다. 그리고 그 갑질은 영원하다. 아무리 탄식해 봐야 소용없다. 부모 자식 관계를 결정하는 우리 문화가 그렇게 생겨 먹었기 때문이다. 대한민국 모두가 그런데 당신이 당신 자식을 바로잡겠다 한다 해도 그것은 불가능하다. 어떻게든 참아야 한다. 더러는 도무지 납득할 수 없는 이유로 자식에게 혼날 때도 있다. 그럴 경우, 하도 억울해서 눈물이 쏙 솟을 수도 있다. 바보나 목석이 아닌 한, 속이 뒤집히지 않기는 어렵다. 이 책 거의 앞부분에서 20대 아들과 중3 아들이 아버지와 나눈 대화가 혹시 기억에 남아 있으신가?

이 책 들머리에 얹어 둔 자기 점검표에 '자기 부모를 발톱 사이의 때만큼도 여겨 주지 않는다'는 대목이 있었는데, 그 표현이 지나치다고 생각하신 분이 많으셨을 것 같다. 그러나 모든 가치가 붕괴 상태에 놓인 현실에서 부모가 그 자식에게 발톱 사이의 때보다 나은 대우를 받는 일은 쉽지 않다. 위 문단에서 한 번 더 회상해 본 그 인용문의 아들들에게 그 부모는 발톱 사이의 때만도 못한 존재라 할 수밖에 없을 텐데, 그들의 경우는 좀 심해 보이기는 하지만, 요즘 자식들은 오십보백보다 하고 생각하는 편이 정답이다. 그러면 발톱 사이의 때보다는 좀 나아 보이는 대접을 받을 경우, 가슴이 훈훈하게 달아오르는 듯한 행복함을 느낄 수 있을 테니까.

매우 가혹한 설정이어서 참 송구스럽지만, 위 인용문의 그 장면에 당신을 대입해 보았을 경우, 속이 뒤집히지 않고 배겨 낼 수 있으시겠는가? 결코 쉽지 않을 것이다. 그러나, 그러나 말이다, 역시 참으셔야 한다. 명색 부모인 당신을 혼낸 그 씩씩한 기백으로 세상도 혼내면서 기세 좋게 살아가도록 기도하는 마음으로 참지 않으면 안 된다. 참다 보면 실제로 숨이 가빠지고 눈동자가 달아오르는 듯한 경험을 할 수도 있다. 그렇다 해도 참아야 한다. 왜?

대개의 자식들은 참으려 하지 않기 때문이고, 말 한마디 어긋나면 수십 년 공든 탑이 와르르 무너지기 때문이다. 한번 무너진 탑은 다시 쌓아 올릴 수도 없다. '죽도록 키워 놔 봐야 소용없다.' 이보다 더 시시한 탄식은 없다. 왜냐하면 이 세상에는 그 부모가 공을 들인 만큼 '소용' 있는 자식은 없고, 무슨 '소용' 때문에 자식을 키우는 것이 아니기 때문이다. 앞에서 이미 소개한 바 있는 유대인 속담을 이 대목에서 한 번 더 회상해 볼 필요가 있을 것 같다. '부모에게 효도하지 마라. 너희들이 할 효도는 어릴 때 이미 다 하였다.'

그러므로 무릇 다른 생명의 부모가 된 사람은 모든 정성을 다해 참아야 한다. 죽어라 참아야 한다. 그렇게 할 수 없다고? 그렇게 못 하겠다고? 그렇다면 마주 달리는 기차가 되어 서로 부딪쳐 양편 모두 박살 나는 수밖에 없다. 그건 함께 죽자는 것이나 마찬가지다. 공멸. 그럴 수는 없지 않은가? 당신의 그 가정 하나를 이루고 버텨 내기 위해 당신이 얼마나 고생했는데, 그 가정을 박살 낼 수는 없는 것 아닌가? 정말 그래서는 안 되는 게 아닌가!

부속한 나의 이 책을 읽기 위해 당신이 바친 돈과 시간에 대한 사례로 간곡하게 권면하오니, 부디 참으시라. 왜냐하면 참지 않을 경우, 얻기는커녕 잃는 게 더 많을 수밖에 없으리니. 어떻게든 참아야 한다. 앞에서 최악의 치명적인 독毒이라고 단언한 체벌, 곧 폭력도 인내 실패의 결과다. 기어코 참아 내야 한다. 죽어라 참는 그것이 다른 생명의 부모 된 사람이 감내해 내지 않으면 안 되는 운명이니까 말이다.

그리고 사랑을 주시라. 당신이 살아 봐서 잘 알고 있는 이 험한 세상을 살아가야 할 그 자식들의 가슴에 자기 부모로부터만은 무한 사랑을 받았다는 기억을 새겨 주시라. 언젠가는 헤어지게 될 그 생명들에게, 당신으로서 가능한 모든 사랑을 베푸시라. 그러면 3독, 3비결은 저절로 실천될 것이다. 이 세상 수십억 생명 가운데 당신이 진정으로 사랑할 수 있는 대상이라면 자식을 제쳐 두고는 있을 수 없는 게 아닌가.

자식 농사의 최종 승부는 당신의 인내 능력에 따라 결정된다.
이것이 모든 궁리를 다 바쳐 가며 세 아이를 모셔(?) 키워낸 한 아비의 결론이다.

당신 아이와 자주 눈을 마주치십시오. 그것은 위대한 관계의 비밀입니다.

Give your child LOTS of great eye contact. It's the secret to a GREAT relationship.

—Laurie Cooper

일곱째 가름

나는 왜 자식 농사에
실패했다고 생각하는가

나는 왜 자식 농사에 실패했다고 생각하는가

이 글 대목대목에서 그랬기는 했지만, 이 대목에서 특히 더 망설여진다. 그러나 쓰는 나도 힘들고, 읽게 될 내 자식들도 편하지 않겠지만, 우리가 이만한 대화를 나눌 정도의 용량은 된다고 믿고 있기에, 구상하고 있는 대로라면 내 자식들이 읽어 불편할 고백이 들어 있게 될 이 대목 이야기를 시작하기로 한다. 왜냐하면 이 대목을 생략하는 것은 나 자신이 설정한 이 책의 주제로부터 온당하지 않게 회피하는 것이 되기 때문이다. 내게 자식 되는 생명들의 해량을 바란다. 이 세상 모든 것이 다 그렇지만, 이 경우에도 관점의 문제다. 내가 자식 농사에 실패했다 할 경우, 내 집 사정을 알고 있는 타인들뿐만 아니라, 나의 자식들도 동의하지 않는다. 그러나 그것은 그들의 관점이다. 나의 관점에서, 나는 분명히 실패했다. 그렇다면 내가 왜 자식 농사에 실패했다고 생각하는 것일까?

내 자식들의 현재

    모든 인간들이 다 그렇지만, 나의 세 아이들도 개성과 자질이 저마다 다르다. 미래관이 다르고, 욕망 실현 방법이 다르고, 돈에 대한 태도가 다르고, 독서 취향이 다르고, 글씨체가 다르고, 문체가 다르고, 언어 표현 방법이 다르다. 그런데 공통점이 있다. 쉽지 않아 보이는 공통점이어서 참 신기하다.

    많은 사람들이 DNA 이야기를 하는데, 그런 유전적 요소는 비단 생물학적인 것만은 아닌 듯하다. 정서적 DNA라고나 할까, 그런 것도 있는 듯싶다. 세 아이 모두 여행, 사진, 글쓰기, 책 읽기 등 나와 같은 지향이 있는 것으로 보아 그렇다. "우리 가족은 죽도록 번 돈 길에 모두 깔고 다닌다. 이거 DNA 문제다. DNA가 문제야." 그러면서도 또 어딘가로 떠날 궁리를 한다. 그러다 보니, 이제 겨우 열 살을 넘어선 첫째의 두 아이까지도 '다음 방학에는 어디로 갈까?' 하는 게 주된 궁리거리가 되었다. (그 아이들도 벌써 제 엄마 아빠와 함께 배낭을 메고 유럽과 동남아를 각각 한 달씩, 뉴질랜드를 두 달 동안 다녀왔다.)

그뿐만이 아니다. 생태학적 DNA라고나 할까, 그런 것도 있는 듯하다. 아이들의 사회적 지향에서 또 하나의 공통점이 있는 것 같아 보이기 때문이다. 이상스러운 축소 지향성이라고나 할까. 세 아이들 모두 첫 직장 이후 물적 생산이 차츰 적어지는 쪽을 선택하고 있다.

첫째의 시작은 재벌 그룹 계열 광고 회사 카피라이터였다. 재미있기는 했지만 평생 할 일은 아니라 생각되어 그 직업을 그만두고, 그 다음에는 교육대학원을 다녀 교사 자격증을 얻어 몇 해 동안의 중학교 교사 생활과 매우 특수한 대안 학교 교감 역할을 거쳐 어느 NGO에서 홍보 일을 하며 문필 활동을 하고 있다가, 지난해 연말께 그것마저 그만두고, 프리랜서, 굳이 이름 붙이자면 그런 게 되었다. 종류에 관계없이 문필文筆은 물적 생산이 쉽지 않다. 첫째는 바로 그 쉽지 않은 길을 새롭게 선택했다. 그리고 아이들까지 데리고 두 달 예정으로 뉴질랜드 배낭여행을 떠났고, 그 여행에서 돌아온 뒤 무엇을 하고 있는지 나는 모른다. 뭔가를 하고 있겠지, 그리고 언젠가는 그 뭔가를 보게 되겠지 하고, 나는 짐작이나 하고 있을 뿐이다.

둘째는 잡지사 기자로 사회생활을 시작했는데, 첫 번째 잡지사에서 두 번째 잡지사로 옮길 때는 연봉이 1000만 원쯤 줄었다. 왜? 하고 물었을 때, 내가 들은 답은, "내가 만들고 싶은 잡지니까"였다. 그런데 몇 해 뒤, 그 잡지가 폐간하면서 둘째의 유전流轉은 시작되었다. 몇몇 잡지사를 들쭉날쭉 드나드는 사이에 6개월씩이나 이어지는 장기 해외여행을 몇 차례 했고, 그러다 국어 전공자로서는 난데없다 싶게 영문 번역자가 되어 프리랜서로 여러 해 동안 몇 권의 번역서를 출간하고 있던 중 헤드헌터 회사의 갑작스러운 연락을 받은 다음, 고심 끝에 떠돌이별 생활을 일단 청산하고 어느 국제 NGO에 상근 직으로 나감으로써 오랜만에 붙박이별이 되어, 많은 것은 아니지만 오랜만에 고정급을 받게 되었다. 하지만 그런 세월도 오래 이어지지는 못했다. 바로 그 NGO를 인연으로 만나게 된 프랑스 국적 한국인과 결혼한 뒤 브뤼셀로 거소를 옮겨, 거기서 프랑스어를 배우며 영문 한역 작업을 계속하는 새로운 생활을 시작하게 되었기 때문이다.

나는 직장을 세 번 옮겼는데, 그때마다 전직轉職 조건은 당연히 '더 많은 급여'였다. 비단 나만이 아니었을 것 같다. 내 세대로 보자면 직장 선택의 첫째 조건은 단연 급여였다. 그런데 소득보다는 보람, 곧 현실보다는 이상, 하여튼 뭐 그런 쪽에서 자기들 생애를 개척해 가고 있는 셈인 이런 축소 지향 경향은 셋째가 가장 심하다. 800만이나 된다는 비정규직 노동자들이 오매불망 바라는 것은 정규직이 되는 것인데, 셋째는 바로 그 연봉제 정규직을 '지루하다'는 이유로 포기하고, '사람 냄새'가 좋다면서 카페나 술집에서 시급제 비정규직 서빙 일을 하다가 두 차례에 걸쳐 1년 이상 인도 여행을 하고 온 다음에는 아예 서울에서 기차로 서너 시간 거리에 있는 어느 시골 마을 카페에서 일하다가, 역시 지난해 연말께 그것마저 그만두었다.

"그래 앞으로는 뭘 하시려고?" 나의 물음에 아들은 대답했다. "이제부터 생각해 보려고요." 나는 속으로만 크악! 하고 폭소했다. 기뻤다. 어떤 형태의 것이든, 나에 대해 억압을 느낀다면 나올 수 없는 대답이라고 생각했기 때문이다. 그 얼마 뒤, 제 엄마가 "요즘은 뭐 해?" 하고 물었을 때, 셋째의 대답은 "그냥 놀아"였다. 여러 가지 울림을 자아내는 그 이야기를 전해 듣고도 나는 또 폭소했다. 자기 엄마에게 이런 질문을 받고 이토록 편하게 대답할 수 있는 사람이 이 세상에서 셋째 말고 누가 또 있을까 싶었다. 그 장면에서 나는 아내에게 말했다. "세 아이 모두, 해 주는 말을 듣기나 하고 묻지는 마. 당신이 묻는 게 아이들에겐 속박이 될 수도 있잖아." 그리고 두어 달이 더 지난 다음, 아들은 열 평쯤 되는 텃밭을 가꾸며, 제빵과 제과 수업을 듣고 있다는 소식을 우연히 들었다. 나는 또 속으로만 폭소했다. 크악! 아, 이 젊은이는 도대체 어디를 향하고 있는 것일까?

대한민국 젊은이들이 걷는 통상적인 길에서 셋째가 기어코 벗어나고야 말았다는 것을 알게 되었을 때, 가족들은 잠깐씩이나마 심각하기는 했다. 아내와 두 누나는 살짝 눈물을 보였고, 나는 소주를 늘 마시는 양보다 한 잔쯤 더 마셨다. 그러나 그 짧은 시간 다음부터 우리는 셋째의 파격적 일탈을 함께 즐기는 쪽이 되었다. 그거야말로 셋째의 선택이니까 어쩔 수 없는 게 아닌가, 그런 체념보다는, 그런 선택에 대한 존중이었다. 나의 경우로 보자면, 어떤 길을 골라 어떻게 살아가는 것이 지고至高, 최선인가, 아무도 말할 수 없다는 평소 지론이 도움이 되었다.

그래서 우리 가족은 셋째가 실컷 돌아다니다가 어디 시급 직이라도 구하면, 요란스레 '추카추카' 메일을 날리고, 히히 낄낄거리며 셋째가 일하는 카페나 술집을 찾아가, 셋째의 '서빙'을 받아 보고는 했을 뿐, 남들이 부러워할 대학에 다닌 데다, 역시 남들에게는 쟁취 대상인 연봉제 정규직마저 때려치우고, 너 도대체 왜 이러는 거냐? 이를테면 이런 지청구 따위는 아예 비치지도 않았다. 믿어지지 않으실는지도 모르겠는데, 사실이다.

권리라는 것은 한 톨도 없으니까 허울뿐인 셈이라 할지라도, 어쨌든 명색 가장으로서, 이거 정말 이래도 괜찮은 것인가, 의구심이 스치기도 했지만, 나도 결국은 히히 낄낄거리는 그 축에 끼어들고야 말았다. 그것은 그야말로 독립된 인격체로서 셋째 본인의 자주적 선택이었기 때문이다.

혹시 김소정이라는 가수를 아시는가? 나는 김소정의 열렬한 팬이다. 카이스트 출신이라 하여 화제가 된 적이 있는 김소정이 열정적으로 노래 부르는 모습을 볼 때마다 나는 셋째를 생각한다. 내가 감당해 내기 어려울 만큼 독특한 개성의 소유자인 셋째는 다른 무엇보다도 마냥 자유로운 그 영혼 때문에 과학, 그런 틀에 자기를 가둬 둘 수 없는 사람이다. 안정된 연봉 직보다는 불안한 시급 직을 선택할 수밖에 없는 사람이다. 그런 셋째에게는 연구실이니 하는 닫힌 공간보다는, 그곳이 어디든, 열린 들판이 훨씬 더 어울려 보일 수밖에 없다.

그럴 수도 없었고, 그럴 수 있는 입장도 아니었지만, 만일 내가 셋째의 그런 의지에 제동을 걸려 했다면 그야말로 「샤인」의 불행을 되풀이하는 게 될 수밖에 없었을 것이다. 바로 그 셋째가 어떤 생각을 하고 있는가 하는 것은 생질녀(첫째의 딸) 열두 번째 생일인 2014년 2

월 8일에 보내 준 축하 카드에서 엿볼 수 있다. 그 서두 부분만 소개한다.

> 무엇이든 내가 즐길 만큼 잘하는 것이
> 남을 앞설 만큼 잘하는 것보다 더 중요하고,
> 내가 좋아하는 일을 하는 것이
> 남들이 좋다는 일을 하는 것보다 더 중요하단다.

셋째의 섬세한 내면 울림이 그대로 느껴지는 이 문장은 내가 이해하고 있는 셋째가 지향하는 바의 함축이고, 이런 함축은 셋째의 과거와 현재를 설명하면서 미래도 예견하게 한다. 아홉 달 동안 이어진 두 번째 인도 여행에서 돌아와 한동안 집에 머물고 있다가, 생전 처음으로 시골 생활을 선택한 뒤, 내게 준 긴 메일에는 이런 내용이 있었다.

> 저는 게으르게 살고자 합니다. 저는 게을러져야 저의 삶을 더 충실하게 살 수 있을 것 같습니다. 하기 싫은 일은 어지간해서는 하지 않고, 하고 싶은 일만 하고 살 생각입니다. 미래의 큰 성취보다는 현재의 작은 즐거움에 탐닉하며 살 것입니다. 그리고 즐겁게 사는 저의 모습을 보고 가족 여러분도 즐거워하기를 기대합니다.
> ―2013년 6월 17일

"이 세상에서, 게으름을 그대로 두고 해낼 수 있는 일은 아무것도 없다. 더도 말고 필요한 꼭 그만큼만 부지런하기 바란다. 네가 하고 싶은 일 하면서도 기죽지 않고 기분 좋게 살아가기를 간절히 바란다." 시골 생활을 시작하는 아이에게 준 나의 당부에 대한 답이었다.

명색 아버지 되는 사람의 당부를 정면으로 반박하는 듯한 이런 답은 나뿐만 아니라, 아마 내 세대에서는 불가능한 것이었을 듯싶다. 그러나 내 아들뿐만 아니라, 요즘 세대에서는 얼마든지 가능하다. 앞에서 독후감 이야기를 할 때, 아들이 내게 했던 이야기를 기억하고 있으실는지 모르겠는데, 우리 집 분위기에서 자기 소신대로 이야기하는 이런 대화는 일상적인 것이었다. 그런데도 이 답을 받았을 때, 나는 한 방 먹은 기분이었다. '아, 나는 아직도 내 아들을 모르고 있구나! 아들아, 미안하다!'

그리고 보면 아이들의 게으름을 향해 발사된 나의 '잔소리'에 대한 아이들의 반박은 처음이 아니다. 여러 해 전이지만, 둘째에게도 그런 '잔소리'를 한 적이 있다. 그 직후였다. 거실 탁자에 버트런드 러셀의 『게으름에 대한 찬양』(사회평론, 2005)이 놓여 있었다. 우연 같지 않았다. 나의 '잔소리'에 대한 답 같았다. 이거나 읽어 보고 그런 말씀을 하든 말든 하슈, 그런 것. 나는 아이의 계략에 어쩔 수 없이 말려들어, 그 책을 읽어 보았다. 그야말로 게으름에 대한 찬양이었다. 그리고 그 뒤에 이옥순의 『게으름은 왜 죄가 되었나』(서해문집, 2012)를 읽어 보게 되었는데, 이들 책은 게으르게 살겠다는 의지를 천명하기까지 하는 셋째를 이해하는 데 도움을 준다.

게으르게 살겠다는 셋째의 메일을 받던 날, 나는 우스개처럼 아내에게 말했다. "나의 아버지는 부자가 아니셔서, 나는 아예 어릴 때부터 죽어라 부지런할 수밖에 없었지만, 나는 지나치게 부자였기에 우리 아이들이 게으름쟁이가 되어 버린 거야. 모든 게 내 탓이야, 킬킬." 이것은 꼭 우스개만은 아니다. 내가 끼니를 이을 능력조차 없었다면 나의 아이들은 어쩔 수 없이 부지런해졌을 것이다. 둘째의 행복관이 연상된다.

둘째의 행복관

근로勤勞나 근면 대신 자식들이 선택한 한유閑遊나 자적自適을 밝은 쪽에서 보아 나쁘지 않다고 생각한다. 앞에서 '아이들은 심심해야 뭔가에 대해서든 창의적인 궁리를 한다'는 첫째의 관점을 소개한 바 있는데, 거의 모든 예술이 심심함, 곧 한유의 산물이다. 아버지인 내 눈에야 게으르게 보이든 어떻든, 자식들은 자신들이 선택한 그런 상태에서 뭔가 색다른, 뭔가 재미있는, 뭔가 의미 있는 것을 생산해 내지 않을까? 기대가 아니라 그냥 궁금증이다. 간섭, 그런 게 아니라. 그냥 궁금증은 괜찮지 않을까? 이 책 거의 맨 앞, 이런 글을 쓰는 데 대해 둘째의 동의를 받는 장면에서, 이런저런 이야기를 조금 더 나누던 중에 둘째는 자신들의 그런 지향에 대해 이렇게 말했다.

중요한 것은 얼마나 누리느냐가 아니라 얼마나 행복한가 아냐. 자기가 하고 싶은 일 하면서 살면 그게 행복한 거잖아.

나를 달래거나 타이르는 듯한 어조였다. 나는 말 잘 듣는 착한 아이처럼 흔쾌히 고개를 끄덕여 주었다. 응, 그래, 그렇고말고. 그것은 바로 나 자신의 지향이기도 했기 때문이다. 사실상 생존 억압을 늘 받고 있는 셈이었지만, 나는 돈을 만들기 위해 글을 쓴 적이 없고, 돈 때문에 하고 싶은 여행을 주저한 적이 없다. "있는 사람들은 더 많은 소유를 위해 죽어라 일하는데, 우리는 쥐뿔도 없으면서 죽어라 돈 쓰러 돌아다닌다." 이것은 비용을 최소화하는 여행이기에 더 고단할 수밖에 없는 여행길에서 아내와 내가 더러 나눈 파적의 농담이다. 우리는 이 농담을 나누며 킬킬 웃어 여독旅毒을 풀었다. 그러므로 나는 둘째의 이 소견에 더 보탤 것도, 더 뺄 것도 없다. 그러고 보면 생존에 대한 내 아이들의 그런 지향도 DNA 때문인 것 같다. 아, 무서워라, DNA!

DNA 때문이든 어쨌든, 그럴듯한 표현으로는 '프리랜서', 좀 더 솔직하게는 일색으로 '백수'가 된 내 자식들의 현재는 전혀 나의 뜻이 아닌 자신들의 판단과 선택이었지만, "때로는 빈둥빈둥 놀며 지내는 것도 필요하다"는 린위탕(林語堂)의 '우유론優遊論'에 적극 동감하는 나는 내 아이들이 단지 먹고사는 목적을 위해 보람도, 재미도 느낄 수 없는 일에 애면글면 골몰하기보다는 경제적 지체가 좀 빠진다 할지라도 자기들이 좋아하는 일을 하면서 자기들 생애를 살아가게 되기를 바라고 있었으니까, 나와 내 자식들은 은연중에 같은 길에서 만나게 된 셈이다.

아내의 자랑

나는 이런저런 경로를 통해 셋째의 친구들 근황을 듣게 된다. 적어도 외형적으로 보자면 하나같이 셋째는 견줘 볼 수도 없을 만큼 잘나가고 있다. 근황을 들어 볼 수 없는 친구들에 대해서도 짐작해 볼 수 있을 듯하다. 셋째가 다닌 대학 출신 가운데 상당 부분 석·박사로 풀려 나가고 있기 때문이다.

아내가 정기적으로 만나고 있는 셋째의 고등학교 2학년 시절 자모회 회원의 아들들도 마찬가지다. 평준화 지역이지만, 서울 8학군에서 진학률 최고를 자랑하는 학교이기에, 아내가 자모회에 나갈 때마다 듣고 오는 그 아들들은 하나같이 '잘나가고 있다'.

그래서 나는 아내에게 이렇게 말한 적이 있다. "어디 가서 아들 이야기 하면서 괜히 기죽거나 하지 마. 아예 선제공격을 해 버려. 우리 아들은 시골 카페에서 커피 팔고 있다고." 그러면 아내는 맞장구를 친다. "저 하고 싶은 일 하며, 지 나름대로는 재미있게 살아가고 있는데, 기죽기는 내가 왜 기죽어? 내 자식들이 얼마나 자랑스러운데~." 아내가 자기감정을 과장하고 있는 것일까? 그렇지 않다고 생각한다. 아내 역시 자기 자신은 물론, 자기 자식들에 대해서도 큰 욕심이 없다.

그래서 모든 부모들이 간직하고 있을, 자식의 장래에 대한 어쩐지 조심스러운 불안감, 그런 것 정도를 제쳐 두고 보자면 우리 부부는 아이들에 대해 대체적으로 편안하다. 아이들 자신의 지향과 선택에 대한 존중이 전제되어 있기 때문이다. 가장 중요한 것이 될 텐데, 우리는 아이들에게 정말 뭔가 큰 것, 그런 것을 바라고 있지 않다. 굳이 이야기해 보자면, 우리 부부가 아이들에게 바라는 것은 GNP가 아니라 GHP다. 물질적, 사회적, 그런 게 아니라, 인간적, 개인적 행복, 그런 것. 나의 이런 소망은 갑작스러운 게 아니다. 옛날부터 그랬다.

셋째가 초등학교 6학년 때였다. 학교에서 '아버지가 바라는 장래 희망'을 알아 오라 했다. 내 대답은 '농부'였다. 그 뒤 어떤 기회에 만나게 된 셋째의 담임 선생님이 그것을 기억하고 있다가 내게 물었다. "진심이세요?" 나는 대답했다. "아이가 원한다면, 그렇습니다." 선생님이 말씀했다. "대개의 경우, 아이들보다 아이들 부모님 희망이 더 컸습니다. 제가 교직 생활 하면서 내내 같은 설문을 하고 있는데, 농부, 그런 걸 희망하는 부모는 없었습니다." 부모 자식 관계나 우리 교육에 대해 여러 가지를 생각해 보게 하는 말씀이었다.

그날 이후에도 마찬가지였다. 우리 부부는 아이들 셋 모두에게 남보다 뛰어나기를, 뭔가 특별하기를, 그래서 세속적으로 '1등 인생'을 살아가는 것을 바라지 않았다. 왜 그런가?

현대, 우리 사회의 행동 기준 첫 번째와 두 번째는 '소득 극대화'와 '기회 선점'이다. 오직 이 두 가지를 위해 다른 모든 가치는 무시되고 묵살된다. 우리 사회의 아주 오래된 속설인 '법은 멀고 주먹은 가깝다'를 변형한 '명예는 순간이고 이익은 영원하다'는 우스개는 우스개가 아니다. 행동 법칙과 같다.

이 법칙을 어기면 도태다. 도태는 생명체에게 최대 비극이다. 참혹한 이 비극을 피하기 위해서라도 법칙을 지켜야 한다. 대개들 그렇게 생각한다. 그래서 모두가, 거의 예외 없이, 순간의 명예보다는 영원한 이익을 좇는다. 명색 인간이, 또는 인간 세상에 이래서는 정말 안 된다는 거, 모두 안다. 모두 알면서도 그 길을 포기하지도, 거부하지도 못한다.

왜냐하면 그것이 시대의 거대한 흐름이기 때문이다. 모두가, 거의 예외 없이 그 흐름에 휩쓸린다. 그 과정에서 망가지는 것은 사회만이 아니다. 개인의 삶도 황폐해질 수밖에 없다. 실로 살벌하다. 그러나 나는 내 아이들이 그 흐름에 휩쓸려, 이 두 가지 목표를 위해, 이른 아침부터 늦은 저녁까지, 휴일도, 휴식도, 여흥도, 취미도 없이 오로지 일에만 매달리는 삶을 살아가지 않기를 바랐다.

죽어라 공부하는 게 역시 시대의 큰 흐름이었지만, 죽어라 공부시키려 하지 않은 것도 그런 이유에서였다. 자기들이 좋아하는 일 하면서 자기들의 의식주, 곧 생존 문제나 큰 어려움 없이 해결하는 것, 그 정도가 자식들에 대한 우리 부부의 기대였다. 의식주를 남에게 의지해서는 안 되기 때문이다.

그래서 사회생활을 시작한 뒤, 아이들이 집에서 숙식을 할 경우, 생활비의 1/n을 낼 것을 요구했다. 자기들의 의식주를 부모에게 의지하도록 해서는 안 된다고 생각하기 때문이다.

그러니까 아이들이 스스로 생존 비용 정도만 벌 수 있다면 우리 부부는 그것으로 족하고, 그 정도의 기대는 어렵지 않게 이루어지리라 믿는다. 그랬기에 아들이 남들이 부러워하는 연봉 직을 때려치우고 시급 직 카페 서빙을 하고 있어도 킬킬거리며 재미있어 할 수 있었다. 최근 열 평쯤 되는 텃밭을 가꾸고 있다는 소식을 듣고, "제 아비의 희망대로, 드디어 열 평짜리 텃밭을 가꾸는 농부가 되었군!" 하고 폭소를 터뜨릴 수 있었던 것도 마찬가지였다.

부모 되는 사람으로서 좀 더 욕심을 부려 본다면, 그것이 무엇이든 보람, 그런 것을 누릴 수 있는 삶이 되었으면 하는 것이다. 보람은 삶의 향기와 같다. 삶에 쫓기다 보면 향기 같은 걸 맡아 볼 겨를이 없다. 좋아하는 일 하면서 향기까지 느낄 수 있다면 금상첨화라고 생각했다. 지난해, 나와 내 아이들이 출간한 저서와 번역서는 모두 여섯 권이다. 우리 가족이 구성된 이해, 그 숫자만으로는 가장 많은 이런 결과는 경제적 생산이나 사회적 기여와는 관계없이, 우리 가족이 뭐든 계속해서 모색하고 있다는 증거가 된다. 그런 면에서 지난 한 해는 우리 가족에게 매우 감사한 해였다. 그럼 됐다. 무엇을 더 바라랴. 연말 가족 모임에서 나는 아이들 하나하나를 바라보며 마음으로만 그렇게 생각했다. 누가 뭐라 해도, 우리는 강팀이닷!

앞으로의 전망도 그렇다. 자식들 셋 모두, 부분적으로 그 모습을 드러내고 있는 현재의 지향으로 보아, 자기들 나름으로는 줄곧 모색하고 있으니까, 뭐든 의미 있는 것들을 우리 부부에게 보여 줄 것 같고, 그렇게 된다면 세속적 잣대에 의한 성공, 그런 거야 어떻게 되든, 아이들은 자기들 나름대로는 보람, 재미, 그런 것을 맛이나마 볼 수 있는 의미 있는 삶을 살아가게 되지 않을까, 우리 부부는 그렇게 기대하고 있다. 정말 그러면 된 거다. 우리 부부는 아이들이 보여 줄 모습을 액면 그대로 구경이나 하고 있을 준비가 되어 있다.

문제는 그다음이다.

부모와 자식들의 정서적 거리

　이 글을 여기까지 엮어 오는 동안, 내가 자식들에게서 불가불 느끼게 되는 정서적 거리를 몇 차례 적어 둔 바 있기에 독자들께서는 나와 내 자식들 관계에 대해 어쩌면 오해들을 하고 계실 수도 있을 듯한데, 요즘 자식들과 나의 관계는 적어도 외형적으로는 아주 평온하다. 평균적인 어느 부모와 자식 관계보다 더 평화롭다고 표현할 수도 있을 것 같다. 분란, 불화, 그런 것은 거의 없고, 주로 내가 먼저 보내는 것이지만 이메일도 더러 주고받고, 그럴 만한 날에는 가족들이 모두 함께 모여 즐거운 시간을 갖기도 하고, 사랑의 표현과 '증거'가 오가기도 한다. 서로의 지혜 덕분일 텐데, 장성한 아들과 내가 더러 포옹하는 게 구체적인 예가 되겠지만, 아마 내 또래 다른 아버지들 가운데 나만큼 자식들과 잘 지내는 경우도 드물 거라 생각한다.
　그런데 본능적 감각이라고나 할까. 아이들과 나 사이에 정서적 거리 같은 것을 느끼는 경우가 있다. 느낌만으로는 꽤 자주. 이거야말로 나의 과욕일는지도 모른다. 아버지 되는 사람들의 지정학적 불리 不利 때문이라고나 할까, 아버지가 자식과 정서적 동질성을 느끼기는 쉽지 않다. 나와 나의 아버지도 그랬다. 나는 의례적으로 아버지를 대했을 뿐, 인간적 친연성, 그런 것을 느껴 본 적은 많지 않다.

다른 집 경우를 살펴보아도 마찬가지다. 어머니와 달리, 아버지는 어쩔 수 없이 의례적인, 그런 관계가 될 수밖에 없는 듯싶다. 왜 그럴까? 매우 진부한 것이기는 하지만, 가부장제적 습관에 대해 이야기해 볼 수밖에 없을 듯하다. 이 책의 들머리에서 어느 아버지의 이런 말씀을 인용한 적이 있다.

제 아버지는 제게 오로지 무섭기만 했습니다. 그래서 저는 결혼하면 그런 아버지가 되지 않겠다는 맹세를 했습니다. 그런데 저는 결국 무서운 아버지가 되어 아이들로부터 경원당했습니다. 제 의식에는 이미 가부장제적 권위 의식이 깊이 심어져 있었고, 그것은 저의 의도적 노력만으로는 어쩔 수 없는 것이었습니다.

이 아버지의 경우는 모든 아버지의 경우이고, 곧 나 자신의 경우다. 「죽은 시인들의 사회」나 「샤인」의 아버지들처럼, 가부장제적 권위 구조는 우리나라만이 아니다. 서구 사회도 형편은 사실상 비슷하다. 그러나 아랍 국가를 제외하고 본다면 아마 우리나라가 가장 심하지 않을까? 그거야말로 아무짝에도 쓸모없는 것이기에 어떻게든 털어 내려 해도, 몸에 밴 습속이기에 쉽사리 털어 내 버리게 되지 않는다. 나 자신이 바로 그렇다. 나는 아예 어린 시절부터 가부장제 치하를 지긋지긋하게 생각했다.

그래서 내가 남편이나 아버지가 되면 그 짓, 결코 하지 않겠다고 맹세했다. 그리고 나 자신의 가정을 갖게 되었을 때, 폭력 행사 같은 것은 물론 하지 않았고, 설거지와 청소도 내가 가장 많이 했고, 식탁의 상석上席은 아내가 앉게 했다. 그런데 결과만 보자면, 나는 가부장적 사고의 실천자였다. 내가 자식 농사에 실패한 이유를 굳이 규명해 보자면, 바로 가부장적 의식 때문이다. 나의 이성적 노력만으로는 불가능한 무엇, 그런 것. 그렇게 이해하는 나는 이만한 평화나마 참 감사하게 생각하고 있다. 그런데도 불구하고 아이들과 나 사이에 만들어진 정서적 거리에 대하여 때로 섬뜩함을 느끼는 경우가 있다. 이를테면 이런 예를 들어 볼 수 있을 것 같다.

자식들이 다가오는 경우는 드물다. 내가 다가가야 하는데, 요즘으로 보자면 가장 만만한 수단이 이메일이다. 아이들이 먼저 내게 이메일을 보내는 경우는 역시 드무니까, 내 쪽에서 더러는 일부러 건수를 만들어 이메일을 보낸다. 그렇게라도 소통하고 싶어서. 이메일을 통한 첫 번째 소통은 수신 확인이다. 이메일을 보낸 뒤 수신 확인이 되면, 아, 사랑하는 내 자식에게 내 신호가 가 닿았다 하고 생각한다. 그것만으로도 자식의 손을 잡아 보기라도 한 것처럼 기쁘다 하면 웃으실는지도 모르겠는데, 그것은 사실이다.

이제 두 번째 소통인 답신을 기다린다. 그런데 답신이 오지 않는 경우가 많다. 이메일을 보낼 때, 꼭 답신하지 않아도 좋다는 정도의 분위기를 만드는 것은, 답신이 오지 않았을 경우에 대비하여 내가 미리 마련해 두는 내뺄 구멍이다. 그런데도 답신이 없을 경우, 깊은 숨을 들이쉬며 나를 가라앉히는 노력을 기울여야 한다. 왜냐하면 나의 관점에서는 특별한 내용이 아니라 할지라도 받았다는 표시 정도쯤 하는 것이 옳다고 믿기 때문이다. 그러나 자식들은 다르다. 그런 것 같다. 그때, 나는 내 자식들과 나 사이의 정서적 거리를 느낀다.

그런데 답신이 꼭 필요한데도 답신을 받지 못할 경우에는, 그것이 분명한 면박 같아서, 깊은 숨쉬기 정도로는 잘 해결되지 않는다. 기분이 아예 하애진다. 무엇이 그들의 심기를 건드렸는가. 잘 짐작되지 않는다. 이럴 경우, 더구나 아버지쯤이나 되는 사람이 무어라 했으면 들었다는 표시나마 해 주는 게 좋지 않겠니? 하고 '논리적'으로 이야기할 경우 본전도 찾기 어렵다. 승부로 말하자면 그것은 곱빼기로 지는 게 된다. 패배는 언제나 쓰라리다. 가부장제적 권위 의식, 아마 그런 것 때문일 듯한데, 자식들과의 관계에서는 그 쓰라림이 더 미묘하다. 그러므로 비긴 흉내라도 내 보기 위해서는, 응, 나도 뭐 자네들 답을 꼭 기다리고 있었던 건 아니야, 라는 정도로 등을 젖히고 있을 필요가 있다. 더구나 곱빼기로 진 그다음 장면에서 필연적으로 각오해야 하는 긴장 국면을 상상할 때, 더욱더 그렇다. 가족 관계에서 긴장은 금물이다. 최선을 다해 피해야 한다. 어떤 방법으로도 기분이 맑음이 될 수 없는 이런 경우, 나를 구해 주는 유일한 핑계는, 내가 명색 아비라는 권위주의에 사로잡혀 있기 때문이 아니겠는가 하는 자성뿐이다. 내가 아무리 노력한다 해도 나는 가부장적 권위로부터 벗어나지 못하고 있는 거야. 반성해. 반성해. 이렇게 나 자신을 닦달한다. 그렇다고 기분이 냉큼 맑음이 되어 주는 것은 아니다. 그다음에는 흰빛 투항 깃발. 그리고 또 인내! 인내! 무한 인내! 죽어라 인내!

허다한 시행착오를 거친 경험을 바탕으로 고백하건대, 여러 면모에서 꾹 참는 게 단연 대수다. 도무지 참아 내기 어려울 만큼 힘든 건 사실이지만 참아야 한다. 다시는 다가가지 않겠다, 그런 '오기'를 품어 봤자다. 얼마간의 시간이 지나고 나면, 나는 또 자식들에게 다가갈 궁리를 하고, 비슷한 좌절을 경험하게 되기 때문이다. 그 반복. (그런데 묵살도 사실은 소통이다. 자식들의 묵살을 통해, 내가 보낸 내용에 대한 자식들의 반응을 미루어 헤아려 볼 수 있기 때문이다. 아하, 이건 자식님들께서 뭔가 떫게 생각하시는 거군요~ 하고.)

요모조모 물론 힘이 들기는 하지만, 사실 이 정도는 약과다. 산전수전 허다하게 치러 낸 역전의 용사답게, 자식들에 대해 그동안 내력耐力이 생겼기 때문이다. 그러나 그런 내력에도 불구하고 기억에 오래, 매우 선명하게, 남아 있게 되는 경우도 있다. 어린아이 투정 같아 좀 우스울 것 같기도 한 예를 하나 들어 보겠다.

2013년 8월 30일, 회촌

내가 꼭 일흔 살이 되는 날이었다. 지내 보면 대수로울 것도 없겠지만, 일흔 살이 지내 보이지 않았다. 술을 마시고 나면, 짐짓 술기운에 기대, 서른 살 넘은 선배들을 향해, 염치도 없이 세상 밥을 30년 넘게 축냈다고 악을 쓰던 시절이 있었다. 그 시절이 바로 어제 같은데, 이른바 고희古稀라는 일흔 살이나 되었다니! 그런 겸연쩍음 또는 회한이 컸다. 특히 내 자식들에 대해 더욱더 그랬다. 그때 나는 원주 근교 회촌檜村에 있는 토지문화관에 머물고 있었는데, 자식들로부터 축하 인사가 오면 그 답장을 핑계 대, 내가 평소 느끼고 있는 미안함을 표현해 두고 싶어, 며칠 전부터 문안을 공들여 가다듬은 뒤 임시 보관함에 저장해 두었다.

열심히 살아온 것 같은데, 내 인생 이쯤에 이르러 되돌아보면 온통 겸연쩍고 미안한 것밖에 생각나지 않는다. 자네들에 대해서도 그렇다. 요모조모 버거운 여건에도 불구하고 좋은 아비가 되어 보려고 여러모로 노력했다. 그것은 자네들도 인정할 듯하다. 그러나 결국 실패한 아비가 되었다. 정말 미안하다. 하지만 나의 자취에 괜찮은 부분도 틀림없이 있었을 것이다. 일부러라도 그런 것을 찾아내, 그런 쪽에서 나를 기억해 주면 참 감사하겠다. 나를 위해서가 아니다. 앞으로 나보다 훨씬 더 많은 세월을 이 세상에 머물게 될 자네들이 아비인 나에 대해 괜찮을 만한 기억을 간직하는 편이, 자네들 삶을 위해 도움이 되지 않을까 하는 생각에서다⋯⋯.

대충 그런 요지였다. 한데 그 전날도, 그날도 아무 소식이 없었다. 나는 사실 내 생일이 기억되는 것을 불편해한다. 내가 실패했다고 생각하는 것은 비단 자식들과의 관계만은 아니다. 내 인생 모든 국면에서 나는 실패했다. 나 스스로 참혹하게 생각하고 있는 그런 결과는 결국 나의 불민함이나 불찰로 말미암은 것이었기에 내 생일에 축하니 하는 게 불편할 수밖에 없다.

그래서 내 생일이 가까이 오면 일부러 배낭 메고 산에 가서 며칠 쉬다 오는 쪽이었는데, 내 손자, 손녀들이 자라면서 그렇게 해선 안 될 듯하여 그날은 집에 있는 쪽이 되기는 했지만, 그래도 축하, 그런 소리를 들으면 괜히 멋쩍어진다. 두 달 동안 이어지는 회촌 체재 기간에 8월 30일을 포함시킨 것도 멋쩍은 장면을 피하고 싶어서였다. 나의 야릇한 두 겹 마음을 드러내는 게 되겠지만, 그럼에도 불구하고 더구나 내가 장기간 집을 떠나 있는데도 아무런 소식마저 없으니 어쩐지 등줄기에 찬 바람이 이는 듯했다. 그쯤에서 문득 되돌아보게 되었다. 사실은 이런 경우가 처음이 아니었다.

꼭 10년 전인 2003년 8월 30일이었다. 나는 아내와 함께 남미 여행 중 칠레 산티아고에 머물고 있었고, 우리 식으로 이른바 환갑이었기에, 나 자신의 나이에 대한 감회가 새로울 수밖에 없었다. 그때도 내 상념을 가장 많이 차지하고 있던 것은 자식들이었다. 그래서 그들로부터 축하 인사, 그런 게 오면 평소 내가 그들에게 느끼고 있던 생각을 조금 이야기해야겠다. 그렇게 벼르며 문안을 구상하고 있었다. 더구나 영문으로. 여행지 피시방에서는 한글 입력이 되지 않는 경우가 대부분이었으니까.

그때 8월 28일쯤부터 기다렸던 것은 날짜 변경선을 넘으면서 하루가 당겨지는지 미뤄지는지, 그게 헷갈렸기 때문이었다. 그런데 거기 날짜 28일에도, 29일에도 아무런 소식이 없었다. 여행 중에는 특별한 일이 없는 한, 일주일에 한 번 정도 피시방을 찾아가 이메일을 확인하는데, 그때는 아내 눈에 띄지 않게 하루에만도 두세 번이나 피시방을 찾아갔다. 그때도 석 달 동안 이어질 여정에 8월 30일을 포함시킨 것도 사실은 내 생일을 피하고 싶은 심정에서였는데도 그랬다.

거기 날짜 30일에는 아르헨티나 부에노스아이레스로 이동이 예정되어 있었다. 아내가 아침에 미역국을 끓여 주었다. 여행 출발 때부터 나 모르게 준비해서 짊어지고 다닌 거였다. 숙소에서 일하는 글로리아가 나와 동갑인데, 아내의 설명을 듣고 나를 포옹하며 축하 인사를 건넸다. 재미있는 생일이었다. 그런데도 나는 아이들의 소식을 추적하고 있었다.

오전 10시에 버스가 출발할 예정이었는데, 아내에게는 물론 내색도 하지 않고, 나는 또 버스 정류장 부근 피시방을 찾아가 이메일을 확인해 보았다. 역시 비어 있는 채였다. 산티아고에서 부에노스아이레스까지는 22시간 여정으로, 다음 날 오전 8시, 부에노스아이레스에 도착하여 숙소를 찾아가자마자 나는 또 이메일부터 열어 보았다. 역시 비어 있었다. 쿵! 와르르~. 그때 내 가슴에서 울린 소리였다.

헌사

그날로부터 10년 뒤가 되는 2013년 8월 30일에도 꼭 마찬가지였다. 나는 물론 그런 것쯤이야 아무것도 아니라는 듯, 나의 그쪽 느낌을 털어 내려 하며, 저녁을 먹고(공교롭게도 미역국이 나와서 나는 혼자 흐흐 웃었다), 싱가포르에서 온 내 또래 작가와 함께 잠깐 산책하고 내 방에 돌아왔다. 그런데 컴퓨터를 켰을 때, 도착한 메일 두 통이 있었다. 반색하며 열어 보았다. 열 살짜리 손자와 열한 살짜리 손녀로부터 온 거였다. 콧잔등이 시렸다. 아마 눈자위도 달아올랐을 것 같다.

내가 쓰는 모든 원고의 최초 독자인 아내가 이 글의 초고를 검토한 다음, 이 대목에 대해 "당신이 불편해하니까 자식들이 그런 것일 수도 있는 게 아닌가" 했고, 아내 의견이 맞는 것이었을 수도 있겠지만, 그러나 그 순간에 콧잔등이 시큰했던 것만은 사실이다. 왜냐하면 트라우마라고나 할까, 나를 향한 아이들의 언어가 거칠어 보일 때, 또는 묵살당할 때, 또는 뭔가 냉기 같은 것을 읽게 될 때, 불가불 가슴이 식어 내리는 듯한 느낌에 사로잡히는 경우가 더러나마 되풀이되고 있었기 때문이다. 부디 오해하지 않으시기 바란다. 나는 지금 자식들 탓을 하고 있는 게 아니다. 그 모든 게 자식들 탓이 아니라 내 탓이다. 나는 냉장고에서 소주를 꺼내 마시며, 자성했다. 내 자성의 요지는 '이 세상에서 자업자득 아닌 게 없다'였다. 온전히 내 탓이었다. 어깃장이 아니라, 최선을 다한 진심이었다.

나는 내 자식들의 장점이나 성취가 나의 공로라 생각하지 않고, 내 자식들의 단점이나 좌절이 내 탓이라고 생각하지 않는다. 굳이 따지자면, 예를 들어 단점이나 결여 같은 경우, 아무리 세태 핑계를 댄다 할지라도 나의 불찰이 될 수밖에 없겠지만, 그것은 어쩔 수 없었다는 변명 정도는 가능하다.

그러나 나와 내 자식들 사이의 정서적 거리는 어떤 형태의 것이든 변명도 불가능하다. 왜냐하면 그것은 어쩔 수 없었던 것이 아니기 때문이다. 내가 좀 더 섬세했더라면 극복될 수도 있는 것이었기 때문이다. 때문에 내가 나의 생애 이 시점에서 불가불 느낄 수밖에 없는 정서적 거리는 온전히 나의 잘못이라 생각한다. 내가 아버지 노릇에 결국 실패했다고 자책하는 이유는 바로 그것이다.

아마 대개의 아버지들이 그럴 듯싶은데, 나도 내가 할 수 있을 만큼은 아버지 노릇을 열심히 했다고 생각한다. 나의 인간적, 사회적,

경제적 능력으로는 버거운 정성도 바쳤다고 생각한다. 그럼에도 불구하고 나는 실패했다. 바로 내 자식들과 나 사이의 정서적 친연성을 얻어 내지 못했기 때문이다. 적어도 인간관계에서는 결과가 나쁘면 그 과정이 아무리 좋았어도 소용없다. 그래도 내가 얼마나 애썼니 해 봐야 실패만 더 구차해진다.

미안하다. 부모, 형제, 조카 그리고 소수의 지인 등, 나의 생애에서 맺은 모든 인연 가운데 지금 내가 미안함을 느끼지 않아도 좋은 경우는 단 하나도 없지만, 특히 자네들에게 더 미안하다. 참 부끄럽기 짝이 없게도 자네들에 대해선 내가 절대 권력자였기 때문이다. 나는, 허공에 떠올라 머물러 있는 아이들 모습을 향해 그렇게 말했다. 그리고 임시 보관함에 들어가, 미리 써 놓은 메일을 삭제했다. 미안하다. 내 나름으로는 정말 죽어라 애쓴다고 애썼는데, 어쩌다 보니 이렇게 되었다. 정말 미안하다.

그날을 회상하고 있는 지금도 그렇게 생각하고 있고, 앞으로도 내내 같은 생각을 하며, 내 생애 마지막 날까지, 내 나름으로는 그 미안함을 조금이나마 갚아 가려는 노력을 기울이고 있을 것이다. 그리고 나는 또 덧붙여 생각한다.

일종의 참회록이 된 셈인 이 글을 여기까지 적어 오는 동안, 나는 거의 모든 장면에서 눈을 감고, 자네들과의 그 시간에 대해 묵상해야 했다. 한없이 겸연쩍었다. 말로는 이루 표현할 수 없을 만큼 부끄러웠고, 미안했다. 도대체 내가 왜 그랬던고! 세상살이 모든 면모에서 그랬기는 했지만, 나는 아비 노릇에서도 참 서툴렀다.

서툰 아비였다. 그러나 후회해 봐야 그 시간을 돌이킬 수는 없다. 그것만이 아니다. 앞으로도 자네들이 나에게 바라는 것을 줄 수 없을 것 같고, 부끄러워해야 할 일을 되풀이하게 될 것 같다. 그래서 더욱더 미안하다. 자네들은 부디 성공한 부모가 되기 바란다. 반성하는 것조차 부끄러운 나의 체험이 자네들에게 참고가 될는지도 모르기에, 이 책, 물론 부족한 것이지만, 자네들에게 삼가 바친다. 받아 다오.

우리집 보물

자~ 이제 내가 준비한 이야기의 마지막 대목에 다다랐다.
결산 준비를 위해 이런 질문 하나 만들어 보자.
한 인간의 일생 업적은 과연 무엇으로 평가될 수 있을까?

개인적 성취, 사회적 역할 같은 것들이 우선 평가 항목이 될 듯한
데, 가족이나 자식과의 관계나 그 결실을 제쳐 둘 수 없을 것 같다.
모든 생명체의 가장 치열한 본능이 종족 보존 본능이라는 면에서도
그렇다. 왜 굳이 자식을 가지려 하고, 어떻게든 남달리 키워 내려 하
는 것일까? 그 대답은 인간의 몫이 아니다. 왜냐하면 그것은 인간의
이성으로는 어찌해 볼 수 없는 본능이기 때문이다. 다른 생명의 자
식으로 태어나, 다른 생명의 부모가 되는 것이 순리이기 때문이다.
'여자는 엄마가 되었을 때, 여자로서 완성된다.' 그런 표현이 있는데,

비단 여자만이 아니다. 남자도 아비가 되었을 때, 비로소 인간으로서 제 모습을 갖추게 된다. 그것이 인간 개개인이 만들어 가는 인간의 역사다. 그런 역사를 스스로 만들어 가면서 어쩔 수 없이 나이 들어 간다.

세상을 알기에는 아직 이르다고 할 수밖에 없을 아예 어린 시절부터 가족이라는 굴레에 칭칭 매여 살아야 했던 나의 줄기찬 소망은 가족으로부터의 해방 또는 탈출이었다. 가족이라는 굴레로부터 벗어나기만 하면 당장 행복해질 것 같았다. 언젠가, 버거웠던 가족에 대한 의무를 끝낸 다음에는 세상을 훨훨 날아다니리라. 이것은 나의 생애 내내 되풀이해 온 황홀한 꿈이었다. 그런데 아이들을 모두 떠나보낸 뒤, 우리 부부만 남게 되었을 때, 우리를 기다리고 있는 것은 황홀경이 아니라 한없는 적막감이다. 무릎 수술 뒤 가벼운 외출마저 쉽지 않게 된 아내부터, 우리 부부에게 가장 어려운 시간은 이제부터 시작인 것 같다. 그것도 내 몫의 운명이라 생각한다. 순종해야지. 순종하지 않을 수 있겠는가? 순종하며, 그것마저 즐기려 하겠다. 즐기지 못할 게 없다. 최악에 대한 준비는 언제나 해 두고 있으니까. 일체유심조一切唯心造. 나는 이 말을 믿고 있다.

얼마 전 어느 날 식탁에 앉아 바라보니 아내의 윤기 잃은 목에 잔주름이 가득했다. 세상에, 목까지 싫었다. 불쑥 말했다. 당신 목이 왜 그렇게 늙었어? 그러니까 아내가 맞받는다. 그렇게 말하는 당신은? 나는 잠자코 흐흐 웃으며 내 목을 쓰다듬어 본다. 내 목을 그렇게 쓰다듬어 본 적은 예전에는 없는 듯한데, 그 목이 유난스레 수척한 느낌이었다.

요즘 우리 집 풍경을 보자면, 우리 부부는 어쩔 수 없이 나이 들어 감을 무시로 느끼며, 자주 적막한 느낌에 사로잡힌다. 양쪽 모두 각자의 일감이 따로 있어 바쁘게 지내고 있는데도 나이 들어 감에 대한 자각 증세는 그렇게 선명하다. 지난해 무릎 수술 뒤, 아내의 몸 고장이 구체적인 게 되면서 이런 느낌은 더 잦아졌고, 더 구체적인 게 되었다. 그럴 때면 나는 또 거실 벽에 걸려 있는 세 아이의 사진을 바라본다.

셋째가 대학에 들어가던 해 4월, 4월생 생일 모임(우리 집에는 3월생과 4월생이 둘이어서 합동 생일 모임을 갖는다)에 서로 만나게 된 우리는 모두 함께, 대치동과 송파동 시절 24년 동안 우리 가족이 자주 드나든 대모산에 갔고, 사진 몇 장을 찍었다. 결국 내가 찍은 마지막 아이들 사진이 된 그 사진들 가운데 하나를 골라 전지(19×23인치)로 확대하여 거기 걸어 두었다.

세 아이가 활짝 웃고 있는 사진이다. 아이들이 미끄러지기를 되풀이하며 가파른 비탈길을 오르는 방법을 익히던, 우리 가족에게 인연 깊은 산이었다는 것과, 그날의 좋은 기분, 그리고 나를(사실은 그 이전 수십 년 동안 아이들을 찍어 온 내 고물 펜탁스 카메라를) 향해 활짝 웃고 있는 아이들의 그 모습이 하도 좋아 걸어 둔 거였다. 우리 집 보물이다 하고 생각하며. 우리 집에서 값나가는 것은 이것밖에 없다 생각하며. 쥐뿔도 없기는 옛날이나 지금이나 마찬가지지만, 자식들이 있다는 것만으로도 나는 억만금을 품에 안고 있는 사람보다 더 부자다 하고 생각하며. (조금 달리 표현해 보자면, 자식들은 내 신앙의 표적이기도 하다. 무신론자에 가까운 나는 그들을 바라보며, 나 자신을 가

다듬기 때문이다.)

언제나 웃음을 환히 머금고 있는 그들의 존재 자체가 든든하다. 그들이 없는 우리 부부, 그것은 아마 사막에 외따로 떨어져 있는 심정일 듯하다. 그들을 사랑할 수밖에 없는 것, 그것이 자주 고통의 근원이 되지만, 그러나 그들의 존재를 제쳐 놓고 내 생의 기쁨을 이야기할 수 없다. 어떻게도 제쳐 놓을 수 없는 존재인 그 모습들을 바라보며 그 아이들의 미래 쪽으로 눈길을 돌려 본다.

그러면 예의 적막은 금세 사라지고 시야가 아주 환해진다. 10년 뒤, 20년 뒤, 저 아이들은 어떤 모습일까? 가슴이 벅차 올라온다. 저 아이들의 미래가 내 인생과 무슨 관계가 있어? 그렇게 어깃장 놓듯해 보아도 벅찬 그 느낌은 오히려 더 뿌듯해진다. 요즘 보면 자식을 갖는 것도 경제적 타산, 그런 게 전제되어 출산율이 차츰 더 줄어드는 듯하고, 자식 없이 수입은 곱절 즐기는 딩크족이니 하는 게 마치 시대의 유행이라도 되는 것처럼 번져 가고 있는데, 결국은 찰나를 즐기기 위해 영원을 포기한 셈이 되는 딩크족, 그들은 어떻게도 누려 볼 수 없을 이 무한 기쁨. 그러나 이 기쁨은 자식으로부터 얻거나 자식이 주는 게 아니라, 자식이라는 존재를 바라볼 때 자신의 내부에서 저절로 일어, 솟아오르는 지극한 느낌이다. 자식이 주는 것이라 생각하면 이 기쁨은 불가능하다.

치사랑은 없으니까.

그러나 부모 자신의 내부에서 저절로 인다, 그렇게 믿으면 언제나 가능하다.

그것이 이 기쁨의 속성이고, 그래서 법열처럼 황홀하다.

그럼 과거를 되돌아보면 어떨까? 지금 내 서재에는 아이들이 초중고 시절에 학교 숙제로 만들었던 공작품들부터 이런저런 사진들까지 온통 아이들의 지난날 모습들뿐이다. 아이들의 유치원 시절 자취까지 남아 있으니까, 아이들 것이라면 아무것도 버리지 않으려 한 셈이 된다. 타인에게는 별것도 아닐 그것들 하나하나가 나에게는 무한 정겹고 소중하다. 비단 그런 것들만은 아니다.

돌이켜 보자면 내 생애에서 가장 빛나는 느낌의 순간순간들 가운데 상당 부분은 역시 아이들로부터 비롯되었다. 지금 쓰고 있는 이 글에서 조금 회상된 바 있는, 아이들에 대한 아주 사소한 기억까지 그토록 생생할 수 없다. 아마 다른 기억들이 모두 지워진 다음에도 아이들에 대한 기억만은 남아 있을 것 같다.

그리고 또 야릇한 것은, 다른 기억의 경우, 섭섭한, 어두운, 그런 쪽의 것들이 많은 반면, 어찌 된 셈인지 아이들에 대한 것은 기쁜, 활짝 놀라운, 그런 것들밖에 없다. 이 책에서 되풀이하여 적은 겸연쩍음과 후회스러움이 있기에, 그런 느낌들은 더 애틋하게 극명해진다. 아이들로 말미암아 지독하게 속상했던 경우들마저 지극한 추억거리가 되어 법열처럼 황홀한 기쁨을 가능하게 하는 기억의 저 오묘한 작용에 놀라운 느낌을 갖게 되는 것은 또 어떤가. 법열, 그것은 결코 쉬운 게 아니지 않은가.

죽을힘을 다해 감내해 내지 않으면 안 되는 갈등에 지쳐 가족 관계에 넌덜머리를 내고, 뜻대로 되지 않는 자식들을 바라보며 무자식 상팔자니 하는 소리를 입에 달고 있기는 하지만, 그렇다고 해서 가족 없이 혼자 사는 사람이나, 자식 없이 부부만 서로 얼굴 쳐다보고 있는 풍경이 좋아 보이지는 않는다. 세상을 살아감에 있어 어느 길이 최선, 최상의 것이라는 이야기는 그 누구도 할 수 없겠지만, 자식과 함께 정답게 어우러져 있는 풍경, 그것은 본능에 맹종한 결과가 아니라, 한 인간이 자신의 생애에서 이룰 수 있는 가장 소중하고 가장 아름다운 그림일 것이다.

도대체가 자식의 소망스러운 성장보다 더 아름다운 풍경은 있기 어렵다. 자식으로 말미암아 속 태우기란 말하자면 하나의 예술 작품을 얻기까지 장인匠人이 바쳐야 하는 당연한 수고에 비유될 수 있을 것 같다. 그런 수고를 마다한다면 예술적 성취도 기대해 볼 수 없다. 가정으로부터, 자식들로부터 냅다 도망치고 싶은 충동을 자주 느끼지만, 그래도 조금 가라앉아 다시 생각해 보면, 다시 태어난다 해도 바로 이 아이들과 이 가정 이루어, 그동안의 시행착오 참고하여 오순도순 함께 살아 보고 싶다는 생각을 하게 된다. 아주 간절한 마음으로. 그런 만큼 지난 시절의 불찰이나 결여는 더 아쉽고 겸연쩍게 되돌아보게 된다.

그러나 어쩌랴.
이미 흘러, 역사가 되어 버린 것을!

부모는 자식에게 자존심의 버킷을 가득 채워 줄 필요가 있다. 세상이 무슨 짓을 해도 그것을 없앨 수 없을 만큼 넉넉하게.

Parents need to fill a child's bucket of self-esteem so high that the rest of the world can't poke enough holes to drain it dry.

—Alvin Price

에필로그
—미진감

〈유순하의 생각〉 그 첫 번째가 되는 『당신들의 일본』 일본어판이 나온 뒤, 도쿄에서 갖게 된 어느 대담에서 작가 이자와 모토히코(井澤元彦)는 "한국과 일본 독자를 상대로 결국 전쟁을 하려는 거군요" 했다. 그리고 덧붙인 말씀. "부디 이기시기 바랍니다."

〈유순하의 생각〉이라는 발상 자체가 그렇기는 했지만, 이 생각들이 하나하나 세상에 나가면서, 한국과 일본, 양쪽 나라에서 〈유순하의 생각〉은 아닌 게 아니라 〈유순하의 전쟁〉이 되어 버렸다. 이 글을 쓰면서도 내내, 이건 전쟁이다, 전쟁이야, 그런 생각을 되풀이해야 했다. 승산이 결코 쉬워 보이지 않는, 그러면서도 피해 갈 수 없는 난감한 전쟁. 그리고 또 하나의 글을 이렇게 끝내 가고 있다.

당신 만이 옳기는 옳다

나의 생각을 세상에 내보내는 것은 결코 처음이 아니다. 비단 문장으로만이 아니라, 나의 평소 발언 모두가 마찬가지였다. 그리고 내가 어김없이 듣게 된 반응은 '당신 말이 옳기는 옳다'이다. 이 문장을 한번 슬쩍이나마 되짚어 보시기 바란다. 어찌하여 '옳다'가 아니고, '옳기는 옳다'인가. 그리고 덧붙여지는 말씀. "그러나 나는 이대로 간다. 그렇게 할 수밖에 없다. 왜냐하면 세상이 모두 그렇기 때문이다." 이 문장도 한번 슬쩍이나마 되짚어 보시기 바란다.

이거, 함께 죽자는 말씀 같아 보이지 않는가?

사실이 그렇다.

'성한 구석이 없다'는 현실은 '옳기는 옳다'로부터 시작된다. 그래서 우리 사회의 건강을 나타내는 모든 지표는 차츰 더 나빠졌다. 그리고 이 책 주제만으로 보자면, 육아 현실은 세계 최악이 되었다. '세계에서 가장 불행한 아이들'이 그 증거이다. '세계에서 가장 불행한 아이들'이라니! 아무리 생각해 보아도 가슴 아프다. 아무리 생각해 보아도 가슴 아픈 이런 현실은 바로 '옳기는 옳다'로부터 비롯되었다. 무섭지 않은가? 나는 무섭다. 세상에, '옳기는 옳다'라니! 이 세상 어디에 이런 수사법이 또 있겠는가?

간곡한 마음으로 엎드려, 말씀 올리겠다. 나의 다른 발언들에 대해선 그렇게 말씀하신다 할지라도 이 책의 발언에 대해서는 제발 '옳기는 옳다' 하지 않으시기 바란다. 왜냐하면 이것은 당신 자식의 행복에 대한 것이기 때문이다. 도대체 무엇 때문에, 다른 사람도 아닌 바로 당신 자식을 '세계에서 가장 불행한 아이'로 만들어야 하는가?

문제는 '일류 대학'이 될 텐데, 말씀드리겠다. 주변을 둘러보시기 바란다. 대학의 '등급'과 '행복'에 어떤 인과 관계가 있는가? 일류 대학을 나온 사람이 일류 행복을 누리는가? 오래전인데, '행복은 성적순이 아니다'라는 표현이 유행하다시피 했었다. 성적에 몰린 어느 중학생이 그런 내용의 유서를 써 놓고 자살한 다음이다. 그런 제목의 책도 나왔었다. 비참한 그 말씀을 조금 변형시켜 보겠다. '행복은 대학 등급 순이 아니다.' 일류 대학을 나올 경우, 이른바 '프리미엄'이라는 것 때문에 현실적 매상에 약간 유리한 것은 있다. 그러나 약간 유리한 그것은 '행복'과는 아무 관계 없다. 그보다는 좀 빠지는 대학을 나왔다 할지라도 더 양질의 행복을 누리고 있는 예는 흔하다.

앞에서 ☆수와 ✿수 이야기를 아주 조금 비친 바 있는데, 그 아이들의 학교 성적을 슬며시 물어보면 '중간쯤'이라고 대답한다. 그 부모도, ☆수와 ✿수 본인들도 그런 성적에 별로 신경 쓰지 않는다. 흔히 좋은 대학을 나온 부모들이 자녀 학력에 더 집착한다고 하는데, 첫째 부부 경우를 보면 꼭 그렇지도 않은 것 같다. 나는 첫째 부부의 열린 생각을 여러 차례 칭찬한 바 있다. 같은 또래들에 견줘 가장 행복한 시간을 보내고 있는 ☆수와 ✿수는 그들의 이후 생애에서도 역시 같은 또래들에 견줘 결코 빠지지 않은 양질의 삶을 살아가게 되리라 믿고 있기 때문이다.

여기까지 나의 부족한 글을 읽어 오신 당신. '옳기는 옳다' 대신, '옳다' 쪽에서 당신 자식들에 대한 당신의 관점과 정책을 재고해 보시기 바란다. 그 아이들의 진정한 행복을 바란다면 당연히 그래야 하기 때문이다. 굳이 여기에 이 이야기를 적는 것은, 나의 책을 읽어 주신 고마운 독자들께 눈길을 조금, 아주 조금만 바꿔 보실 것을 제안하고 싶은 마음에서다. 그러면 그야말로 '너도 살고 나도 산다'. 그래서 자식도, 부모도 함께 행복해질 수 있고, 더불어 우리 사회도 살아날 수 있다. 허구한 날 엉덩이에 불화살 맞은 멧돼지처럼 죽어라 치달리며 '도대체 이게 나라냐!'라는 탄식을 되풀이하고 있을 수는 없는 것 아닌가. 정말 그래서는 안 되는 것 아닌가? 이런 나라를 자자손손 이어 갈 수는 없는 것 아닌가?

작별 인사

우리 사회 어느 한구석이나마 성한 곳이 없다. 이런 점에 대해서는 다른 의견이 없어 보인다. 육아 역시 그렇다. 관점에 따라 다르겠지만, 가장 중요한 문제는 육아 같다. 왜냐하면 육아에 우리 사회의 미래가 달려 있기 때문이다. 미래 담당자인 오늘의 아이들을 잘못 키워 낼 때, 그 아이들이 자라 담당할 미래가 오늘보다 낫기를 기대할 수는 없기 때문이다. 그래서 나는 이 문제를 제쳐 두고 있을 수 없었기에 마침내는 이런 글을 감히 만들어 보려 들게 되었다.

앞에서도 더러 그런 이야기를 해 둔 바 있지만, 나는 무엇을 주장한 게 아니다. 그런 대목이 있다면 나의 미숙 탓이다. 단지 돌아보니 더 무시무시하게 생각되는 세 생명을 모셔 키운 사람으로서 나의 체험과 아쉬움을 이야기했을 뿐이다. 아들 노릇, 형제 노릇, 남편 노릇, 아버지 노릇 등 그 하나하나가 나에게 버겁기 짝이 없는 허다한

노릇을 해내야 했고, 그 모든 노릇에서 성공했다 싶은 것은 단 하나
도 없는데, 그중에서도 가장 힘들었고, 가장 아쉬운 것은 단연 아버
지 노릇이었다. 그나마 아직도 의무가 마감된 것 같지 않으니, 아버
지 노릇이란 결국 평생 멍에가 될 것 같기에, 다른 생명의 아버지 노
릇이란 더 어려운 것 같다.

　바로 그 이야기를 하고 싶었고, 내 인생에 연루된 타인에 대한 이
야기를 비롯하여, 그럴 수밖에 없는 이유에서 건너뛰거나, 오므리거
나, 눙칠 수밖에 없는 대목이 있어 미진감이 더 커진 나의 서툰 이야
기는 이제 끝났다. 이제 당신 이야기를 들을 차례다. 필자인 나와 독
자인 당신의 대화에 의해 미진감이 보완되면서 이 책은 완성될 수 있
다. 당신 이야기를 들려주기 바란다. 나도 대답할 준비를 해 두겠다.

　1984년, 의학적으로 포기 상태까지 갔던 절박한 경험 뒤부터였을
듯한데, 길을 가다가 옷깃만 스쳐도 3세의 연緣이라는 불교적 인연
관을 나는 믿고 있는 편이다. 나의 글을 여기까지 읽어 준 당신에게
피붙이 같은 친애감을 느낀다. 부디 자식 농사에 성공한 부모가 되
어, 당신이 지금 내 나이쯤 되었을 때는, 나와 같은 아쉬움 없이, 속
속들이 평화로운 노후를 누리고 있기를 간곡하게 바란다.

부모가 변해야 자식이 산다

초판 1쇄 발행일 • 2015년 8월 25일
초판 2쇄 발행일 • 2015년 8월 31일
지은이 • 유순하
펴낸이 • 임성규
펴낸곳 • 문이당

등록 • 1988. 11. 5. 제 1-832호
주소 • 서울시 성북구 동소문로, 65-2 삼송빌딩 5층
전화 • 928-8741~3(영) 927-4990~2(편)
팩스 • 925-5406
ⓒ 유순하, 2015

전자우편 munidang88@naver.com

ISBN 978-89-7456-486-5 03590